H. Remmert · Spezielle Ökologie/Terrestrische Systeme

Springer-Verlag Berlin Heidelberg GmbH

Hermann Remmert

Spezielle Ökologie

Terrestrische Systeme

Mit 70 Abbildungen

 Springer

Professor Dr. HERMANN REMMERT †
Universität Marburg
FB Biologie - Zoologie -
Karl-von-Frisch-Straße
35043 Marburg

ISBN 978-3-540-58264-9

Die Deutsche Bibliothek - CIP-Einheitsaufnahme
Spezielle Ökologie. - Berlin; Heidelberg; New York; Barcelona;
Budapest; Hongkong; London; Mailand; Paris; Santa Clara;
Singapur; Tokio: Springer
  Literaturangaben
  Terrestrische Systeme/Hermann Remmert. Vorw. von
Hans W. Bohle; Sebastian A. Gerlach. - 1997
  ISBN 978-3-540-58264-9   ISBN 978-3-642-58975-1 (eBook)
  DOI 10.1007/978-3-642-58975-1

Dieses Werk ist urheberrechtlich geschützt. Die dadurch begründeten Rechte, insbesondere die der Übersetzung, des Nachdrucks, des Vortrags, der Entnahme von Abbildungen und Tabellen, der Funksendung, der Mikroverfilmung oder der Vervielfältigung auf anderen Wegen und der Speicherung in Datenverarbeitungsanlagen, bleiben, auch bei nur auszugsweiser Verwertung, vorbehalten. Eine Vervielfältigung dieses Werkes oder von Teilen dieses Werkes ist auch im Einzelfall nur in den Grenzen der gesetzlichen Bestimmungen des Urheberrechtsgesetzes der Bundesrepublik Deutschland vom 9. September 1965 in der jeweils geltenden Fassung zulässig. Sie ist grundsätzlich vergütungspflichtig. Zuwiderhandlungen unterliegen den Strafbestimmungen des Urheberrechtsgesetzes.

© Springer-Verlag Berlin Heidelberg 1998
Ursprünglich erschienen bei Springer-Verlag Berlin Heidelberg New York 1998

Die Wiedergabe von Gebrauchsnamen, Handelsnamen, Warenbezeichnungen usw. in diesem Werk berechtigt auch ohne besondere Kennzeichnung nicht zu der Annahme, daß solche Namen im Sinne der Warenzeichen- und Markenschutz-Gesetzgebung als frei zu betrachten wären und daher von jedermann benutzt werden dürften.

Satz: K&V Fotosatz GmbH, Beerfelden
Einbandgestaltung: Struve und Partner, Heidelberg
SPIN 10134924   31/3137-5 4 3 2 1 0 - Gedruckt auf säurefreiem Papier

Vorwort

Über Hermann Remmert, die Trilogie „Spezielle Ökologie" und warum sie dem Andenken an Adolf Remane gewidmet ist

Am 8. August 1990 schrieb Hermann Remmert an Sebastian Gerlach: „... *und möchte ich gern ein Buch unter dem Arbeitstitel „Spezielle Ökologie" schreiben und darin als Ergänzung zu meinem Ökologiebuch die limnischen, marinen und terrestrischen Lebensräume schildern – mit den ökologischen Vorgängen in diesen Lebensräumen, wie konstant die vorgefundenen Besiedlungen sind, wie dort Stoffwechsel und Energiefluß laufen und wie die Interaktionen zwischen den verschiedenen Organismen sind. Zunächst hatte ich die Idee, alles allein zu schreiben, aber nun finde ich doch, daß ich mich dabei übernehme, und blamieren tut sich der Mensch eben doch nicht gern. Ich überlege, ob ich dich beschwatzen könnte, den marinen Teil zu übernehmen."* Das Buch solle 350 Seiten Umfang haben. Jeweils 100 Seiten wären den terrestrischen, limnischen und marinen Lebensräumen gewidmet, und möglichst zu gleichen Teilen sollten Tiere und Pflanzen behandelt werden.

Sebastian Gerlach stimmte gern zu, denn so ein Lehrbuch für die Vorlesung „Einführung in die Meeresbiologie" fehlte bisher. Hans Bohle übernahm den limnischen Teil. Der Springer-Verlag beschloß, die „Spezielle Ökologie" in drei getrennten Bänden zu veröffentlichen.

Zwei Bände sind erschienen:

Gerlach SA (1994) Spezielle Ökologie – Marine Systeme. Springer, Berlin Heidelberg New York Tokyo

Bohle HW (1995) Spezielle Ökologie – Limnische Systeme. Springer, Berlin Heidelberg New York Tokyo

Den dritten Band „Spezielle Ökologie – Terrestrische Systeme" legen wir hiermit vor.

Hermann Remmert starb am 23. Juni 1994 nach langer Krankheit. Er hinterließ das Manuskript „Terrestrische Systeme", dem aber noch viele Literaturverweise und die redaktionelle Überarbeitung fehlten. Dennoch hatten wir keine Zweifel: Es handelt sich um einen großen Wurf. Die Gedanken zu diesem Buch hat Hermann Remmert über Jahrzehnte gesammelt und auf vielen Reisen in allen Kontinenten überprüft. Er löst sich von der rein klimatologisch-geographischen Sicht, betont durchgehend die Bedeutung der Wechselbeziehungen zwischen Tieren und Pflanzen und behandelt die Veränderungen, die sich aus der Alterung von Lebensräumen ergeben. Wir konnten daher dem Verlag mit gutem Gewissen empfehlen, das Manuskript als Buch herauszubringen; die Bearbeitung würde sich lohnen.

Hans Bohle und einige Mitarbeiter aus der Arbeitsgruppe Tierökologie des Fachbereichs Biologie der Universität Marburg ergänzten unvollständige Literaturhinweise, Tabellen und Abbildungslegenden, strichen Wiederholungen und stellten Plausibilitäten her. Frau Professor Dr. Ingeborg Lenski vom Fachbereich Biologie in Marburg half durch sorgfältige Kontrolle aller Teile des Manuskripts, speziell aber durch Beratung in allen botanischen Fragen. Lisa Remmert half bei der Literatursuche und ermutigte die Remmert-Schüler.

Der Originaltext mußte an manchen Stellen geändert werden, weil die vorhandene Darstellung nach unserem Eindruck als nicht abgeschlossene Rohfassung gedacht war. Es wurde jedoch Wert darauf gelegt, Änderungen so behutsam wie möglich zu gestalten, um die ursprüngliche Konzeption zu erhalten. Die Auswahl der Literatur ist beim Umfang des Themas zwangsläufig sehr unvollständig und subjektiv. Zusammenfassende Artikel wurden bevorzugt, um die Möglichkeit der Vertiefung der angeschnittenen Fragen, aber auch den Zugang zu Originalarbeiten zu erleichtern. Einige der bei der Überarbeitung aufgenommenen Werke sind nach dem Abschluß des ersten Manuskriptes erschienen, konnten also von Hermann Remmert nicht mehr berücksichtigt werden.

Die Trilogie „Spezielle Ökologie" besteht aus drei ganz verschiedenen Büchern. Von Anfang an war uns klar, daß wir nicht versuchen wollten, eine einheitliche Gliederung zu erreichen – nicht nur, weil wir ganz verschieden argumentierende Autoren sind, sondern vor allem, weil der Zugang zu den drei Lebensräumen Land, Süßwasser und Meer verschieden sein muß, wenn man die gegenwärtigen weltweiten Forschungsinteressen in den Vordergrund rückt.

Im Meer werden die großflächigen Regionen durch die unterschiedliche Verfügbarkeit von Nährstoffen und Licht geprägt. Die Organismen im Dunkel der Tiefe leben von den Produkten der belichteten Oberflä-

Vorwort

chenschicht. Erst langsam erkennen die Meeresbiologen, daß auch „grazing" und „microbial loop" Prozesse sind, welche die verschiedenen Lebensräume unterschiedlich strukturieren. Im terrestrischen Bereich sind Licht und Nährstoffe nicht weniger wichtig als im Meer, aber schon seit langem ist auch offensichtlich, daß Tiere in mannigfacher Weise die Vegetation verändern. Die geographische Isolation vieler Landlebensräume bewirkte, daß bei anscheinend identischen Umweltbedingungen ganz verschiedene Tier-und Pflanzenarten denselben Lebensformtyp vertreten. Bäume können viele hundert Jahre alt werden und spielen eine besondere Rolle im Ökosystem.

Im limnischen Bereich dominieren die kleinräumigen Lebensräume. Abgesehen von den wenigen großen Süßwassermeeren kann man die Binnengewässer auf einer Weltkugel nur als Punkte und Striche erkennen. Die geringe Ausdehnung führt insbesondere bei Bächen und Flüssen zu einer engen Verflechtung mit den ökologischen Prozessen der terrestrischen Umgebung. In den großen Seen dagegen ähnelt die Ökosystemstruktur relativ stark manchen marinen Systemen, auch wenn die beteiligten Organismengruppen verschieden sind. Das Leben im Medium Süßwasser verlangt von den Organismen sehr spezifische Anpassungen, und diese begründen die ausgeprägte Eigenständigkeit der limnischen Lebensgemeinschaften.

Aber ist diese Einteilung in salzig = marin, der Luft ausgesetzt = terrestrisch, naß = limnisch die bestmögliche Klassifizierung? Oder sollte man in Lehrbüchern und Vorlesungen die marinen Küstenzonen, die terrestrischen Ufer und Feuchtgebiete und die kleinräumigen limnischen Lebensräume im Zusammenhang behandeln, ihre gemeinsamen Charakteristika herausstellen? Mitunter gewinnt man neue Einsichten, wenn man einen neuen Zugang zum Problem sucht. Anhand der „Speziellen Ökologie" hätten wir das gern mit Hermann Remmert diskutiert, der immer nach neuen Zugängen suchte. Nun fehlt er uns.

Wir hoffen, daß der Band „Terrestrische Systeme" von Remmerts vielen Freunden und Schülern als ein würdiges Andenken geschätzt werden wird. Dieses Lehrbuch wird auch für die heutige Studentengeneration wegweisend sein und über den Kreis der Ökologen hinaus wirken. Den Geowissenschaftlern und Klimatologen wird dargestellt, wie die Vegetationsdecke der Erde aussah, bevor sie durch die Landwirtschaft ersetzt wurde. So lassen sich Überlegungen anstellen, wie damals die Bilanz zwischen der CO_2-Bindung durch Photosynthese und der CO_2-Freisetzung durch Zersetzungsprozesse war und was das für den Treibhauseffekt bedeutet.

Hermann Remmert wünschte, daß die „Spezielle Ökologie" dem Andenken von Adolf Remane gewidmet wird. Professor Dr. Adolf Remane lehrte Zoologie in Kiel, als Hermann Remmert und Sebastian Gerlach Ende der vierziger Jahre dort das Studium begannen (und beide mit 22 Jahren promovierten; so etwas war damals möglich). Remane übertrug seine Begeisterung für die Tiere und Pflanzen in ihrer natürlichen Umgebung auf seine Schüler. Auf vielen Exkursionen demonstrierte er ihnen das Leben im Meer, an Land und im Süßwasser. Ihm verdanken Hermann Remmert und Sebastian Gerlach viele Jahre der Anregung und der Förderung, bis der Berufsweg sie aus Kiel fort führte.

Hermann Remmert habilitierte sich 1962 in Kiel, wurde 1968 Professor für Tierphysiologie in Erlangen und wechselte 1976 auf den Lehrstuhl für Tierökologie in Marburg. Er gründete die Zeitschrift „Oecologia" und veröffentlichte die Bücher „Arctic Animal Ecology" (1980), „Naturschutz – ein Lesebuch" (1988) und „Ökologie" (Erste Auflage 1978). Dieses Lehrbuch ist inzwischen zu einem Klassiker geworden, der in viele Sprachen übersetzt wurde und dessen fünfte Auflage 1992 herauskam. Einen solchen Erfolg wünschen wir auch dem Band „Spezielle Ökologie – Terrestrische Systeme".

Unser Dank für vielfältige Hilfe in dem langwierigen Prozeß bis zum Abschluß des Manuskripts gilt zahlreichen ehemaligen und derzeitigen Mitarbeitern in der Marburger Arbeitsgruppe Tierökologie, die nicht alle namentlich genannt werden können. Hervorzuheben ist jedoch die vielfältige Unterstützung durch unsere Kollegin Ingeborg Lenski sowie die allzeit geduldige und verständnisvolle Hilfe, auch bei immer neuen Änderungswünschen, durch Frau Dr. Jutta Lindenborn vom Springer-Verlag.

Im Juli 1997
HANS W. BOHLE
SEBASTIAN A. GERLACH

Inhaltsverzeichnis

1	Einleitung	1
2	Wälder und waldfreie Ökosysteme der Tropen und Subtropen	10
2.1	Tropischer Regenwald des Tieflands	14
2.2	Nebelwald der tropischen Gebirge	49
2.3	Regengrüne Tropenwälder	51
2.4	Tropische und subtropische Savannen	65
2.5	Tropische und subtropische Wüsten	80
3	Mediterrane Systeme	102
4	Lebensräume der gemäßigten Zone	112
4.1	Laubwälder der Nordhalbkugel (nemorale Zone)	113
4.2	Laubwälder der gemäßigten Zone der Südhalbkugel	139
4.3	Nadel- und Mischwälder der gemäßigten Zone	140
4.4	Steppen der Nordhalbkugel	145
4.5	Steppen der Südhalbkugel	154
5	Natürliche waldfreie Areale in Mitteleuropa	157
5.1	Salzwiesen des Meeresstrandes	157
5.2	Wiesen in Flußauen	164
5.3	Trockenrasen	170
6	Die boreale und arktische Zone	174
6.1	Borealer Wald	174
6.2	Moore der borealen Wälder	182
6.3	Polare Tundren	184
6.4	Tropische Hochgebirgs-Tundren	209

7	Feucht ohne Regen: Der paradoxe Lebensraum	216
8	Kulturlandschaften	220
	Literatur	230
	Sachverzeichnis	243

1 Einleitung

Während das Meer zeitlich und räumlich weitgehend ein Kontinuum darstellt, für dessen Bewohner ein Ortswechsel – durch Meeresströmung oder aktive Bewegung – leicht möglich ist, tritt im terrestrischen Bereich das Phänomen der geographischen Isolierung von Organismen viel stärker in den Vordergrund. So kommt es, daß der Terrestriker im allgemeinen auf eine größere Vielfalt an Räumen mit unterschiedlichen Organismeninventaren stößt als der Meeresbiologe.

Der ursprüngliche Kontinent, Pangaea, zerbrach im Laufe der Erdgeschichte in einzelne Teile (Abb. 1.1). Je nach dem Stand ihrer organismischen Evolution zur Zeit der kontinentalen Auftrennung waren unterschiedliche Gruppen dadurch in ihrer Ausbreitungsmöglichkeit eingeschränkt. So kommt es, daß Neuseeland mit Ausnahme der fliegenden (Fledermäuse) und schwimmenden (Robben) ursprünglich keine Säugetiere besaß und Australien nur die altertümlichen Beuteltiere und Monotremen besitzt, die sich hier getrennt von den übrigen Säugetieren weiterentwickelten – (und einige Mäuse, die offenbar mit Treibholz vor dem Menschen dort angekommen sind).

Diese relativ gut bekannte Tatsache führt zu einem wenig beachteten Phänomen: Die terrestrischen Lebensräume, wie etwa der tropische Regenwald, sind an den verschiedenen Stellen ihres Verbreitungsgebietes aus z. T. extrem verschiedenen Mitgliedern aufgebaut. Die Besprechung der terrestrischen Lebensräume hat also nicht nur nach deren Funktionieren zu fragen, sondern gleichzeitig der Frage nachzugehen, wie ähnliche Lebensräume in verschiedenen biogeographischen Regionen von Pflanzen und Tieren besiedelt werden, wie die verschiedenen Funktionen im Lebensraum aufgeteilt werden und in welcher Weise ganz verschiedene systematische Glieder im Laufe der Evolution an jeweils gleiche ökologische Funktionen angepaßt wurden.

Das **Zerbrechen des Urkontinents Pangaea** geschah erst nach der Entstehung der Samenpflanzen und der Wirbeltiere. Die Insekten waren damals schon weitgehend evoluiert. So finden wir viele Gruppen von Samenpflanzen auf der ganzen Erde und viele Gruppen von Insekten eben-

a
EUROPE
SINUS BOREALIS
80°
NORTH AMERICA
60°
40°
P
20°
A
PANTHALASSA
80°
40°
0°
40°
80°
120°
N
TETHYS SEA
20°
G
SINUS AUSTRALIS
40°
A
E
60°
A
S
AUSTRALIA
INDIA
80°
SOUTH AMERICA
AFRICA

b
60°
L A U R A S I A
40°
20°
80°
40°
0°
40°
80°
120°
G O N D W A N A
20°
40°
80°

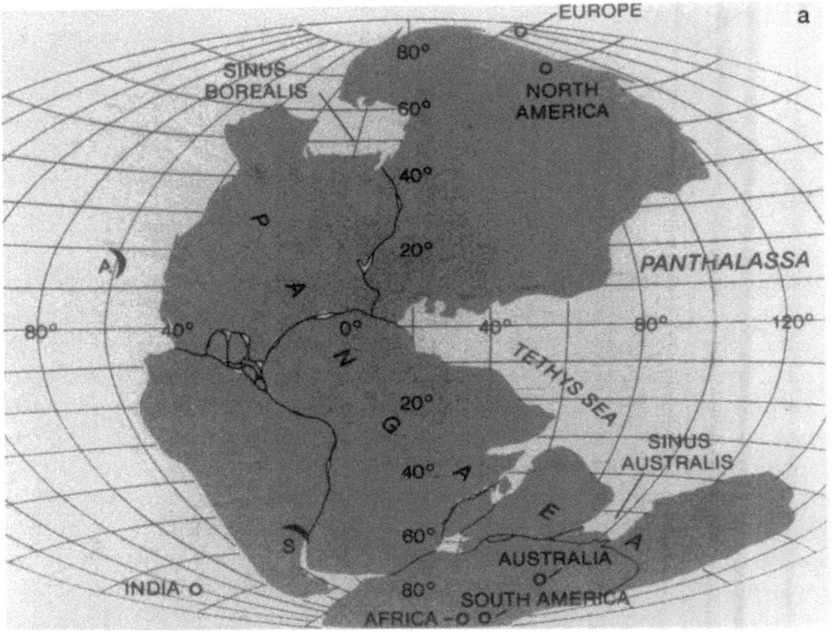

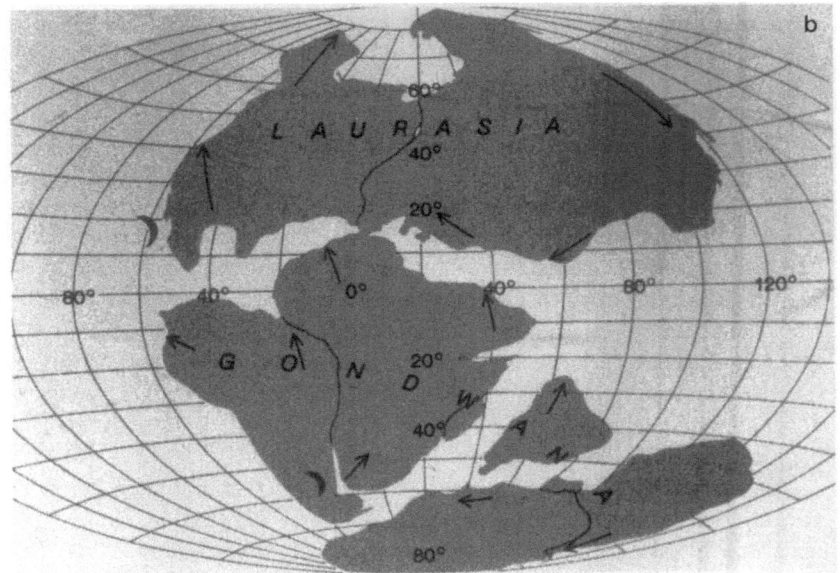

Abb. 1.1 a, b

Einleitung

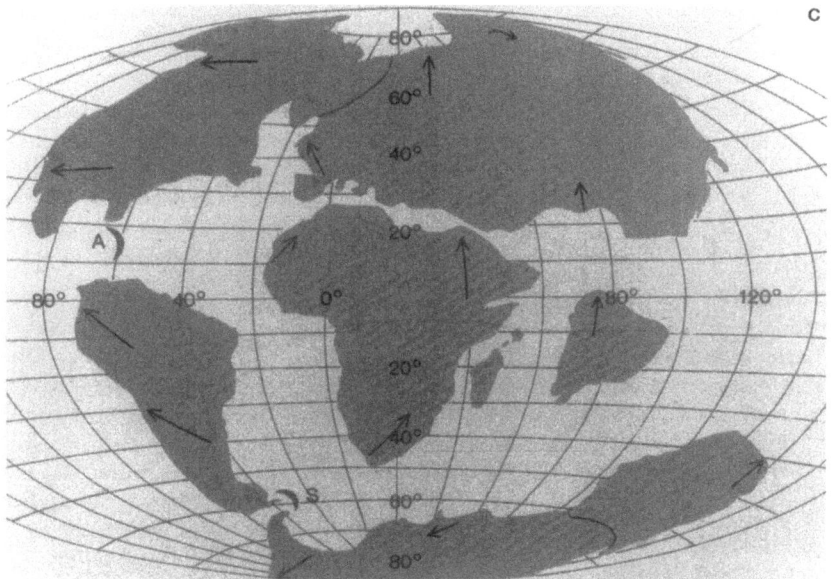

Abb. 1.1a-c. Die Entstehung der heutigen Kontinente. **a** Pangaea im späten Paläozoikum, **b** mittlere Kreidezeit; Gondwana (Südkontinent: Südamerika, Afrika, Antarktis, Australien, Madagaskar, Vorderindien) überwiegend bereits getrennt, **c** frühes Tertiär

falls an allen geeigneten Stellen der Erde. Auf der anderen Seite gibt es Pflanzen- und Tiergruppen, die ganz oder teilweise auf einen Kontinent beschränkt sind, wie die Bromelien auf Südamerika (mit einer Art in Afrika) oder die Adler der Gattung *Aquila* in der Alten Welt (mit nur einer Art, dem Steinadler, im Norden der Neuen Welt).

Im offenen Meer sind die Lebensräume scheinbar von Tiergemeinschaften dominiert, weil die Primärproduktion überwiegend von mikroskopisch-kleinen planktischen Algen geleistet wird. Nur in flacheren Meeresbereichen können bodengebundene Großalgen oder Korallenriffe erheblich zur Primärproduktion beitragen. Dem stehen an Land pflanzendominierte Lebensräume gegenüber, und diese Pflanzen erreichen beträchtliche Dimensionen. Hier fehlt das Phytoplankton-Äquivalent. Während im Meer die Einteilung der Lebensräume normalerweise nach ihren Tiergemeinschaften erfolgt, erfolgt am Land die Einteilung nach Pflanzengemeinschaften, die der Ökologe nach ihrem Lebensformtyp und weniger nach ihrer systematischen Stellung gruppiert; denn die systematische Zusammensetzung des offenbar gleichen Lebensraumes ist beispielsweise im tropischen Regenwald Indonesiens ganz anders als im tropischen Regenwald Südamerikas.

Der terrestrische Bereich ist der am stärksten diversifizierte ökologische Bereich. Das ist nicht nur eine Folge der auf kleinstem Raum unterschiedlichen abiotischen Umweltbedingungen, sondern zunächst eine Folge der Tatsache, daß durch das Zerbrechen des Urkontinents einzelne Inseln entstanden, auf denen eine **getrennte Evolution** der dort lebenden Pflanzen und Tiere stattfand. Selbst wenn auf diesen verschiedenen Inseln oder Kontinenten die Entwicklung unter gleichen abiotischen Bedingungen erfolgte, so verlief sie nicht gleichartig. Ökosysteme, die unter den gleichen Bedingungen entstanden, mußten Produktion, Abbau und alle anderen ökologischen Funktionen notwendigerweise mit ganz verschiedenen Organismen ausführen. Hinzu kommt, daß all unser Leben auf der Erde auf der Entnahme von Pflanzennährstoffen aus dem Boden beruht, und daß dieser Boden im Laufe der Entwicklung immer mehr verarmte. Dies geschah aber nicht gleichmäßig, denn durch Vulkanismus, Gebirgsbildungen und Eiszeiten wurde frischer, mineralreicher Boden immer wieder an die Erdoberfläche transportiert, so daß wir in manchen Gebieten nährstoffreiche, in anderen dagegen nahezu nährstofffreie Böden vorfinden.

Schließlich entstehen durch Vulkanismus immer wieder Inseln im Ozean neu, und **die Besiedlung dieser Inseln durch Pflanzen und Tiere** vom nächstgelegenen Land kann unter Umständen sehr schwierig sein, besonders wenn die Vegetationszeit kurz ist, die Entfernung zu der Insel sehr groß und Luft- und Wasserbewegung einer Besiedelung entgegenstehen. Dies gilt natürlich insbesondere, wenn die neu entstandene Insel sehr klein und eine Trefferwahrscheinlichkeit für besiedelnde Keime daher gering ist. So kann es geschehen, daß offensichtlich gleiche Systeme auf nah beieinanderliegenden Inseln, obwohl unter gleichen Klimaten entstanden, sehr unterschiedliche Glieder haben, und zwar um so weniger, je jünger, je weiter entfernt vom bereits besiedelten Land und je kleiner die Insel ist. So haben die berühmten Inseln der Karibik überwiegend auf ihren bergigen Spitzen einen herrlichen tropischen Regenwald, aber die Zahl der Tierarten sinkt, je weiter wir uns vom mittelamerikanischen Festland entfernen.

Diese Tatsachen der berühmten Inseltheorie können hier nur angedeutet werden (MacArthur u. Wilson 1967; Remmert 1992). Das gleiche gilt für eine Reihe weiterer Regeln, die im folgenden aufgelistet werden sollen.

Einleitung

Regeln für terrestrische Ökosysteme

1. Die Körpergröße terrestrischer Arthropoden und die Biomasse ihrer Population stehen in Beziehung zur mittleren Luftfeuchtigkeit des Lebensraums: Je feuchter ein Lebensraum, um so geringer ist im allgemeinen die mittlere Körpergröße der Arthropoden. Die mittlere Körpergröße der Arthropoden im tropischen Regenwald ist winzig: Die meisten Arthropoden sind mit dem bloßen Auge kaum vom Staub unterscheidbar, und sie sind ungeheuer zahlreich. Dagegen sind die berühmten großen Insekten wie z. B. die Käfer eines tropischen Regenwaldes selten. Entsprechendes gilt auch für kühl-feuchte Lebensräume. In trockenen Lebensräumen trocknen sehr kleine Tiere ohne spezielle Schutzmechanismen sehr rasch aus. Andererseits erreichen kleine Arten im Durchschnitt rascher die Geschlechtsreife und sind durch hohe Vermehrungsraten gegenüber großen Arten zahlenmäßig immer im Vorteil. Große Arten haben dagegen Vorteile in Bezug auf die Austrocknungsresistenz und sind in trockenen Lebensräumen häufig, unter der Voraussetzung, daß sie in ihren frühen Jugendstadien durch Brutfürsorge geschützt werden.

2. Blattfressende wechselwarme Tiere nehmen von warmen zu kühlen Gegenden an Arten- und Individuenzahlen ab.
Pflanzennahrung ist schwer verdaulich. Das gilt besonders bei niedrigen Temperaturen. Dementsprechend sind Pflanzenfresser unter Reptilien (Schildkröten) und Insekten (Schmetterlinge, blattfressende Käfer) in Tundragebieten wesentlich geringer vertreten als Räuber und Detritusfresser; gemäßigte Breiten nehmen eine Mittelstellung ein. Dabei gleichen kühl gemäßigte Klimate mit viel Regen und wenig Sonnenschein während der Vegetationsperiode eher polaren als kontinentalen Gebieten mit gleicher Mitteltemperatur, aber trockenen und sonnigen Vegetationsperioden. In gemäßigten Breiten haben solche Blattfresser in zufällig kühlen Jahren weniger Chancen als in trockenen Jahren, sie sind daher in kühlen Jahren seltener und müssen in trockenen und heißen Jahren erst eine neue Population aufbauen (Remmert 1973).

3. Im biologischen Bereich ist die Photosynthese relativ wenig temperaturabhängig, während alle Abbauprozesse – ob durch Bakterien, Pilze oder Tiere – sehr stark temperaturabhängig sind (Abb. 1.2). In kalten Klimaten wird daher organisches Material angehäuft, in warmen Klimaten dagegen rasch abgebaut. Daher haben wir in tropischen Steppen, Savannen und Regenwäldern keine Humusschicht, während sich eine solche sogar in Polargebieten bildet. Die Anhäufung von Schichten organischen Materials in warmen Klimaten ist nur bei Sauerstoff-

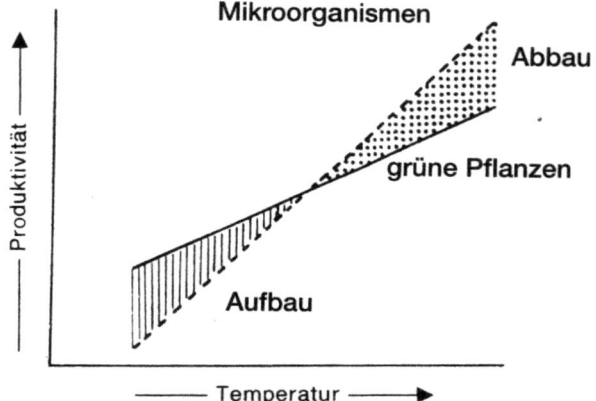

Abb. 1.2. Einfluß der Temperatur auf die Produktivität der grünen Pflanzen und den Abbauprozeß. Die Photosynthese ist im biologischen Bereich weniger temperaturabhängig als der Abbau. Daher ist die Primärproduktion in den verschiedenen Breiten der Erde potentiell ähnlich, aber der Abbau der gebildeten organischen Substanz erfolgt in tropischen Gebieten bei genügender Wasserversorgung sehr viel rascher als in polaren Gebieten. Die Produktion von Humus ist daher im Prinzip auf kühle Gebiete beschränkt und fällt in tropischen Gebieten weitgehend aus. (Aus Remmert, 1973)

abschluß möglich, also beispielsweise am Boden von sehr produktiven Süßwasserseen, oder zu einem gewissen Grade in trockenen Gebieten, wenn ein Abbau wegen Wasserknappheit nicht erfolgen kann. Normalerweise aber übernehmen hier pilzzüchtende Termiten und/oder einigermaßen regelmäßige Feuer die vollständige Remineralisierung des harten und trockenen Bestandesabfalls. Feuer gehören also natürlicherweise zu periodisch oder permanent ariden Ökosystemen.
4. Soziale Insekten spielen in den Tropen eine größere Rolle als in kühlen Gebieten.
5. Sukkulenz von Pflanzen deuten auf trockene Lebensräume oder auf Stickstoffarmut im Boden hin.
6. Auf armen Böden ist bei guter Wasserversorgung die Photosynthese von Pflanzen unverändert hoch. Da aber wichtige Nährstoffe fehlen (Phosphor), können die Pflanzen nicht wirklich wachsen. Die Photosyntheseprodukte werden dann in schwer verdaulicher (Tannin) oder giftiger Substanz (Alkaloide, Terpene usw.) festgelegt. Pflanzen von so armen Standorten sind daher häufig nur den Spezialisten unter den Pflanzenfressern zugänglich (McKey et al., 1978). In Lebensräumen mit armen Böden oder mit unzuverlässiger Wasserversorgung ist daher

Einleitung

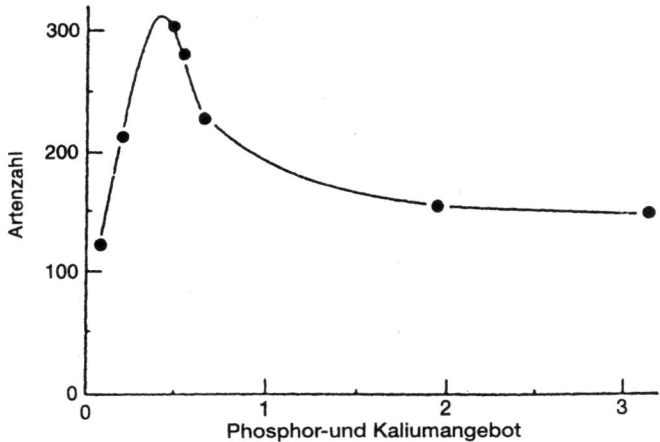

Abb. 1.3. Der Artenreichtum der Holzgewächse im malayischen Regenwald und die Verfügbarkeit von Nährstoffen. Der Artenreichtum nimmt bei extrem schlechter wie bei zunehmend besserer Versorgung ab. (Die Zahlen auf der Abzisse entsprechen einem Index, der aus der Summe der relativen Kalium- und Phosphat-Konzentrationen gebildet wird.) (Nach Tilman, 1982)

die Artenzahl (= Spezialistenzahl) höher als auf reichen Böden mit guter Wasserversorgung. Dies trifft für Pflanzen und Tiere zu (Abb. 1.3). Diese Aussage ist allerdings bisher nicht gut belegt.
7. Böden, die sehr lange Zeit der Auslaugung durch Niederschläge ausgesetzt sind (Gebiete der heutigen Tieflandregenwälder Amazoniens und des Kongobeckens, z. T. Südasien, Australien; alte Gebirge wie an der Südspitze Afrikas und Australiens), sind extrem unfruchtbar; sie haben daher eine große Anzahl von spezifisch angepaßten Arten, sind aber landwirtschaftlich kaum erschließbar.
8. Koevolution zwischen verschiedenen Pflanzenarten, zwischen Pflanzen und Tieren und zwischen verschiedenen Tierarten ist am ehesten in sehr alten Systemen zu erwarten, nicht aber in sehr jungen Systemen. (Mitteleuropäische Lebensräume sind teilweise erst etwa 14 000 Jahre eisfrei, während die tropischen Regenwaldgebiete und manche tropischen Gebirge kontinuierlich mindestens seit der Kreidezeit oder dem Tertiär existieren, d. h. seit bis zu 135 Millionen Jahren.)
9. Warmblütige, unter Wasser jagende Tauch- und Schwimmvögel oder Säugetiere spielen in den Tropen eine wesentlich geringere Rolle als in Gegenden mit kaltem Wasser.

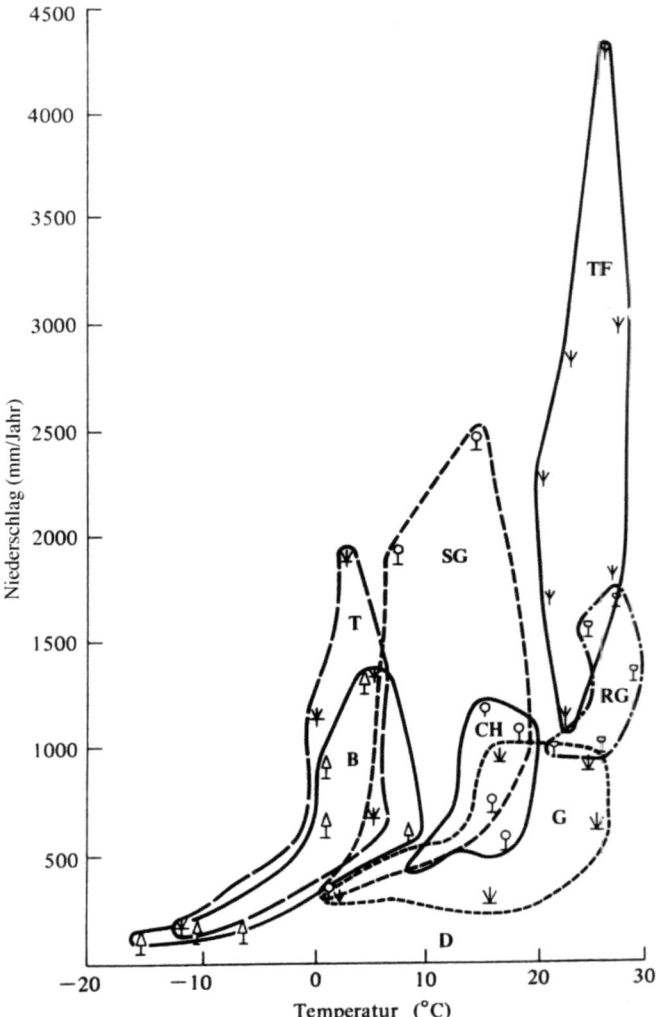

Abb. 1.4. Abhängigkeit der großen terrestrischen Biome von Außenfaktoren. *Ordinate*, mittlerer Jahresniederschlag. *Abszisse*, mittlere Jahrestemperatur. *T*, Tundra; *B*, Borealer Forst; *CH*, Chaparal (mediterrane Systeme); *TF*, Tropischer Regenwald; *SG*, Sommergrüner Wald (Laubwälder der gemäßigten Zone); *RG*, Regengrüner Wald (Wald in tropischen Trockengebieten); *G*, Grasland; *D*, Wüste und Halbwüste (zwischen Abszisse und unteren umgrenzten Feldern). (Aus Lieth, 1975)

Einleitung

Die Bedeutung der Klimafaktoren für die großräumige Verbreitung der Biome wird in Abb. 1.4 veranschaulicht. Zu diesen das ganze Ökosystem betreffenden Regeln kommen die wichtigen tiergeographischen Regeln, die von Ernst Mayr (1942) zusammengefaßt wurden. Wichtig ist besonders Lacks Regel, wonach die gleiche Vogelart in den Tropen kleinere Gelege hat als mit zunehmendem Abstand von den Tropen.

2 Wälder und waldfreie Ökosysteme der Tropen und Subtropen

Die tropischen und subtropischen Systeme sind durch ihre hohe Temperatur ausgezeichnet, die schnelleres, ganzjähriges Wachstum bei wechselwarmen Tieren und Pflanzen allgemein ermöglicht (Abb. 2.1). Hinzu kommt auch, daß diese Systeme sehr viel älter sind als die Systeme der gemäßigten oder polaren Breiten, die durch die Eiszeiten des Pleistozäns stark beeinflußt wurden. Die Eiszeiten zerstörten die artenreichen Biome des Tertiärs in den gemäßigten Breiten, die erst seit etwa 14 000 Jahren wieder – mit vielen Rückschlägen – aufgebaut wurden. Manche Vegetationstypen, wie etwa unser Buchenwald, sind erst 2000–3000 Jahre alt.

Auf der anderen Seite wurden durch die Eiszeiten und ihre Gletscher tiefliegende Erdschichten an die Bodenoberfläche geschafft. In den nicht vereisten Gebieten – im Periglazialbereich – fanden ebenfalls frostbedingte Bodenumlagerungen und Lößablagerungen statt, so daß die Böden der gemäßigten und kalten Breiten vielerorts fruchtbarer sind als die seit sehr langer Zeit nicht erneuerten Böden der tropischen Areale, die nur durch Vulkanismus und Gebirgsbildung an manchen Stellen eine ähnliche Fruchtbarkeit wie in den gemäßigten Breiten haben.

Die Verbreitung der Wälder, Waldgrenzen

Alle Gebiete der Erde, die es von der Wasserversorgung und vom Klima her zulassen, sind ursprünglich bewaldet. Wo das Wasser knapp wird, geht der Wald in einen lichten, dann sehr lichten Trockenwald über und dieser in eine Savanne bzw. Waldsteppe mit nur noch wenigen Bäumen; es folgt schließlich die baumlose Savanne bzw. Steppe, die in Wüstenareale übergeht. Die Begriffe Savanne und Steppe werden vielfach unterschiedlich definiert. Ich folge hier einer im internationalen Schrifttum gebräuchlichen Definition: Als Savanne werden baumarme oder baumlose tropische und subtropische Graslander bezeichnet. Die gleichen Vegetationsformationen der gemäßigten Klimazonen sind die Steppen. In beiden Fällen ist die **mangelnde Wasserverfügbarkeit** die wichtigste natürli-

Wälder und waldfreie Ökosysteme der Tropen und Subtropen

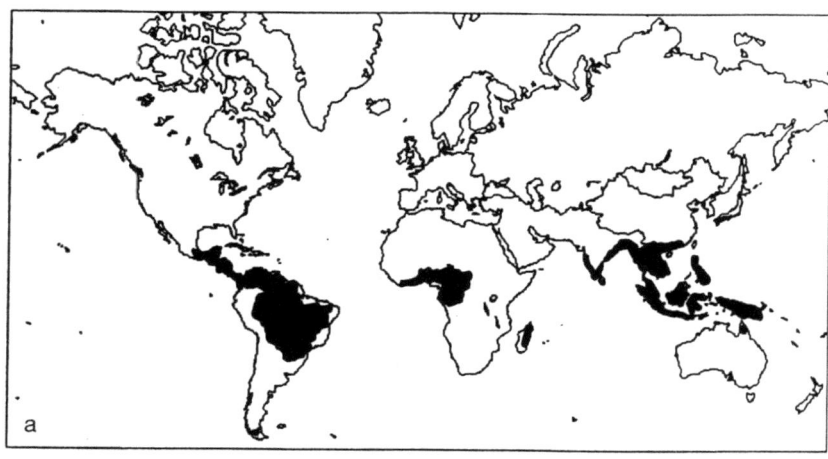

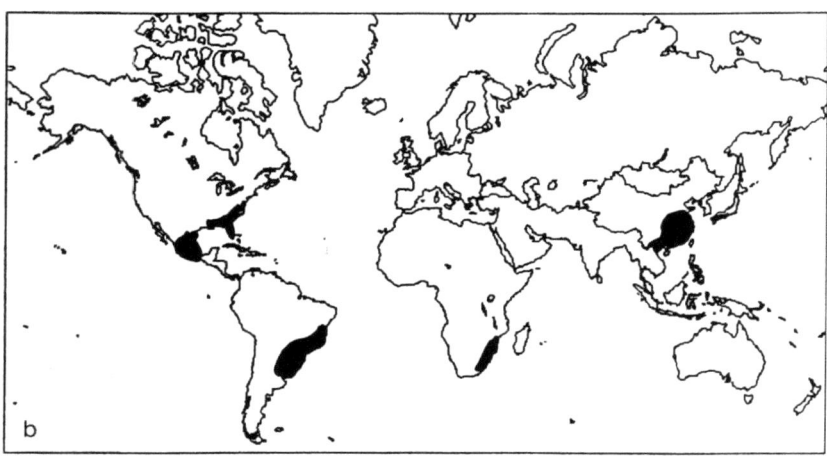

Abb. 2.1 a, b. Verbreitung der tropischen (a) und subtropischen (b) Regenwälder. Diese subtropischen Regenwälder sind den tropischen so ähnlich, daß sie im Text unter den tropischen Regenwäldern mit abgehandelt werden

che Ursache ihrer Verbreitung. Die eindeutige Abgrenzung zwischen beiden Vegetationsformen ist nicht immer möglich.

Ein ganz ähnlicher Gradient existiert zu kühleren Breiten hin, wo der bestehende Wald immer weniger Arten besitzt, diese immer kleiner werden und schließlich in Tundra übergehen. Bei feuchtem Klima stellen laubwerfende Bäume den Grenzbereich dar (Birken in Norwegen und

Schweden, Birken und Pappeln an der nordamerikanischen Westküste, kleine Südbuchen (*Nothofagus*) in Feuerland, während in den kontinentalen Gebieten Nadelwälder die Grenze bilden (Finnland, ehemalige Sowjetunion, zentrale Teile Nordamerikas). Ähnliches gilt für die Baumgrenze in den Gebirgen. Allerdings spielen hier Luftbewegungen und Temperaturverhältnisse eine vielfach nicht trennbare Rolle. Die deutschen Nordseeinseln sind weitgehend natürlicherweise waldfrei infolge einer **windbedingten Waldgrenze**. Das gleiche gilt für die relativ weit vor der Küste liegenden Inseln Südnorwegens. Je weiter man der Küste Norwegens nach Norden hin folgt, um so mehr wird diese windbedingte Waldgrenze von einer temperaturbedingten Waldgrenze abgelöst. Diese könnte wiederum nach der Härte des Frostes und der Dauer der Vegetationszeit aufgegliedert werden.

So läßt sich auch die **Waldgrenze im Gebirge** selten exakt auf einen einzigen Faktor zurückführen – auf dem Brocken im Harz wird sie überwiegend als eine Windgrenze angesehen (Wyneken 1938), während bei weniger exponierten Berggipfeln natürlich auch wieder die Dauer der Vegetationszeit und die Härte des winterlichen Frostes eine Rolle spielen. Hinzu kommt die Verfügbarkeit von Nährstoffen, die besonders in Grenzgebieten die Waldgrenze deutlich verschieben kann. Auf manchen Böden, beispielsweise Serpentinböden mit extremer Armut an lebensnotwendigen Mineralien, gedeiht trotz klimatisch günstiger Verhältnisse überhaupt kein Wald.

Schließlich kann eine natürliche Waldgrenze auch durch Tiere zurückverlegt werden. Bekannt ist das Beispiel des Schmetterlings *Oporinia autumnata* in Nordfinnland, der mit einigermaßen regelmäßigen Massenvermehrungen und großem Kahlfraß die Waldgrenze sehr stark beeinflußt; eine ähnliche Rolle planzenfressender Säugetiere im Übergangsgebiet zwischen baumloser Tundra oder Steppe und dem angrenzenden Wald ist wahrscheinlich.

Schwierig zu erklären ist dabei die offenbar primäre Baumlosigkeit der guten Lößböden **in der argentinischen Pampa** (Hueck 1966). Gepflanzte Bäume gedeihen hier hervorragend. Es wird gesagt, daß nur in sehr geringem Maße eine Selbstverjüngung stattfindet, weil die oberen Bodenschichten sehr stark austrocknen und damit Jungwuchs mit noch flachen Wurzeln verhindern (vgl. Kap 4.5).

Zusammengefaßt. Die Waldgrenzen zu unbewaldeten Gebieten hin werden durch ein Zusammenwirken sehr verschiedener abiotischer und biotischer Faktoren bewirkt. Hinzu kommt, daß „Baum" ja nur eine Angabe für eine Lebensform ist, die sich in der Evolution oft entwickelte. Von vornherein ist sicher, daß verschiedene Bäume nicht gleichzeitig auf die gleichen Konstellationen aus Bodenqualität, Dauer der Vegetationsperiode, Härte des Winters, Stärke des Einflusses von Tieren usw. reagieren. Es läßt sich daher nicht weltweit exakt festlegen, wo eine Waldgrenze liegt. Sie kann im Freiland immer nur ungefähr festgelegt werden. Schließlich brauchen Pflanzen des Waldes nicht dort zu verschwinden, wo der Wald aufhört. So geht die Gattung *Philodendron*, uns als Liane an Bäumen des tropischen Urwaldes bekannt, in Westindien deutlich über die Waldgrenze hinaus und bildet dann mit anderen Pflanzen zusammen eine tundraartige Gemeinschaft.

Dies ist das ursprüngliche Bild. Heute hat es sich durch die Tätigkeit des Menschen ganz entscheidend verändert. Wald existiert nur noch dort, wo das Land aus den verschiedensten Gründen zu ertragsarm oder zu unzugänglich war, als daß es für landwirtschaftliche Nutzung herangezogen werden konnte. Das gilt in Mitteleuropa in gleicher Weise wie in Nordamerika oder in den Tropen. Landwirtschaftlich ertragreiche Gebiete – in Deutschland etwa die Magdeburger oder die Hildesheimer Börde – sind überall waldfrei und haben landwirtschaftlichen Kulturen Platz gemacht. Die Regenwälder auf Java sind genauso verschwunden wie die Feuchtwälder am Fuß des Kilimandscharo oder des Mount Kenia. Nur steile Gebirgsregionen, wie etwa der Ostabfall der südamerikanischen Anden oder die Regenwälder Mittelamerikas, zeigen noch heute, wie ein Tropenwald auf fruchtbarem Boden ausgesehen haben könnte.

In der gemäßigten Zone sind wir in einer ganz ähnlichen Situation. Eine Eiche kann bei guter Wasserversorgung auf gutem Boden ihre Maximalgröße (mit mehreren Metern Stammumfang und über 2 m Stammdurchmesser) schon nach 200 Jahren unter unseren Klimabedingungen erreichen, während sie an Standorten, auf die sie heute meist beschränkt ist, dazu 800 Jahre benötigt. Es ist selbstverständlich, daß bei dieser extrem unterschiedlichen Wuchsleistung **Wälder auf guten Böden** in Mitteleuropa sich ganz anders darstellten als die Wälder, die wir heute kennen.

Auf den extrem nährstoffarmen Böden der tropischen Regenwälder (Amazonasbecken, Kongobecken, Sumatra) sind nach den in Kapitel 1 genannten ökologischen Regeln höhere Pflanzen- und Tierartenzahlen und höhere Anpassungsgrade an diese spezielle Situation zu erwarten als in tropischen Regelwäldern Javas mit reichen vulkanischen Böden.

2.1 Tropischer Regenwald des Tieflands

Wo bei Temperaturen dauernd über 20°C in tropischen Regionen tagtäglich reichlich Regen fällt, hat sich Regenwald entwickelt (Tabelle 2.1; s. Abb. 1.4 und Abb. 2.1). Dieser erscheint beim ersten Hinsehen außerordentlich ähnlich – ob wir ihn nun in Malaysia, auf den südostasiatischen Inseln, in Mittel- und Südamerika oder im afrikanischen Kongobecken betrachten: Überall ist der erste Eindruck eine grüne gewaltige Mauer, die sich auf beiden Seiten der Flüsse gegen jegliches Eindringen sperrt. Durchdringt man diese Mauer, so kommt man in einen relativ dunklen und verhältnismäßig leicht zu begehenden Wald aus überwiegend sehr schlanken, dicht stehenden Bäumen mit einem Durchmesser um 30–40 cm in Brusthöhe und eingestreuten gewaltigen Urwaldriesen; Tiere entdeckt man zunächst nicht (Abb. 2.2).

Geht man aufmerksam weiter, so kommt man hin und wieder an eine Lichtung, die das Resultat des Sturzes eines alten Urwaldriesen ist und die unter Umständen einen Hektar messen kann. Aber schon 6 Monate

Tabelle 2.1. Tropischer Regenwald des Tieflandes

Kronendachhöhe:	um 50 m (obere Baumschicht)
Bestand an oberirdischer Pflanzenmasse:	45–75 kg/m^2 (Frischgewicht)
Blattflächenindex:	6–17 m^2 assimilierende Blattfläche pro m^2 Bodenfläche
Primärproduktion:	1000–3000 g/m^2 im Jahr; überwiegend durch Kronenschicht; signifikante Produktion am Boden nur in Baumsturzlücken; Primärproduktion fast ausschließlich auf dem C$_3$-Photosyntheseweg; bei Holzpflanzen kennt man den C$_4$-Weg nicht
Bestäubung:	fast ausschließlich durch Tiere
Samenverbreitung:	meist durch Tiere
Primärkonsumenten:	pflanzenfressende Tiere spielen eine moderate Rolle vor allem in der Kronenschicht, aber auch in Baumsturzlücken
Remineralisation:	durch Bakterien und Pilze vorwiegend zusammen mit Ameisen, Termiten, Dipteren, Collembolen, Milben, Regenwürmern
Niederschlag:	2000–4000 mm/Jahr und mehr
Jahresmitteltemperatur:	24–30°C (geringe tages- und jahresperiodische Amplitude)
Jahreszeiten:	kaum ausgeprägt bis deutlich (Regenzeit und kaum niederschlagsärmere Trockenzeit)

Tropischer Regenwald des Tieflands

Abb. 2.2. Tropischer Regenwald (Panama)

nach diesem Sturz ist die Lücke wieder mit einer Dickung aus Stauden, Lianen und Gehölzen bedeckt, die Höhen von 5–15 m erreichen kann. In diesen Baumsturzlücken entdeckt man viele Tiere: vor allem Insekten, aber auch Vögel, Säugetiere, Eidechsen und Schlangen. Hier blühen Blumen, die man in der Dunkelheit im Innern des Regenwaldes vergeblich sucht.

Die Vegetation

Der tropische Regenwald erscheint als immergrüner, permanent belaubter Wald, so lange eine Trockenzeit von ca. 2 Monaten nicht überschritten wird. In dieser Zeit darf der monatliche Niederschlag 60–65 mm nicht unterschreiten (Schulz 1960). Der gesamte Jahresniederschlag muß mindestens 1600 mm betragen, eine gleichmäßige Verteilung über das Jahr vorausgesetzt. Mancherorts ist für die Existenz des immergrünen Regenwaldes sogar ein Minimum von 2000 mm notwendig (Lauer 1989). Das schließt nicht aus, daß einzelne Baumarten vorübergehend ihr Laub verlieren. Niemals findet jedoch ein synchronisierter Laubverlust wie in den tropischen Trockenwäldern statt.

In der Regel zeigt dieser Wald einen charakteristischen **vertikalen Aufbau**, in dem mehrere, in manchen Fällen bis zu fünf Kronenstockwerke unterschieden werden können (Abb. 2.3). Von oben betrachtet überragen weitständige, oft breitkronige Baumriesen ein weitgehend geschlossenes Kronendach eines zweiten Stockwerkes, unter dem sich weitere, mehr oder weniger dicht schließende Baumkronen ausbreiten. Im dichten Stand herrscht eine schmale hochovale Kronenform vor. Die höchsten Bäume erreichen in der Regel 40–50 m, die beobachteten Maxima liegen um 70–80 m. Die Stämme sind meist schlank und unverzweigt. An ihnen klettern Lianen in die Höhe, auf den Ästen entwickelt sich eine reichhaltige Epiphytenbiozönose. Bei hohen Niederschlägen werden selbst die Blätter von einem Aufwuchs aus Pilzen, Algen, Flechten und Moosen überwachsen, bis sie nach höchstens einigen Jahren absterben und abfallen (Jacobs 1988). Die Blätter der Urwaldbäume sind generell dick, lederartig glänzend mit langovaler Spreite, die in einer Spitze ausläuft, so daß Regen abtropfen kann. Dünne Blätter haben im allgemeinen nur die Pionierpflanzen des tropischen Regenwaldes, die in Baumsturzlücken heranwachsen (etwa *Cecropia*-Arten in Südamerika oder *Musanga cecropioides* in Westafrika). Auch die Ausbildung der Baumwurzeln zeigt typische Formen. Bekannt sind die mächtigen Stützstrukturen der Brettwurzeln mehrerer hochwüchsiger Arten (Abb. 2.4). Eine ähnliche Funktion besitzen auch Stelzenwurzeln und Luftwurzeln, die von den Ästen zum Boden wachsen und eine sich immer weiter verbreiternde Krone wie mit einem Säulenwald abstützen. Einige *Ficus*-Arten entwickeln sich in dieser Weise.

In Regenwäldern sind die **Systeme der kurz geschlossenen Stoffkreisläufe und effektiven Stoffrückführung** hoch entwickelt. Dazu gehören reich verzweigte Wurzelsysteme, die sich an der Bodenoberfläche ausbreiten, aber auch die Durchwurzelung der Humusansammlungen im System der Epiphyten und in Bauten von Termiten. Im sauerstoffarmen Milieu, insbesondere bei submers wurzelnden Bäumen, können vertikal nach oben wachsende Atemwurzeln gebildet werden. Infolge der dauernd hohen Temperatur und der konstant hohen Feuchtigkeit erfolgt die Zersetzung organischen Materials außerordentlich rasch. Dadurch haben wir nur eine sehr dünne Humusdecke (in der Regel maximal 1–5 cm). Dieses gilt offenbar für Standorte mit sehr armen Böden in gleicher Weise wie für Standorte auf reichem vulkanischen Untergrund.

Die Struktur des Waldes beeinflußt erheblich **das lokale Klima**. Die reich gegliederte Kronenoberfläche erhöht die Turbulenz in der Atmosphäre und damit die Austauschrate für Wärme und Feuchtigkeit. Im Innern des Waldes herrschen sehr ausgeglichene bestandsklimatische Bedingungen mit relativ hohen Wasser- und CO_2-Gehalten der Luft und ge-

Tropischer Regenwald des Tieflands

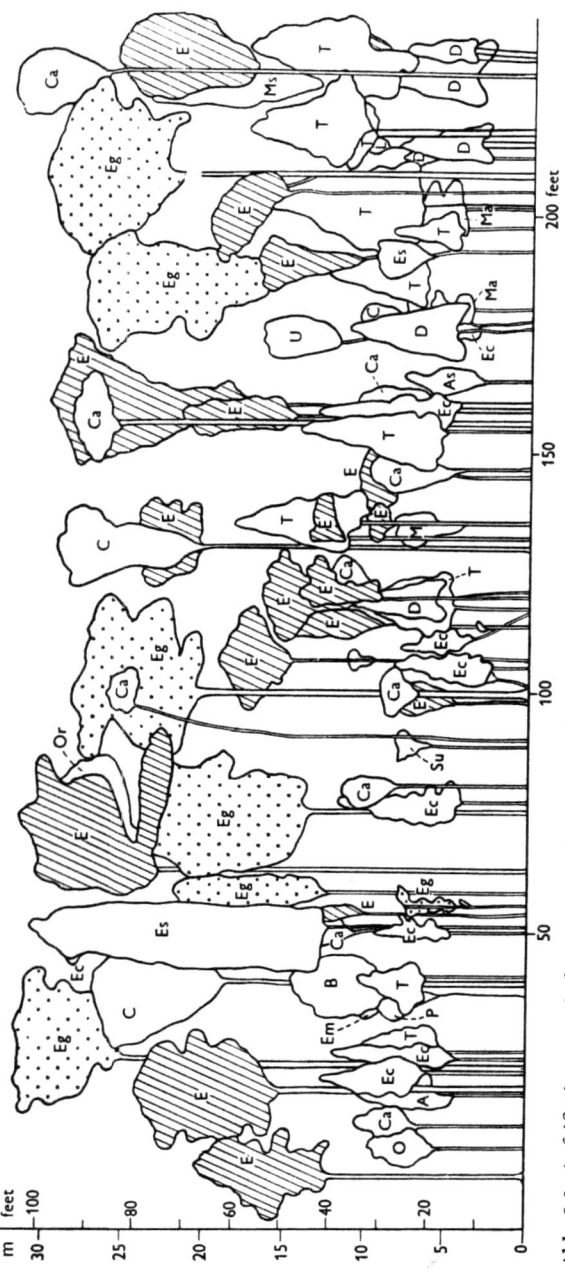

Abb. 2.3. Aufriß eines tropischen Regenwaldes auf British Guyana; die Signaturen deuten verschiedene Baumarten an. (Aus Richards 1982) Vertikaler Aufbau des Waldes in ca. drei Stockwerken. *A, Amaioua guianensis; As, Aspidosperma excelsum; B, Byrsonima* sp;*; C, Cassia pteridophylla; Ca, Catostemma* sp.; *D, Duguetia neglecta; E, Eperua falcata* (soft wallaba); *Eg, Eperua grandiflora* (ituri wallaba); *Ec, Ecclinusa psilophylla; Em, Emmotum fagifolium; Es, Eschweilera* sp.; *L, Licania heteromorpha; M, Matayba inelegans; Ma, Marlierea schomburgkiana; M, Marayba* sp.; *O, Ocotea* sp.; *Or, Ormosia coutinhoi; P, Pouteria* sp; *Su, Swartzia* sp.; *T, Tovomita cephalostigma; U,* unbestimmt

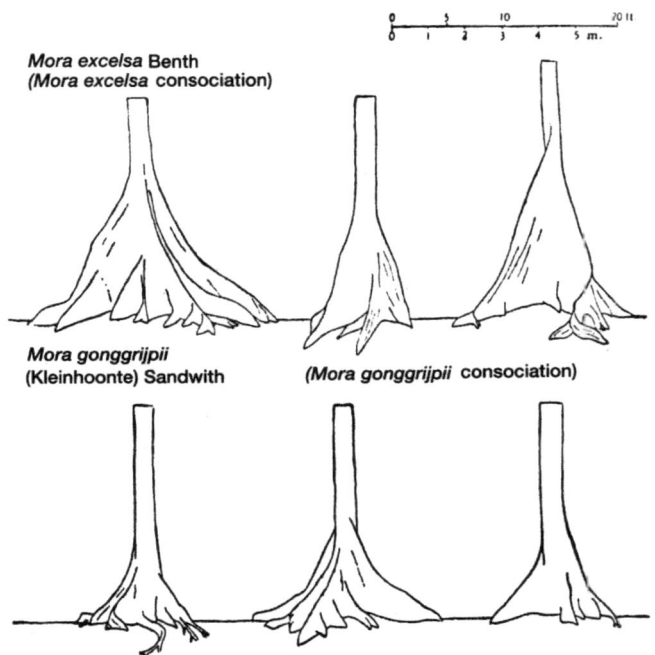

Abb. 2.4. Sehr viele Stämme im tropischen Regenwald bilden an ihrer Basis Brettwurzeln aus, die als Verstärkungen der Verankerungen im Boden gedeutet werden. (Aus Richards 1982)

ringen Temperaturschwankungen. In der Vertikalen bilden sich Gradienten der Klimafaktoren aus. In einem Regenwald Surinams wurden 1,5 m über dem Boden maximale Tagesschwankungen von 9°C und im mehrjährigen Mittel Tagesschwankungen von ca. 4°C gemessen. Die maximalen Temperaturen schwankten zwischen 21 und 23°C. In einer nahe gelegenen Lichtung lag die Temperatur zur Zeit des Tagesmaximums um 7 bis 9°C höher. Die Lichtintensität sinkt im Innern des Waldes rasch ab, bis sie am Boden nur noch weniger als 1% der vollen Lichtintensität beträgt. Allerdings existieren zahlreiche Lücken im Blätterdach, durch die Lichtstrahlen den Boden wenigstens für einige Minuten im Tagesverlauf erreichen. Selbst eine Belichtung von nur 40 Minuten Dauer kann für die Pflanzenentwicklung wichtig werden (Schulz 1960, Bourgeron 1983, Brunig 1983, Kira u. Yoda 1989).

Im Regenwald La Selva in Costa Rica ergaben Untersuchungen, daß 75 von 104 der großen Baumarten zur Keimung der Samen auf **Lichtflecken** angewiesen sind (Hartshorn 1978). Die Bodenvegetation im tiefen Schatten des Waldes verbreitet sich oft so lange nur vegetativ, bis durch eine Lücke im Kronendach ausreichend Belichtung den Boden erreicht und Blüten- und Samenbildung induziert (Abb. 2.5). Daneben finden **Saprophyten und Wurzelparasiten** wie verschiedene Arten der Balanophoraceae (Abb. 2.6) oder *Rafflesia arnoldi* (Rafflesiaceae) mit ihren teilweise riesenhaften Blüten im lichtarmen Milieu günstige Lebensbedingungen.

Die Niederschläge bilden sich am Tage in den aufsteigenden warmen Luftmassen und entladen sich meist in kurzen, heftigen Gewitterschauern. Nach Jacobs (1988) werden bis zu 3 mm des Wassers eines Regenschauers in der Kronen- und Stammregion gespeichert, der Rest erreicht den Boden und wird dort großenteils in der durchwurzelten Bodenschicht zurückgehalten. Erodierender Oberflächenabfluß tritt nur auf nacktem Boden auf.

Unter allen Biomen der Erde besitzen die tropischen Regenwälder die höchste **Artendichte**, mindestens unter den Pflanzen. In einem Areal von

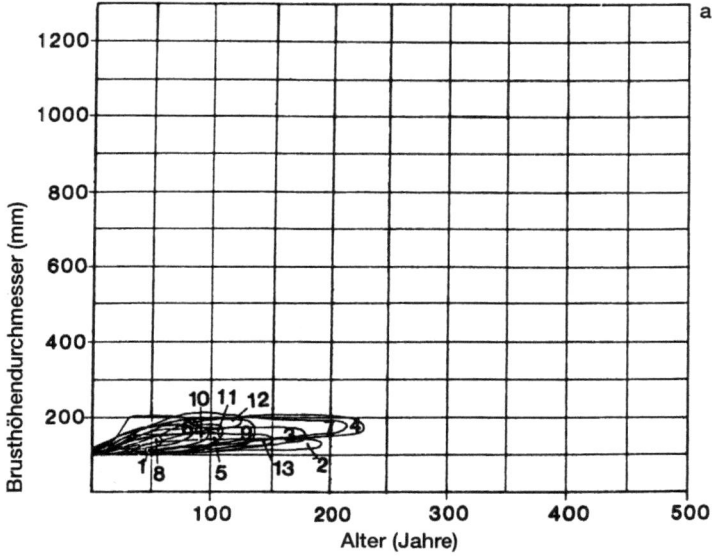

Abb. 2.5 a-c. Wachstumskurven (Extrapolationen, Maximum und Minimum) verschiedener Bäume des Regenwaldes von La Selva (Costa Rica). a Die Schattenbäume im Unterwuchs wachsen sehr langsam und erreichen nur ein geringes Alter; b lichtbedürftige Pionierbäume wachsen schnell und erreichen ebenfalls ein geringes Alter; c schattentolerante Arten der oberen Kronenregion sind langlebig und wachsen z. T. schnell. (Aus Lieberman u. Lieberman 1987) (Abb. 2.5 b, c auf Seite 20)

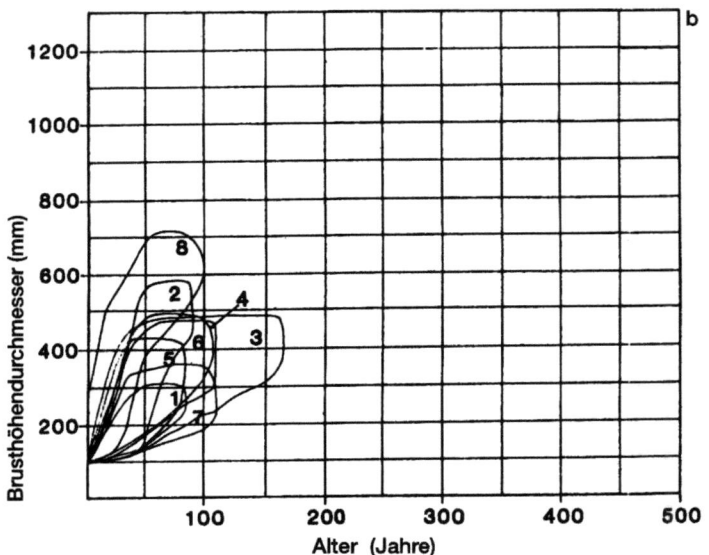

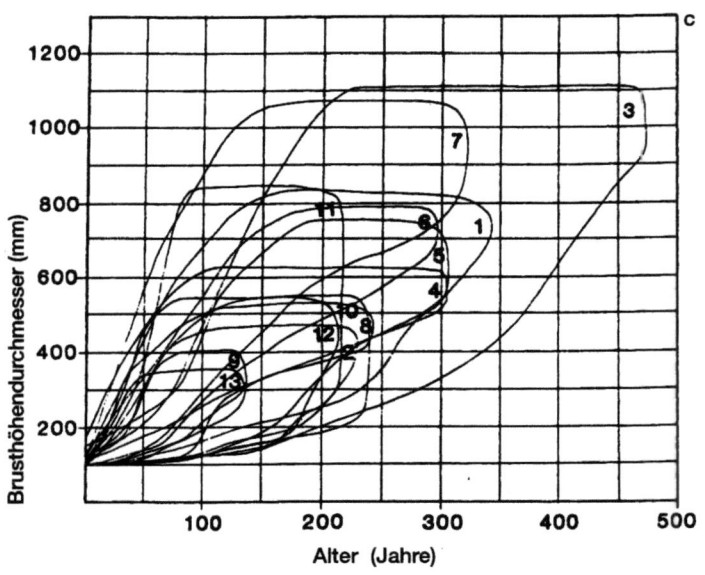

Abb. 2.5 b, c.

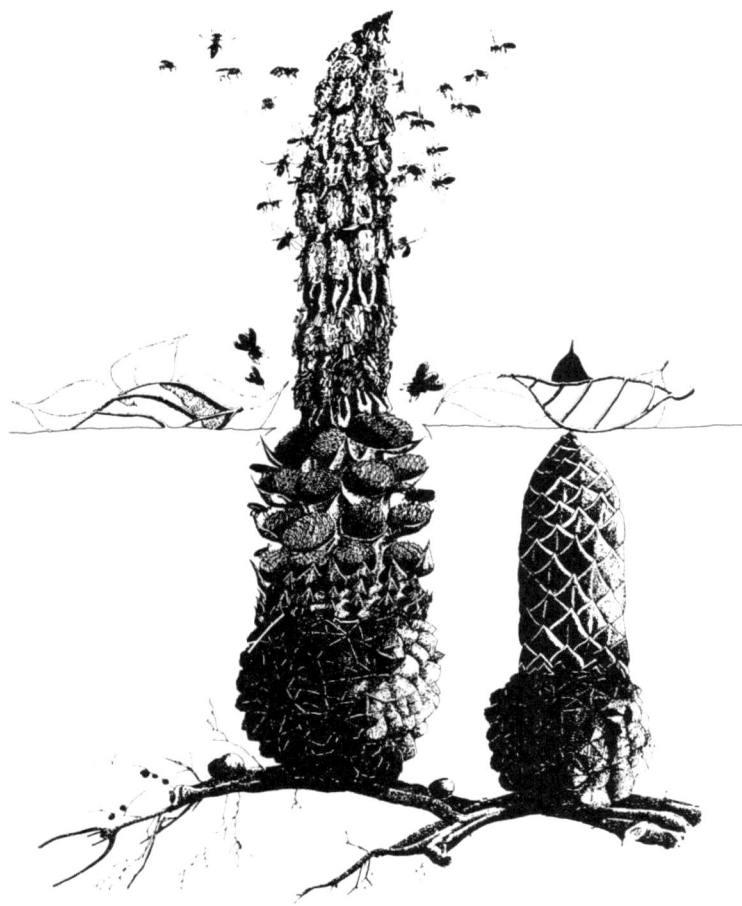

Abb. 2.6. *Lophophytum mirabile* (Balanophoraceae), ein Vollparasit auf den Wurzeln eines Wirtsbaumes im amazonischen Regenwald; *linke* Pflanze blühend, männliche Blüten über, weibliche unter der Erdoberfläche. Ca. fünf blütensuchende Insektenarten wurden beobachtet. Im Bild an den männlichen Blüten stachellose Bienen (Meliponidae). Käfer der Familien Chrysomelidae und Nitidulidae suchen mit Pollen beladen die weiblichen Blüten auf. Der Blütenstand gibt einen strengen kampherartigen Geruch ab, die Einzelblüten sind unauffällig. (Aus Borchsenius u. Olsen 1990)

10 ha fand man beispielsweise am Amazonas ca. 400 Baumarten, die Lianen nicht mitgerechnet. Auch heute noch ist mancherorts die Hälfte der registrierten Arten unbenannt. Eine ausgeprägte Dominanz einer oder weniger Arten gibt es kaum, und der Abstand zwischen verschiedenen Individuen einer Population ist in der Regel groß. Auch die Lianen und Epiphyten sind reich vertreten, doch sind die Daten hier noch ungenauer als bei den Bäumen. Für Borneo sind ca. 150 Lianengattungen angegeben worden, verteilt auf zahlreiche Familien. Benzing (1989) zählt unter den Epiphyten Vertreter aus 53 Familien der Angiospermen und 9 der Pteridophyten. Von diesen sind 12 Familien rein neotropisch und 17 palaeotropisch. Die Epiphyten erreichen ihre höchste Dichte und Vielfalt in der unteren Kronenzone der Bäume, die mikroklimatisch günstiger ist als die Spitze, aber gleichzeitig noch ausreichende Belichtung empfängt.

Diasporen- und Pollenverbreitung der Regenwaldbäume

Die großen Abstände einzelner Exemplare der jeweiligen Pflanzen – insbesondere der Baumarten im tropischen Regenwald – setzen Anpassungen der Strategien der Pollenübertragung und der Diasporenverbreitung voraus. Regal (1977) hat dafür eine wohl allgemein anerkannte Hypothese vorgelegt. Sie besagt im einzelnen:
- Windbestäubung ist typisch für große, artenarme und auch sonst einheitliche Bestände wie in Grasländern, in den großen geschlossenen Nadelwäldern der Taiga und ähnlichen Systemen.
- Durch gerichtete selektive Tierbestäubung über weite Strecken wird Genaustausch auch für Pflanzenarten möglich, deren Einzelexemplare zerstreut im Bestand stehen. Tierbestäubung ist daher typisch für hochdiverse Systeme.

Große räumliche Abstände zwischen den Individuen einer Pflanzenart könnten die Entwicklung von Selbstbefruchtung begünstigen. Dem wird offenbar durch verschiedene Mechanismen entgegengewirkt. So erweist sich in untersuchten Gebieten der Anteil diözischer Bäume mit über 20% der Arten als relativ hoch. Die Blüten sehen sich in beiden Geschlechtern sehr ähnlich, wahrscheinlich um die Prägung der Bestäuber auf eine arttypische Blütenform zu ermöglichen.

Die **Tierbestäubung** verteilt sich auf zahlreiche Gruppen, darunter viele Arten mit hohen Flugleistungen. Die Bestäubung durch Vögel aus zahlreichen Familien und durch Säugetiere gibt es in vielerlei Anpassungsformen in den gesamten Tropen. Unter den Vögeln findet man besonders viele Beispiele konvergenter Entwicklung, mit den neotropischen Kolibris, den Nektarvögeln (Nectarinidae) in Asien und Afrika oder den Kleidervögeln auf Hawaii. Unter den Säugern sind es vor allem Fledermäuse aus verschiedenen Familien, daneben in einigen kleineren Regionen kletternde Arten: auf Madagaskar einige Lemuren, in Australien der Honigbeutler *Tarsipes spenserae* (Baker et al. 1983).

Untrennbar damit verbunden ist eine ebenso weite, zielgerechte, selektive **Diasporenverbreitung** durch Tiere (Zoochorie). Diese ermöglicht die Kolonisierung neuer Gebiete, sie ermöglicht den Transport von Samen an besonders geschützte Stellen und erhöht die Wahrscheinlichkeit, daß geeignete Keimungsorte gefunden werden. Wirbeltiere sind daran erheblich beteiligt. Neben dem Transport von haftenden Früchten oder Samen außen am Körper sind Diasporen, die gefressen und dabei verbreitet werden, stark beteiligt. Dabei wird der Verlust eines Teils der Samen in Kauf genommen, oder es werden die attraktiven Früchte gefressen, die Samen aber unverdaut mit den Faeces abgegeben. In den Überschwemmungswäldern des Amazonasgebietes übernehmen beispielsweise frucht- und samenfressende Fische einen Teil dieser Funktion (Gottsberger 1978).

Im terrestrischen Bereich sind es in Südamerika häufig Nagetiere (Hallwachs 1986, Smythe 1978). Ein Beispiel eines solchen „Mutualismus" wird von Forget (1990) beschrieben. Nager aus der Gruppe der Caviomorpha (*Myoprocta exilis, Dasyprocta leporina*) nutzen das weitgehend synchronisierte und reichliche Fruchten der Caesalpiniaceenart *Vouacapona americana*, um üppig Nahrung zu erbeuten. Die Samen dieses hohen südamerikanischen Baums sind ca. 4 cm lang und können dementsprechend auch nur von relativ großen Tieren transportiert werden. Beide Nagergruppen vergraben viele Samen, von denen 15–40% nicht gefressen werden und dann keimen können. Die nicht vergrabenen Samen werden dagegen fast alle gefressen oder vertrocknen. Die gekeimten Samen dienen nicht mehr zur Nahrung.

Auch im tropischen Regenwald werden neben der Zoochorie andere Verbreitungsformen für die Diasporen gefunden. Die Verteilung dieser verschiedenen Formen auf die Synusien – die typischen Teilbereiche des Lebensraumes – erscheint bemerkenswert. Die Baumarten der oberen Kronenstockwerke in La Selva (Costa Rica) bilden zu 71% fleischige Früchte, die überwiegend von Säugern und Vögeln gefressen und verbreitet werden, 18% schwere, unspezialisierte Samen, die meist direkt zu Boden fallen und 10% Flugfrüchte bzw. -samen. Bei der Zoochorie sind die Vögel auf ca. 75%, die Fledermäuse auf ca. 19% der Baumarten spezialisiert. Beim Rest handelt es sich um weniger spezialisierte Formen. In der Zone der Gebüsche und kleinen Bäume steigt der Anteil der fleischigen

Früchte auf 93%. Unter den lichtbedürftigen Epiphyten und Lianen sind Diasporen mit Windverfrachtung und klebrige Formen häufig. Ähnliche Befunde gibt es für andere Gebiete (Baker et al. 1983).

Die Koevolution von Pflanzen und ihren Bestäubern bzw. Samenausbreitern hat in den Tropen erheblich zum Reichtum an ökologischer Spezialisierung beigetragen. Für Tiere ohne ausgeprägte Ruhephase, wie die meisten homoiothermen Wirbeltiere, setzte diese Spezialisierung ein ganzjähriges Angebot von Nektar, Pollen bzw. Früchten als Nahrung voraus. Diese Voraussetzung ist am besten in tropischen Regenwäldern gegeben.

Die tropischen Regenwälder sind, wie alle Urwälder, einem Zyklus unterworfen. Man muß daher zwischen sehr dunklen Gebieten mit dichtem Kronenschluß und faktisch fehlendem Unterwuchs auf der einen Seite und **Baumsturzlücken mit Sonneneinstrahlung** und sehr dichtem Unterwuchs auf der anderen Seite unterscheiden, die mosaikartig verteilt sind. Baumsturzlücken entstehen unter natürlichen Bedingungen häufig. In Guyana fand Oldeman (1974) in manchen Gebieten auf 90–95% der Flächen diese Lücken. Die Pioniere in solchen Arealen oder auch an anderen Lichtpunkten am Boden des Urwaldes sind im allgemeinen Pflanzen mit relativ dünnen Blättern ohne wesentliche Anhäufung von giftigen sekundären Pflanzenstoffen. Sie stellen also eine hervorragende Nahrung für blattfressende Tiere und Blütenbesucher dar, denen Prädatoren folgen. In Südamerika findet man hier vor allen Dingen die Faultiere an *Cecropia* hängen, dazu blauschillernde Morphoschmetterlinge, Kolibris und kleine Nager. Blattfressende Insekten sind hier besonders hoch divers. Solche Stellen waren auch bevorzugte Jagdgebiete der indianischen Urbevölkerung.

Die **Sukzession in natürlich entstandenen Lichtungen** erfolgt rasch, wahrscheinlich großenteils von im Boden gelagerten Diasporen. Sie beginnt auf größeren belichteten Flächen mit Kräutern und Lianen, aus denen sich meist schon im zweiten Jahr holzige Pflanzen herausheben, die nach wenigen Jahren einen geschlossenen Bestand bilden. Dieser wird von wenigen schnell wachsenden Arten dominiert. Dieses Primärstadium wandelt sich zum Sekundärstadium. Unter Zunahme der Diversität setzen sich überwiegend langsam wachsende Arten mit größerer Lebensdauer durch. Sie besitzen in der Regel dickere, zähere Blätter und festeres Holz. Die Ursachen dieser Veränderung der Waldstruktur sind bis heute weitgehend unbekannt. Die Pionierbäume sterben meist nach ca. 25 Jahren ab, sie verbreiten sich und überdauern mit Samen. Bekannte Pioniergehölze sind die einander ähnlichen schlanken Regenschirmbäume der Gattung *Cecropia* aus Südamerika und *Musanga* (Moraceae) aus Westafrika mit charakterisch handförmig geteilten Blättern. In Amerikas Regenwäldern ist *Ochroma lagopus* (Bombacaceae) heimisch, der das außerordentlich leichte Balsaholz liefert. Dieser Baum wird in 5 bis 6 Jahren ca. 20 m hoch, bei einem Stammdurchmesser von etwa 60 cm (Ewel 1983).

Die Tierwelt

Noch schwieriger als für die Pflanzen ist es, eine zuverlässige Übersicht über die Tierarten und ihre Verteilung im Lebensraum zu bekommen, weil sie selten und nur lokal hohe Individuendichten erreichen. Das gilt selbst für die terrestrischen Wirbeltiere. Nur im Boden und in der Kronenregion der Bäume herrscht reicheres Tierleben. Dort konzentriert sich auch die tierische Biomasse. An günstigen Beispielen kann man die große, eindrucksvolle faunistische Vielfalt im tropischen Regenwald beobachten, die immer wieder das Staunen der Naturforscher hervorgerufen hat. So berichtet schon 1878 Alfred Russel Wallace (zitiert nach Bourlière 1983):

„*Animal life is, on the whole, far more abundant and varied within the tropics than in any other part of the globe, and a great number of peculiar forms are found there which never extend into temperate regions. Endless eccentricities of form and extreme richness of colour are its most prominent features, and these are manifested in the highest degree in those equatorial lands where the vegetation acquires its greatest beauty and fullest development.*"

Ein Beispiel der Diversität, der **Artenvielfalt** in einem einheitlich strukturierten Lebensraum, gibt Pearson (1977): Er fand 254 Vogelarten auf einer Fläche von 15 ha. Angemerkt wird auch immer wieder der Reichtum an auffallenden, z. T. bizarren Insekten unter den Schmetterlingen, manchen Käferfamilien, den Wanzen und anderen. Nicht zufällig wurde das Phänomen der Bates'schen und Müllerschen Mimikry für tropische Insekten erstmals beschrieben.

Der verbreitete Eindruck, daß Tiere im Regenwald nicht häufig seien und nur geringe Biomassenwerte erreichten, beruht mindestens zum Teil auf einem Irrtum. Er entsteht durch eine für den Beobachter ungünstige zeitliche und räumliche Verteilung in einem unübersichtlichen Lebensraum. So sind verschiedene Mitglieder von Tiergruppen mit ähnlichen Nahrungsansprüchen zu unterschiedlichen Tages- oder Jahreszeiten aktiv. Im Regenwald von Gabun zum Beispiel werden dieselben Ressourcen am Tage überwiegend durch Vögel, bei Nacht durch Säugetiere genutzt; 70%

der Säuger sind nachtaktiv, 96% der Vögel tagaktiv (Charles-Dominique 1975). Manche Wirbellose treten durch eine enge Bindung an bestimmte Entwicklungsstadien einer oder weniger Pflanzenarten nur für eine kurze Zeitspanne in Erscheinung. Die Raupen phytophager Schmetterlinge fressen vielfach nur den frischen Austrieb ihrer Futterpflanze, teilweise bis zum Kahlfraß, verpuppen sich nach wenigen Wochen und werden für 11 Monate des Jahres nicht mehr gefunden. Die adulten Schmetterlinge sind zwar länger zu beobachten, bleiben aber immer selten. Schließlich wechseln auch in den tropischen Regenwäldern die Artenspektren und die Häufigkeiten – beipielsweise bei Insekten – von einem Jahr zum nächsten sehr stark. Das erscheint überraschend für einen Lebensraum, der durch beinahe konstante Umweltfaktoren gekennzeichnet ist (Wolda 1992).

Noch wichtiger dürfte **das räumliche Verteilungsmuster** sein, das weitgehend dem Angebot an geeigneter pflanzlicher Biomasse folgt. Die Anzahl der nachgewiesenen Arthropodenarten vervielfachte sich, als man durch Vernebelung mit Pyrethrum den Bestand in der Baumkrone erfaßte. Nach den Ergebnissen aus verschiedenen Kontinenten befanden sich unter den erfaßten Insekten 80–90% bis dahin unbekannte Taxa (Erwin 1982, Stork 1991, Adis u. Stork 1996). Dementsprechend befinden sich die meisten Tierarten und ein hoher Anteil tierischer Biomasse in der Kronenregion der Bäume, wo nicht nur deren Blätter, Blüten und Früchte locken, sondern auch eine Fülle von Kleinstlebensräumen Möglichkeiten für zahlreiche Spezialisten bieten. So lebt ein großer Teil der limnischen Fauna in den **Phytothelmen der Epiphyten**: Larven der Stechmücken und anderer Dipteren, aber auch Kaulquappen von Fröschen als Primärkonsumenten, als Prädatoren Libellenlarven und Krabben mit ihren wasserlebenden Larven. Ein instruktives Beispiel einer starken Differenzierung innerhalb einer Verwandtschaftsgruppe bieten die Frösche des Regenwaldes, die alle Zonen vom Boden bis in die Baumkronen besiedeln, konvergent mehrfach kletternde Formen ausgebildet haben, zur Abwehr von Prädatoren Gifte einsetzen, wie die Pfeilgiftfrösche (Fam. Dendrobatidae) und eine vielfältige Brutbiologie besitzen. Als Amphibien primär durch Laich und Larven an Gewässer gebunden, gingen sie einerseits zur Nutzung von Kleingewässern in Baumlöchern oder Zisternenpflanzen über und entwickelten andererseits verschiedene Formen der Eiablage und Brutpflege, die eine gewisse Unabhängigkeit von Gewässern gibt; die Eier können auf Blättern oder in Schaumnestern am oder über dem Wasser abgelegt werden, und erst die Kaulquappen gelangen ins Wasser. Eier und/oder Kaulquappen können aber auch in verschiedener Weise von den Eltern auf dem Rücken getragen werden, entweder zum baldigen

Transport in ein Gewässer oder sogar bis zum Abschluß der Ei- oder Larvenentwicklung (Bourlière 1983, Duellmann u. Trueb 1986, Diesel 1992). Die Aufteilung der verschiedenen Strata des Regenwaldes unter den Arten bestimmter Verwandtschaftsgruppen ließ sich mehrfach nachweisen. Die bevorzugten Aufenthaltsorte von baumbewohnenden Affen unterscheiden sich von Art zu Art und auch nach der Funktion als Ruhe-, Fraß- oder Wanderungsbereich (Abb. 2.7); allerdings gibt es meist Überlappungen. Auch für Wirbellose gibt es derartige Raumaufteilungen, wie z. B. bei den Bauten von Termiten, die sich je nach Art am Boden oder in unterschiedlichen Höhen in den Bäumen befinden (Abe u. Matsumoto 1979, Bourlière 1983).

Eine relativ hohe Biomasse ergibt sich auch für **die Bodenfauna**, die den Bestandesabfall des Waldes aufarbeitet (Owen 1983, Boulière 1983). Soziale Insekten, vor allem Ameisen und Termiten, sind die beherrschenden, wenn auch für den Nichtfachmann wenig auffälligen Tiere. Im amazonischen Regenwald bei Manaos machen diese beiden Gruppen fast 30% der gesamten tierischen Biomasse aus. Das bedeutet etwa 80% der Insektenbiomasse. Tropische Regenwälder ohne soziale Insekten gibt es auf der Inselgruppe Hawaii, die zu einem nicht unerheblichen Teil auch heute noch weitgehend unberührt und natürlich ist. Wir kennen damit also auch Regenwälder ohne die Haupttiergruppen der „normalen" großen Regenwaldgebiete Malaysias, Südostasiens, Afrikas und Lateinamerikas (Wilson 1990). Über die daraus folgenden Unterschiede für das Ökosystem sind wir bisher nicht ausreichend informiert.

Großsäuger sind in den immerfeuchten Regenwäldern weniger verbreitet als in waldarmen Landschaften. Besonders arm ist Südamerika in dieser Hinsicht, obgleich der Kontinent noch im ausgehenden Tertiär eine reiche endemische Großsäugerfauna besaß, die aber möglicherweise durch den vor 40 000 bis 20 000 Jahren eindringenden Menschen ausgerottet wurde. Im Regenwald Afrikas gibt es Elefanten und eine besondere Form des Kaffernbüffels, in Südostasien sind es neben dem indischen Elefanten verschiedene Arten von Rindern, Hirschen und Nashörnern. In Lateinamerika aber leben im tropischen Regenwald an Großtieren nur der Flachlandtapir, der kaum größer wird als ein Schaf, der Jaguar und der Puma. Die beiden Katzen kommen teilweise nebeneinander vor, obwohl der Puma vorwiegend in höheren (kälteren) Lagen lebt als der Jaguar. Der Jaguar geht auch viel öfter ins Wasser als der Puma. Wie aber ansonsten die Ressourcen zwischen diesen beiden großen Katzen aufgeteilt werden, ist bis heute nicht bekannt.

Große Säugetiere sind in Steppen durchweg größer als ihre nächsten, im Urwald lebenden Verwandten. Besonders deutlich ist dies beim afri-

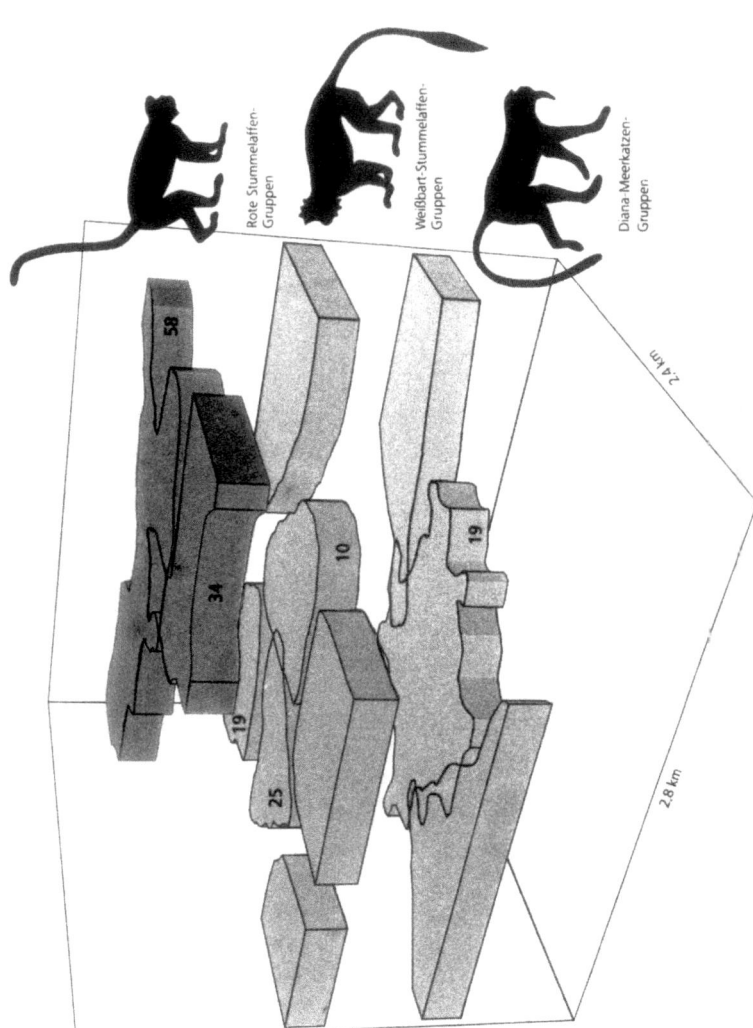

Abb. 2.7. Die Affen des westafrikanischen Regenwaldes teilen die verschiedenen Höhen im Kronenbereich des Regenwaldes unter sich auf; Menschenaffen (Bonobo, Schimpanse und Gorilla) bleiben am Boden oder in unmittelbarer Bodennähe. (Aus Martin 1989)

kanischen Kaffernbüffel, der über weite Strecken Afrikas verbreitet ist und der in Urwäldern, insbesondere in Sekundärwäldern, in einer rötlichen, relativ kleinen Form vorkommt. Das gilt aber auch für die afrikanischen Elefanten, deren weitaus größte Vertreter in Savannengebieten leben, während die Urwaldelefanten kleiner sind, kleinere und rundere Ohren und auch kleinere Stoßzähne haben. Auch die indischen, meist in Wäldern lebenden Elefanten sind deutlich kleiner als die afrikanischen. Bei den Menschenaffen Afrikas leben die kleinsten Formen im tropischen Regenwald, wo der Zwergschimpanse oder Bonobo seine Heimat hat. Die größten Schimpansen findet man im Übergangsgebiet zwischen dem Trockenwald und regenwaldähnlichen Lebensräumen im Osten Afrikas am Tanganjikasee, letzten Endes in der Nähe der Gebiete, wo auch die größten Gorillas im Nebelwald der ostafrikanischen Vulkane leben.

Die Bonobos wurden über der allgemeinen Popularität der Schimpansen nahezu vergessen. Sie sehen den Schimpansen sehr ähnlich, scheinen aber von allen Menschenaffen dem Menschen am nächsten zu stehen. Sie leben noch an einigen wenigen Stellen des tropischen Regenwaldes von Zaire und Westafrika. Dort kommen sie, sofern sich gutes Futter bietet, in Trupps bis zu 60 Individuen zusammen. Dabei sind die Tiere äußerst friedfertig, und neu hinzukommende Bonobos werden ohne weiteres mit aufgenommen. Von einem großen Sammelplatz entfernen sie sich in kleinen Trupps zu besonderen Nahrungsstreifzügen in den Regenwald, um dann hin und wieder an dem großen Sammelplatz zusammenzutreffen. Sie werden zur Zeit in der Hauptsache von verschiedenen japanischen Forschungsgruppen im afrikanischen Regenwald untersucht (Kano 1990).

In keinem anderen Biom ist die Zahl der **Gleitflieger** unter den Wirbeltieren so groß wie im tropischen Regenwald. Mit Hilfe von Flughäuten gelingt es diesen Bewohnern der Baumkronen gleitend, ohne großen Höhenverlust in ihrem Lebensraum zu bleiben. Ihre größte Formenvielfalt entwickelten sie in Ostasien, in der Neotropis fehlt dieser Lebensformtyp. Unter den Amphibien gibt es die Flugfrösche (Arten der Gattung *Rhacophorus*, Rhacophoridae), unter den Reptilien die ca. 20 cm langen Flugechsen (Gattung *Draco*, Agamidae), die schwebend, gleitend Strecken von über 100 m überwinden. Die Säuger entwickelten dieses Lokomotionsverfahren mehrfach konvergent mit Flughäuten, die zwischen den Beinen seitlich am Körper aufgespannt werden. Bei einigen Taxa kann sich auch eine Schwanzflughaut ausbilden. Die höchste Entwicklungsstufe in dieser Hinsicht haben die zwei Arten des Flattermakis oder Riesengleitfliegers (Ordnung Dermoptera, Gattung *Cynocephalus*) erreicht. Es handelt sich um nachtaktive Blatt- und Samenfresser, die sehr elegant und „scheinbar schwerelos" z. B. über ca. 30 m fast ohne Höhenverlust oder über 70 m mit etwa 10 m abfallender Flugbahn von Baum zu Baum gleiten (Mertens 1948, Schultze-Westrum 1968).

Wegen der geringen Sichtweite im Wald ist bei sozial lebenden Tieren eine optische Verständigung nur über kurze Distanzen möglich. Einer akustischen Kommunikation steht die dämpfende Wirkung der Vegetation für hohe Töne entgegen. Nur durch sehr laute oder sehr tiefe Rufe ist Kommunikation möglich.

Besonders Elefanten haben es geschafft, sich im afrikanischen und indischen Urwald mit Hilfe von Infraschall, der für den Menschen kaum oder gar nicht hörbar ist, zu unterhalten. Im tropischen Regenwald kommt es ferner zu sehr lauten und für das menschliche Ohr z. T. wohlklingenden Rufen großer Affen. In Lateinamerika handelt es sich dabei vor allen Dingen um die sehr weit schallenden Rufe der Brüllaffen (Alouattinae). In Afrika wird das gleiche durch die tiefen Rufe der Schimpansen erreicht, im madagassischen Urwald rufen die Indris (Lemuriformes, Indriidae) in gleicher Weise. Im Urwald Südostasiens sind die verschiedenen Gibbonarten (Hylobatidae) dafür berühmt und ebenso der auf Mangroven und die Wälder längs der Flußufer der Insel Borneo beschränkte Nasenaffe (*Nasalis larvatus*). Bei diesen Affen dienen die Rufe und „Gesänge" wohl allgemein der Revierabgrenzung. Auch bei Vögeln gibt es diese charakteristischen, sehr lauten und tiefen Stimmen, z. B. bei Nashornvögeln (Bucerotidae) in Afrika und Indien.

Die Rolle der Tiere beim Stoff- und Energiefluß

Wälder der immerfeuchten Tropen gelten als hoch produktiv (s. Tabelle 2.1, S. 14). Daraus wird manchmal der Schluß gezogen, daß sie auch für eine permanente menschliche Nutzung besonders hohe Erträge liefern. Diese Vorstellung beruht auf einem Fehlschluß, weil nicht berücksichtigt wird, daß diese hohe Produktivität aufgrund kurz geschlossener Stoffkreisläufe und einer effektiven Nutzung der vorhandenen Pflanzennährstoffe entsteht. Am deutlichsten werden diese Verhältnisse auf nährstoffarmen Böden, wie den Podsolen des Amazonasgebietes. Während in den gemäßigten Klimazonen die Nährstoffaufnahme aus dem mineralischen Untergrund eine vergleichsweise große Bedeutung hat, befindet sich in den tropischen Regenwäldern der höchste Anteil der Nährstoffe des Ökosystems in der lebenden Biomasse. **Die Remineralisierung** der zu Boden gefallenen organischen Substanz erfolgt nahezu vollständig über Pilze, Mikroorganismen und die Bodenfauna. Sie ist bei der herrschenden hohen Feuchtigkeit und den hohen Temperaturen so intensiv, daß ein Baumstamm innerhalb eines Monats zersetzt sein kann oder – je nach Baumart – spätestens nach 2 Jahren vollständig zersetzt ist. Die am Abbau des Bestandsabfalls beteiligten Bodentiere gehören überwiegend den selben Taxa an wie in anderen Klimazonen. Eine überragende Bedeutung kommt in den Tropen allerdings den **Termiten** und – in geringerem Maß – den **Ameisen** zu. Termiten verdauen – z. T. mit Hilfe von Symbionten – Zellulose, Hemizellulosen und z. T. Lignin. Sie sind daher die effektiven Spezialisten des Holzabbaus. Im amazonischen Überschwemmungswald (Varzea) fand man für die humivoren Termiten der Gattung *Anoplotermes* 219, für die xylophagen *Nasutitermes*-Arten 68 Nester/ha. Dem steht ein jährlicher Eintrag von Totholz von ca. 6 t/ha gegenüber. Im Enddarm der Termiten befinden sich stickstoffixierende Bakterien, durch deren Aktivität wahrscheinlich ein erheblicher Anteil des Stickstoffbedarfs der Termiten gedeckt und letztendlich in die Biozönose eingeführt wird (Collins 1983, Martius 1989). Der Anteil der humivoren Termiten am Abbau des Fallaubs soll nach einigen Untersuchungen auch über 30% betragen. Die Termiten erreichen ihre höchste Artenzahl und ihre höchste Siedlungsdichte im Regenwald. Die von ihnen freigesetzten Nährstoffe werden teilweise direkt von Baumwurzeln aus den Termitenbauten aufgenommen (Golley 1983).

Tiere mit hohem Energiebedarf, also insbesondere die endothermen Säugetiere und Vögel, erreichen in den nährstoffarmen Gebieten besonders geringe Biomassen, bleiben also meist selten. Der permanente Energiebedarf für den Grundumsatz des Warmblüters wirkt sich hier also begrenzend aus, wohingegen die konstant hohen Temperaturen in diesem Lebensraum die Nachteile der Endothermie teilweise aufwiegen (Reichholf 1984).

Stoffverluste werden im Nährstoffhaushalt weitgehend durch ein mattenartiges Wurzelgeflecht der Bäume in den oberen 30 cm des Bodens vermieden. Seine Effektivität bei der Aufnahme der freigesetzten Nährstoffe wird durch die verbreiteten Mykorrhiza-Pilze verbessert, wie man es für den Phosphorhaushalt nachweisen konnte: Über 99% des Phosphoreintrags wurden durch den Wurzelteppich zurückgehalten. Das freigesetzte Phosphat wird dabei direkt aus dem Fallaub durch Pilzhyphen auf die Wurzelspitzen übertragen (Herrera et al. 1978). Die geringen Mengen von mit dem Regenwasser ausgetragenen Pflanzennährstoffen werden weitgehend durch atmosphärische Einträge ausgeglichen. Tief reichende Wurzeln dienen in diesem System vorwiegend der Wasseraufnahme (Jordan 1983). Eine Frage, die offenbar bisher nicht beantwortet werden konnte, ist, ob diese Situation auch für Regenwälder auf vergleichsweise reichen Böden wie etwa bei La Selva in Costa Rica gilt.

Auf isolierten Inseln im Ozean, wo die verbreiteten Streuzersetzer fehlen, muß es zu anderen Lösungen oder zu typischen Ausfallserscheinungen kommen. Eine extreme Lösung tritt uns auf der Weihnachtsinsel im Indischen Ozean entgegen. Hier erfolgt die Remineralisierung der Pflanzensubstanz und die Regulation der Verteilung von Keimlingen der Bäume des Regenwaldes durchweg durch **Landkrabben**, die ihre Entwicklung über ein Larvalstadium im offenen Ozean beginnen, dann aber zum Land zurückkommen und im Urwald leben. Offenbar wird dieses Prinzip auf sehr vielen Inseln verfolgt. Bei den großen Festlandregenwäldern finden wir Entsprechendes nur in einem bis zu 20 km breiten Saum entlang der Küste.

Im tropischen Regenwald gibt es eine artenreiche Fauna phytophager Wirbelloser – vor allem Insekten – und Wirbeltiere. Gefressen werden sowohl Blätter als auch Früchte und Samen. Zur Feststellung der Menge der von Tieren gefressenen Blätter wurden in bestimmten Probegebieten – über ein Jahr auf Barro Colorado Island (Panama) – die zu Boden gefallenen Blätter gesammelt, ihre Menge und ihre Blattfläche gemessen und ihr Gewicht festgestellt. Auf diese Weise konnte auf die ungefähre Nettoprimärproduktion hochgerechnet werden. Weiterhin wurden alle Blätter auf Tierfraßspuren untersucht und so die Menge des Tierfraßes analysiert. Dabei ergab sich, daß der Tierfraß durch Insekten ungefähr 10%, durch Wirbeltiere ca 2,4% der Primärproduktion ausmachte. Er lag damit in einem Bereich, der auch anderen terrestrischen Ökosystemen entspricht (Leigh u. Smythe 1978). Janzen (1983) vermutet allerdings, daß damit die **Wirksamkeit der Phytophagen** erheblich unterschätzt wird, weil die saugenden und minierenden Insekten sowie die indirekten Wirkungen über vorzeitigen Verlust von geschädigten Blättern und Trieben nicht berücksichtigt werden. Auch Kahlfraß durch Insekten tritt in tropischen Regenwäldern auf, allerdings seltener als in anderen Waldtypen, vermutlich aufgrund des Artenreichtums und der oft großen Distanzen zwischen gleichartigen Bäumen.

Im Rahmen der Koevolution entwickelten die Pflanzen zur Verringerung von Tierfraß verschiedenartige **chemische Abwehrverfahren gegen die Phytophagen**. Das hatte auf Seiten der phytophagen Insekten wiederum eine starke Spezialisierung auf meist nur eine Wirtspflanzenart zur Folge und erklärt zum Teil den großen Artenreichtum der Insekten. Giftige Pflanzenarten kommen in den Tropen besonders häufig vor (Levin 1976). Generell gilt die Regel, daß Pflanzen auf mineralarmen Standorten einen besonders hohen Anteil der Photosyntheseprodukte zu Alkaloiden, Terpenen und Phenolen oder anderen sekundären Pflanzenstoffen umwandeln (McKey et al. 1978). Auf diese Weise werden Pflanzenarten, die auf solchen extrem armen Böden existieren, meist besonders giftig oder schwer verdaulich; die gleiche Art ist auf reichen Standorten weniger giftig. Die Individuenarmut der Fauna im inner-amazonischen Urwald ist so zu erklären. Dieselben Arten können auf reicheren Böden sehr zahlreich sein. Im innersten (giftigsten) amazonischen Urwald sind viele Pflanzenfresser allein auf den jungen Austrieb und andere Wachstumszonen angewiesen, in denen sekundäre Pflanzeninhaltsstoffe noch nicht angereichert wurden. Auf reicheren Böden stehen den Tieren alle Blätter zur Verfügung (Rosenthal u. Janzen 1979, Suchantke 1982).

Natürlich gibt es blattfressende Tiere, die hiervon kaum oder gar nicht betroffen sind. Das gilt besonders für die neotropischen Blattschneiderameisen, die auch von manchen schwer verdaulichen und giftigen Blättern Material abschneiden und in ihre Erdbaue transportieren, wo es dann von Pilzen weiter verarbeitet wird. Diese Blattschneiderameisen mit ihren Pilzen dürften in manchen Wäldern der Tropen und Subtropen Süd- und Mittelamerikas die wichtigsten Destruenten sein. Ihre Nester können sehr groß werden. Eine Flächenausdehnung von über 250 m^2 und Tiefen im Boden bis ca. 5 m wurden beschrieben. Entsprechend tiefgreifend sind die Effekte für die Bodenfruchtbarkeit (Cherrett 1989). Die Blattschneiderameisen sind bei ihrer Blattnahrung in der Regel polyphag. In Argentinien sind sie gefürchtet, weil sie keimenden Weizen oder keimenden Mais von den Feldern ebenso eintragen wie die giftigen Blätter mancher Zierbäume in Vorgärten und Parks. Die Pilze führen eine Entgiftung durch und können auf diesen Blättern hervorragend wachsen, sie dienen den Blattschneiderameisen als Nahrung (Abb. 2.8).

Die blattfressenden Wirbeltiere sind im Gegensatz zu den meisten Insekten überwiegend euryphag und scheinen zum Teil über Entgiftungsmechanismen zu verfügen (Wrangham u. Waterman 1981, Oates et al. 1980). Sie fressen selektiv, bevorzugen bestimmte Pflanzenarten zu bestimmter Zeit, meiden andere oder nutzen sie nur in geringem Maß. Für die Wahl scheint der Gehalt an wertvollen Nährstoffen, besonders an Proteinen, und eine rasche und effektive Verdaulichkeit entscheidend zu sein. Deshalb werden junge Triebe oft gegenüber älteren Blättern bevorzugt. Es gibt auch einige blattfressende Säuger mit sehr engem Nahrungsspektrum. Der australische Koala (*Phascolarctos cinereus*) nutzt nur drei bis vier *Eucalpytus*-Arten und der auf Ceylon lebende Langur (*Presbytis senex*) ernährt sich zu 70% von nur zwei Baumarten, die allerdings auch relativ dichte Bestände bilden und daher leicht erreichbar sind (Hladik 1978).

Intensive Untersuchungen über die ökologische Rolle phytophager Säuger stammen vor allem aus vier mittel- und südamerikanischen Ge-

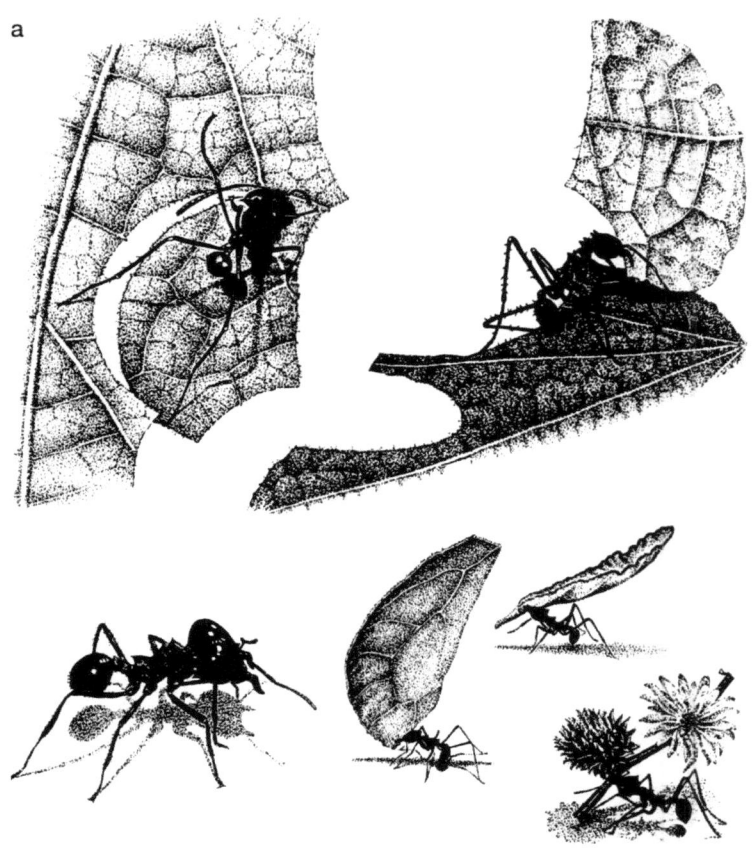

Abb. 2.8 a, b. Blattschneiderameisen der Gattung *Atta* sind auf Mittel- und Südamerika beschränkt. Sie sind dort die größten Verbraucher von pflanzlicher Substanz. Vom tropischen Regenwald bis in die argentinische Pampa hinein schneiden sie Blätter (a) und transportieren sie in ihre unterirdischen Pilzkolonien (b) (unten Übersicht, oben Detail einer einzelnen Pilzkammer). (Aus Suchantke 1982)

bieten: Barro Colorado Island, einer 30 km² großen Insel im Panamakanal, die seit vielen Jahren intensiv von der Smithsonian Institution studiert wird (Leigh et al. 1982), von der Station La Selva in Costa Rica, von den Stationen in Manaos (vor allem zur Ökologie des Amazonas und der Überschwemmungswälder) und der Station der Princeton-Universität im Manu-Nationalpark am Fuß der Anden im Amazonasbecken.

Hier haben wir weitgehend sauber erarbeitete und interpretierte Daten, die allerdings noch immer nicht die Vollständigkeit erreichen, die

Tropischer Regenwald des Tieflands

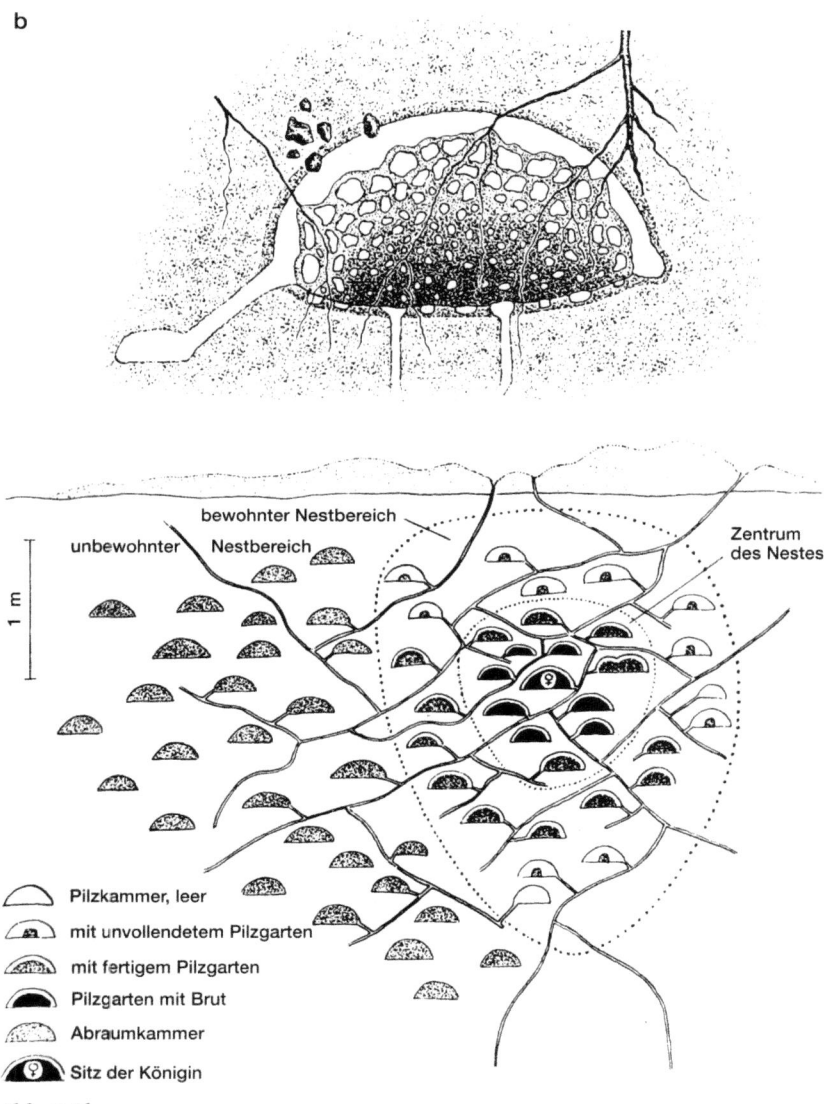

Abb. 2.8 b.

wir aus Mitteleuropa oder Nordamerika gewöhnt sind. Barro Colorado Island und La Selva, beide mit überwiegend originären Primärwäldern im Tiefland und kaum 500 km voneinander entfernt, haben aber nur etwa 20% identische Pflanzenarten; dazu kommt die Insellage von Barro Colorado Island. Diese Insellage ist vielleicht mitverantwortlich für eine sehr hohe Säugetierdichte, die offenbar durch das Fehlen von Puma und Jaguar (die Insel ist zu klein für die Großkatzen) verstärkt wird. La Selva hat sehr viel weniger Säugetiere pro Fläche, während das Untersuchungsgebiet der Princeton-Universität (Amazonasbecken) wieder relativ hohe Dichten an Säugetieren hat. Wie stark die Schwankungen von Jahr zu Jahr sind, läßt sich nicht sagen. Nur bei Brüllaffen auf Barro Colorado Island scheint die Zahl relativ konstant zu sein. Zwar bleibt offen, wie weit die Befunde aus diesen Gebieten generalisierbar sind, doch können sie als Beispiele für Nischenbildung und Nutzung verschiedener Strata im Regenwald durch Säugetiere und für einige quantitative Beziehungen dienen.

Die allein von Baumblättern lebenden Säugetiere gelten als träge, langsam und wenig beweglich. So sind Faultiere zwar sehr häufig, aber man sieht sie kaum, da sie tagelang an derselben Stelle im Urwald hängen und ihre Bewegungen außerordentlich langsam sind. Das gleiche gilt für den australischen Koala. Auch die Brüllaffen Lateinamerikas (Gattung *Alouatta*) bewegen sich – außer bei ihren Stimmäußerungen – relativ langsam, ebenso der schwarz-weiße Stummelaffe Afrikas, der Guereza (Gattung *Colobus*) oder auch die malayischen *Presbytis*-Arten. Mit steigendem Fruchtgehalt der Nahrung nimmt die Beweglichkeit der Tiere zu und erhöht sich noch, wenn tierische Nahrung (Insekten, kleine Wirbeltiere) miterbeutet wird. Die Orangs auf Borneo und Sumatra gelten als sehr langsam, aber sie können auch durchaus einmal schnell sein, noch mehr gilt das natürlich für die Gibbons und die *Colobus*-Arten Afrikas. Meerkatzen, Paviane und Schimpansen sind z. T. Raubtiere und können schnell aggressiv und „wach" sein, während die Gorillas als Blatt- und Früchtefresser im allgemeinen relativ träge erscheinen (Janzen 1979, Montgomery 1978).

Für den Energiefluß im Waldökosystem aber haben die reinen Blattfresser quantitativ wenig Bedeutung. Ein Beispiel: Ein Trupp von Brüllaffen in der Trockenprovinz Guanacaste von Costa Rica wanderte in einem noch relativ feuchten Trockenwald entlang eines Flusses in der Rinderfarm La Pacifica und begegnete auf dieser Wanderung 1699 Bäumen aus 96 Arten. Diese 96 Arten lassen sich 79 Gattungen, diese wiederum 37 Familien zuordnen. Acht Familien machten 76% der Baumindividuen aus, zu den Leguminosen (mit den Familien Caesalpiniaceae 10, Mimosaceae 10, und Fabaceae 10 Arten) gehörten 29% der Bäume. Insgesamt fraßen die Brüllaffen an 331 Bäumen sowie an 51 Lianen und die Misteln von zwei Bäumen. Die Blattfresser suchen sich also sehr selektiv bestimmte Bäume für ihre Nahrungsaufnahme aus und fressen nicht wahllos Blätter von allen Bäumen. Das gilt auch für Faultiere. Ein über längere Zeit beobachtetes Weibchen des dreizehigen Faultiers (*Bradypus tridactylus*) wurde an 187 verschiedenen Stellen gesehen, wo es an 63 Bäumen von 35 Arten fraß. Die entferntesten Stellen im „home range" lagen etwa 180 m auseinander. Im Ganzen ergab sich aus diesen Beobachtungen, daß dreizehige Faultiere im Untersuchungsgebiet des Urwalds von Venezuela 33,6 kg Pflanzenmasse pro ha Urwald und Jahr entnehmen. Adulte zweizehige Faultiere (*Choloepus spec*) leben im gleichen Gebiet, nutzen jedoch andere Bereiche in den Baumkronen und fressen 4,5 kg pro ha und Jahr. Das ergibt im ganzen einen Verbrauch von etwa 38 kg pro ha und Jahr. Bei einer angenommenen Produktion von 6000 kg Blätter pro ha und Jahr ist die Entnahme mengenmäßig vernachlässigbar (vgl. Deshmukh 1986; Montgomery u. Sunquist 1978).

Eine interessante These, die das ganze System betrifft, wurde für die pflanzensaugenden Insekten entwickelt. Tatsächlich steht man – auch wenn man an einem sonnigen Tag durch den Regenwald geht – immer in einem dünnen Regen aus Zuckerwasser. Die Pflanzensauger im Regenwald sind so zahlreich, und sie nehmen, wie alle Pflanzensauger, so viel Zell- und Gewebesaft aus den Pflanzen auf, daß das darin enthaltene Wasser und der Zucker an Menge viel zu groß für den Eigenbedarf ist; so scheiden sie nach selektiver Entnahme wichtiger Nährelemente diesen „Blattlauskot" in großen Mengen wieder aus. Dieser wird als Nektar-Ersatz von anderen Tieren genutzt und hilft so, blütenarme Zeiten zu überdauern (Reichholf 1984). Da Wasser und Licht für die Pflanzen in genügender Menge zur Verfügung stehen, schadet dies den Pflanzen nicht. Pflanzen und die auf ihnen lebenden Blattläuse haben es vor allem auf die Nährelemente wie Phosphor und Stickstoff abgesehen, gewinnen aber Kohlenhydrate im Überschuß. Viele Urwaldbäume in den Tropen gehören zur Ordnung Fabales und haben dementsprechend Knöllchenbakterien, luftstickstoffbindende Bakterien an ihren Wurzeln. Im tropischen Regenwald geht also ein kontinuierlicher dünner Regen aus Zuckerwasser auf den Boden nieder. Zuckerwasser aber beschleunigt und verstärkt die Bindungsrate von Luftstickstoff durch Bakterien, und letzten Endes erhalten die Pflanzen, erhält das ganze System durch Preisgabe von überreichlich zur Verfügung stehenden Kohlenhydraten zusätzlich Stickstoff.

Ursachen der ökologischen und taxonomischen Vielfalt tropischer Regenwälder

Als Resultat einer ökologischen Revolution vor 85 bis 113 Millionen Jahren während der Kreidezeit ersetzten Angiospermen auf der ganzen Welt weitgehend die bis dahin dominierenden Gymnospermen. Die Angiospermen erreichten eine sehr hohe Artenzahl, die heute besonders in den tropischen Regenwäldern erkennbar ist.

Für die Ursachen dieser Vielfalt gibt es zahlreiche Erklärungsversuche, ohne daß es zu einer abschließenden und durchweg plausiblen Lösung gekommen ist. Sicherlich bot der lange Zeitraum seit Beginn des Tertiärs aufgrund der relativ gleichförmigen feuchtwarmen Klimabedingungen günstige Voraussetzungen für eine kontinuierliche Evolution mit der Ausbildung gut angepaßter Taxa. Jedoch dürfte die Ausbildung eines geschlossenen, schattigen Waldes mit seinem veränderten Kleinklima erst die Bedingungen geschaffen haben, unter denen eine zunehmende Differenzierung unterschiedlicher Anpassungstypen entstehen konnte. Die hohen Niederschläge beschleunigten allerdings die Verarmung an mineralischen Nährstoffen und förderten indirekt die Herausbildung von Arten, die Nährstoffe effektiv filtern konnten. Die Beschattung schaffte ein Milieu, in dem die vertikale Aufgliederung des Kronenraumes eine höhere Bestandesdichte der Bäume ermöglichte, unter gleichzeitiger Ausbildung unterschiedlicher Toleranz bzw. Präferenz für Licht und Luftfeuchte. Die Breite der ökologischen Nischen der Pflanzen des tropischen Regenwaldes ist nicht geringer als bei Pflanzen der gemäßigten Klimazonen, und die Nischenüberlappung könnte zum Ausschluß vieler Arten führen. Durch relativ geringe Wachstumsgeschwindigkeit und intensive Samenprädation kommt es aber kaum zu interspezifischer Konkurrenz.

Die große Bedeutung der Habitatdifferenzierung durch die Waldstruktur läßt sich aus der Beobachtung ableiten, daß sich in der Sukzession erst im Schutz des artenarmen und homogen strukturierten Waldes der frühen Entwicklungsphase die Vielfalt auszubilden beginnt und sich mit zunehmendem Alter weiter verstärkt (Bourgeron 1983). Die Diversität wächst in einem sich selbst verstärkenden Evolutionsprozeß (Whittaker 1975). In diesem Prozeß spielen die Wechselbeziehungen zwischen Pflanzen und Tieren wahrscheinlich eine wichtige Rolle.

Aufgrund der langdauernden **Koevolution der Regenwaldbewohner** haben sich besonders vielfältige zwischenartliche Abhängigkeiten ausgebildet. Sie entsprechen der Charakterisierung durch Möbius (1887) für die zwischenartlichen Beziehungen in einer Biozönose, deren Mitglieder einander bedingen. Einige Beispiele mögen das illustrieren: Nach der Ausrottung der Dronte auf der Insel Mauritius ging dort eine Baumart sehr stark zurück. Erst als sie unmittelbar vor dem Aussterben stand, konnte festgestellt werden, daß ihre Samen nur nach der Passage durch einen Vogeldarm keimen. Diese Versuche retteten die Art; Truthühner wurden nun für die Entwicklung der Keimfähigkeit dieser Samen eingesetzt.

Wie wichtig die für manche Samen notwendige Darmpassage ist, zeigen die Versuche Janzens (1970), im nördlichen Costa Rica einen vernichteten Urwald wieder zu regenerieren; durch das Freilaufenlassen von Pferden konnte der Erfolg dieser Bemühungen wesentlich gesteigert werden.

Wahrscheinlich haben schon früh die den Tieren überlegenen Menschen in Südamerika die dort lebenden großen Säuger weitgehend ausgerottet und damit auch viele Pflanzen, deren Samen eine Tierdarmpassage benötigten. Erst durch den Einzug von Hausrindern und Hauspferden breiteten sich diese Pflanzen wieder aus (Schüle 1990, Martin 1989, Martin u. Klein 1984, Martin u. Wright 1967). Die Ausrottung einer jeden Art hat also möglicherweise sofort oder langfristig das Aussterben anderer zur Folge.

Auffallend im tropischen Regenwald Lateinamerikas ist vor allen Dingen das Zusammenleben der schlanken Bäume der Gattung *Cecropia* (Moraceae) mit Ameisen (Abb. 2.9). Die *Cecropia*-Arten mit ihren charakteristischen handförmig gefiederten Blättern gehören zu den typischen Erstbesiedlern der Lichtungen. Mit ihrer Ameisensymbiose stellen sie ein Beispiel einer in den Tropen verbreiteten Form von Tier-Pflanzeninteraktionen dar. Jacobs (1988) fand im Regenwald Neuguineas verschiedenartige Assoziationen mit Ameisen bei Bäumen aus 16 Gattungen in 11 Familien. Am bekanntesten sind die Symbiosen der Akazien der Savannen und Trockenwälder, in deren hohlen Dornen die Ameisen leben. Sie greifen jeden Störenfried bei der geringsten Berührung des Busches vehement an. Gleichzeitig sorgen sie für eine Ausschaltung der anderen Pflanzen am Boden, indem sie alle Keimlinge in der Umgebung der Akazie auffressen. Schaltet man die Ameisen aus, so muß der Busch innerhalb kurzer Zeit wegen der pflanzlichen Konkurrenz und durch phytophage Tiere sterben.

Die Schutzstrategie der Ameisensymbiose erwies sich als wirksam gegen phytophage Wirbellose und auch gegenüber *Colobus*-Affen, dagegen als unwirksam gegen Giraffen und alle anderen Affenarten. Die Akazienarten mit Ameisenverteidigung bilden im Gegensatz zu anderen Arten der Gattung keine Abwehrgifte (McKey 1974, Rehr et al. 1973).

Ein besonders differenziertes, ja geradezu raffiniertes Beispiel tierisch-pflanzlicher Koevolution demonstriert das Zusammenleben von Passions-

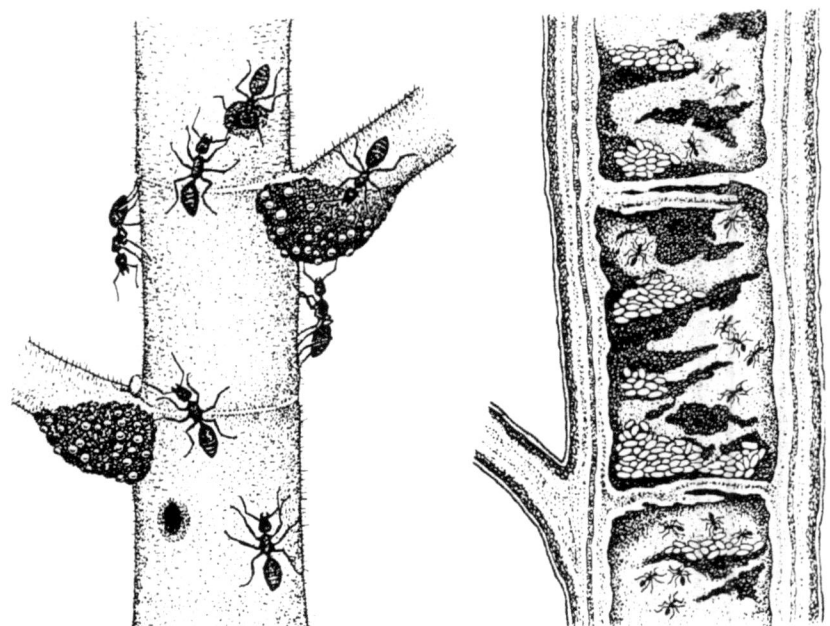

Abb. 2.9. Symbiose zwischen Ameisen und *Cecropia*-Bäumen im tropischen Regenwald Südamerikas. In den hohlen Stämmen erbauen die Ameisen ihre Nestkammern. Die länglichen hellen Häufchen sind Puppen, im *linken Bildteil* sind die Eingänge zu den Nestanlagen zu erkennen. Am Ansatz der Blattstiele entwickeln sich die weißen, halbkugeligen Gebilde, von denen sich die Ameisen z. T. ernähren. Die Ameisen halten Störenfriede von ihrem Wirtsbaum fern. (Nach Suchantke 1982)

blumen (Gattung *Passiflora*) mit Schmetterlingen aus der plakativ bunt gefärbten tropischen Familie der Heliconiidae. Die Raupen von *Heliconium* verschaffen sich und den sich aus ihnen entwickelnden Imagines Schutz vor Predatoren durch Speicherung giftiger Pflanzeninhaltstoffe, speziell aus Passionsblumen. Sie verstärken die Schutzwirkung durch Müllersche Mimikry. Die Wirtspflanze dagegen entwickelte eine größere Zahl von Mechanismen, um den Fraß durch Raupen in tolerierbaren Grenzen zu halten. Dazu gehören die Täuschung Eiablageplätze-suchender Weibchen durch mimetischen Blattpolymorphismus und durch Bildung von Eiattrappen zur Vortäuschung belegter Blätter, sowie die durch Fraß induzierte Ausbildung spezifischer Blattstacheln. Schließlich gibt es einen Mutualismus mit Ameisen, denen extraflorale Nektarien geboten werden, die ihrerseits im begrenzten Maß die *Helicónius*-Raupen und Eier vernichten. Bei *Passiflora vitifolia* werden durch Ameisen außerdem Bienen vertrieben, die durch Aufbeißen der Blüten Nektarraub betreiben (Gilbert 1975).

Als **Mutualismus** wird auch das Zusammenleben von Ameisen verschiedener Gattungen mit Epiphyten in der Neotropis bezeichnet. Während die Ameisen als „Gärtner" den Boden bereiten, Samen eintragen und Feinde abwehren, bilden die betreffenden Pflanzen – darunter Arten aus den Familien Bromeliaceae, Araliaceae und Gesneriaceae – Nahrungskörper für die Ameisen. Die Verteidigung der Wirtspflanzen wird auch gegenüber anderen Ameisenarten, z. B. Blattschneiderameisen wirksam (Benzing 1989, Hölldobler u. Wilson 1990).

Klimaschwankungen während der langen Geschichte des tropischen Regenwaldes haben die Herausbildung des Artenreichtums ebenfalls gefördert, weil die zunächst geschlossenen Areale vorübergehend in eine Gruppe großräumig getrennter Waldinseln aufgelöst wurden (Abb. 2.10, Abb. 2.11). Die dabei entstandene Aufteilung in Teilpopulationen ermög-

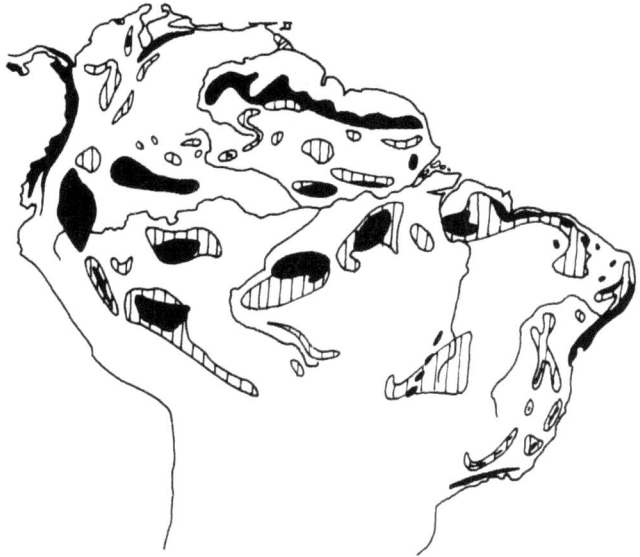

Abb. 2.10. Die Verinselung des südamerikanischen Regenwaldes während der letzten Trockenperiode des Pleistozäns (Würm- bzw. Wisconsin-Eiszeit). *Schwarz,* isolierte Regenwaldareale; *schraffiert,* generell humide Gebiete. Nicht dargestellt sind ausgedehnte Galeriewälder längs der Flüsse. (Rekonstruktion aufgrund geomorphologischer und paläoklimatisch-bodenkundlicher Daten) (Nach Ab'Saber 1982, aus Haffer 1983)

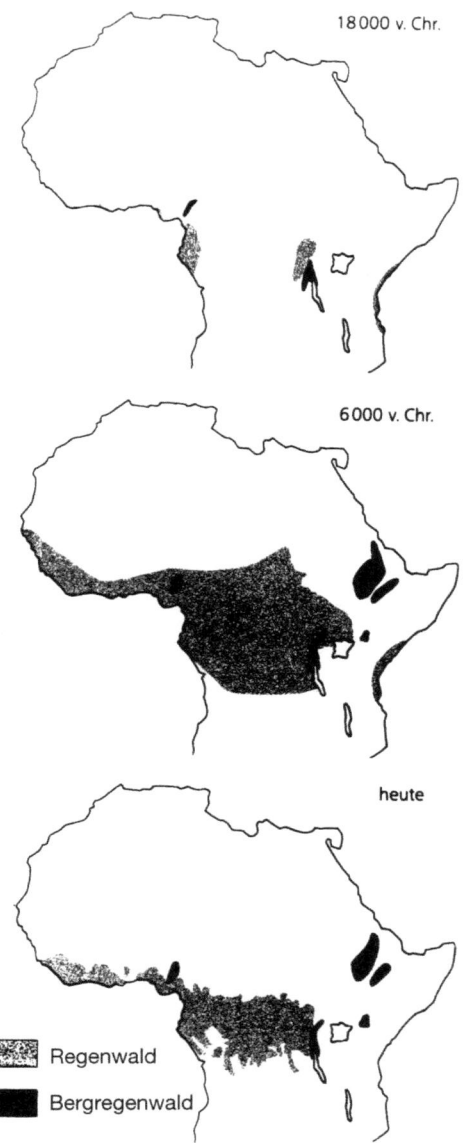

Abb. 2.11. Die Verinselung des afrikanischen tropischen Regenwaldes vor unserer Zeit. Dargestellt ist die Verbreitung von Feuchtwäldern in Afrika seit 20 000 Jahren. (Aus Martin 1989)

lichte verstärkte allopatrische Artbildung. Um den Äquator war besonders während der pleistozänen Eiszeiten ein arideres Klima ausgeprägt. Die Lage der pleistozänen Waldrefugien wurde einerseits aufgrund palaeoklimatisch-bodenkundlicher und pollenanalytischer Befunde rekonstruiert, andererseits für Gebiete postuliert, in denen die Häufigkeit der Endemiten unter den Pflanzen besonders hoch ist (Prance 1989, Hamilton 1989).

Die regionale Differenzierung des Regenwaldes

Die Gemeinsamkeiten der pantropischen Flora und Fauna dürften ihren Ursprung in einem gemeinsamen Ausgangsgebiet mit tropischem Klima auf dem Gondwana-Kontinent haben. Nach der Trennung der Kontinente entwickelten sich die Ökosysteme der tropischen Regenwälder zwar strukturell und in der Ausprägung der Lebensformtypen sehr ähnlich, jedoch bezüglich der taxonomischen Struktur in charakterisierter Weise unterschiedlich (Raven u. Axelrod 1974). Den größten Artenreichtum, mindestens unter den Pflanzen, finden wir in Südamerika und Südostasien. Die tropischen Regenwälder Australiens und Afrikas sind deutlich ärmer ausgestattet. Der für afrikanische Verhältnisse artenreiche Regenwald der Elfenbeinküste beherbergt nur etwa 1/4 der Baumartenzahl, die für Malaysia typisch ist. Afrika und Südamerika stimmen in dem großen Anteil der Leguminosen an der Flora überein, während die Dipterocarpaceae die südostasiatische Region charakterisieren (Hamilton 1989).

Zu der artenreichen Familie der Dipterocarpaceae gehören die höchsten Bäume, und die von ihnen dominierten Wälder besitzen einige strukturelle und ökologische Eigentümlichkeiten, die sie deutlich von allen anderen abheben. Die höchsten Bäume, meist um 60 m hoch, stehen in Gruppen zusammen, zwischen denen die übrige Kronenvegetation erheblich tiefer liegt. Das gibt diesen Wäldern ein sehr charakteristisches Aussehen. Auch die Vermehrungsstrategie dieser Dipterocarpaceen unterscheidet sich von dem sonst vorherrschenden Modus: Sie fruchten meist im Abstand von mehreren Jahren, produzieren dann jedoch riesige Mengen von zweiflügeligen Früchten, die aus der Höhe hinabsegelnd relativ gleichmäßig über dem Boden verbreitet werden. Dort keimen sie fast flächendeckend und wachsen zu Jungpflanzen heran. Nur wenn zu diesem Zeitpunkt Lichtflecken die Kronenschicht unterbrechen, wachsen sie rasch weiter, ohne ausreichende Belichtung sterben sie ab. Dem Wechsel des Mikroklimas entsprechend verwandeln sich Blattgröße und Blattstruktur sowie die Ansprüche an das Lichtklima beim Emporwachsen aus der bodennahen Zone. Diese Art der Vermehrung ermöglicht auch eine relativ einfache Form forstlicher Bewirtschaftung, weil nach Entfernung hiebreifer Bäume eine rasche natürliche Verjüngung eingeplant werden kann (Whitmore 1989).

Aufgrund der unterschiedlichen biogeographischen Entwicklung werden auf den verschiedenen Kontinenten bestimmte ökologische Funktionen durch Organismen aus unterschiedlichen Verwandtschaftsgruppen wahrgenommen. Man bezeichnet diese Erscheinung als **ökologische Stellenäquivalenz** oder auch als Konvergenz. Dazu einige Beispiele: Blatt und Fruchtfresser sowie Ameisen und Termiten fressende Wirbeltiere sind typische Glieder der Nahrungsnetze aller tropischen Regenwälder. Jenseits der Wallace-Linie in Südostasien fehlen aber die Primaten, die andernorts die wichtigsten Träger dieser Funktion sind. An ihre Stelle treten in Neuguinea und Australien mit geringem Anteil die Baumkänguruhs (Gattung *Dendrolagus*) und als bedeutendste Gruppe verschiedene Vögel, sowohl in der Kronenregion als auch am Boden. In diesem Bereich sind auch die Kasuare aktiv, die einzige Familie der flugunfähigen Laufvögel (Struthioniformes: Casuariidae), die an das Leben in feuchten Wäldern angepaßt ist. Sie fressen und verbreiten große Diasporen. Effektive Myrmecophagie (inclusive Termiten) setzt das Eindringen in die z. T. sehr festen Bauten dieser sozialen Insekten voraus. Überall sind Säugetiere die Spezialisten. Während in der Neotropis Ameisenbären (Myrmecophagidae) die ökologische Nische besetzen, sind es in Afrika Erdferkel (Tubulidentata) und Schuppentiere (Pholidota), die diese Rolle hier und auch in Südostasien besetzen. Die Ameisen- und Termitenfresser Australiens sind die zu den Monotremen gehörenden Ameisenigel (Tachyglossidae). Die Ähnlichkeit in der Gestalt stellenäquivalenter Säugetiere aus jeweils unterschiedlichen Verwandtschaftsgruppen veranschaulicht die Abbildung 2.12.

Der tropische Regenwald Südamerikas, der über keine großen Säugetiere verfügt, ist nicht ohne weiteres vergleichbar mit dem tropischen Regenwald Südasiens, in dem Elefant, Panzernashorn, Sumatranashorn, Gaur, Banteng, Wasserbüffel, Kouprey und andere große Pflanzenfresser leben. Der Energiefluß und die ökologischen Schalterfunktionen müssen in Südamerika zumindest von anderen Organismen übernommen werden (Martin 1989). Einige Beispiele sollen das belegen. Das relativ kleine Artenspektrum großer Säugetiere wird mit dem berühmten und für Steppen recht gut belegten „overkill" in Verbindung gebracht, mit dem der über die Behringstraße nach Amerika eindringende Mensch die Großsäugerfauna dezimierte. Die Säugetierfauna war auf einen vergleichsweise hochtechnisierten, intelligenten Räuber nicht eingestellt, sie hatte sich im

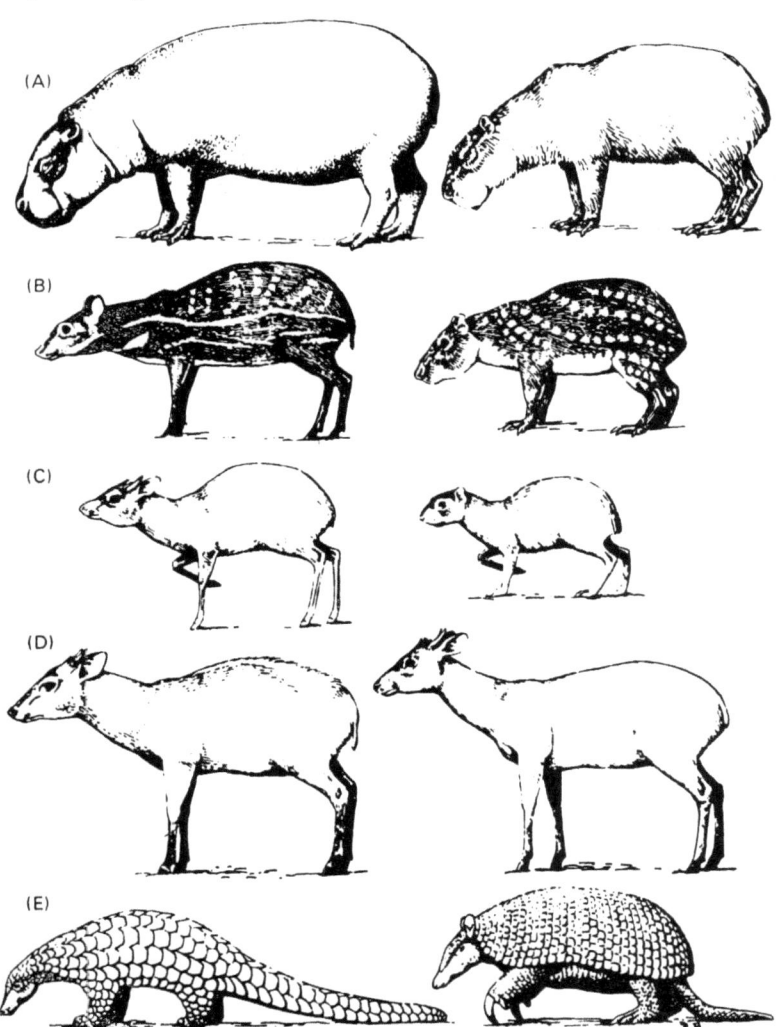

Abb. 2.12. Vergleich von stellenäquivalenten Säugetieren im südamerikanischen (*rechts*) und afrikanischen (*links*) Regenwald. (*A*) Zwergflußpferd (*Chaeropsis liberiensis*) und das größte rezente Nagetier, das Capybara oder Wasserschwein (*Hydrochoerus capybara*), (*B*) Hirschferkel (*Hyemoschus aquaticus*, Tragulidae, Zwerghirsch) und Paca (*Cuniculus paca*, Rodentia, Fam. Agutis), (*C*) Zwergantilope (*Neotragus pygmaens*), der kleinste aller Hornträger und Agouti (*Dasyprocta aguti*), (*D*) Dukker (Unterfam. Cephalophinae, hasen- bis rehgroß, mehrere Arten) und Zwerghirsch oder Zwergmazama (*Mazama bricenii*), (*E*) Schuppentier (Ordn. Pholidota, Gattung *Manis*) und Gürteltier (Dasypodidae). (Aus Louw & Seely 1982)

Gegensatz zu der Fauna Afrikas und Südostasiens nicht zusammen mit dem Menschen entwickelt, der als völlig neuartige Waffe im Kampf ums Überleben eine kulturelle Entwicklung mit intensiver Informationsübertragung von Individuum zu Individuum entwickelt hatte. Das machte den Menschen gegenüber der völlig unangepaßten Fauna Amerikas so überlegen, und mit dem Vordringen des Menschen verschwanden die ihm als Beute dienenden Großsäugerarten sowie deren natürliche Feinde.

Ähnliche Veränderungen entstanden für den tropischen Regenwald Madagaskars, wo ungefähr um Christi Geburt die Großtiere (große Halbaffen, bis 3 m große Riesenstrauße, Familie der Aepiornithidae) durch den Menschen ausgerottet wurden, und auch für die außertropischen Regenwälder Neuseelands, wo etwa um die gleiche Zeit die dortige Großtierfauna (ausschließlich Vögel: die endemischen Moas, Dinornithidae, mit 10–20 Arten, darunter die größten Laufvögel mit 3–3,6 m Körperhöhe) ausgerottet wurde.

Die großen bodenlebenden phytophagen Säuger haben wahrscheinlich die Zusammensetzung der Regenwaldvegetation nachhaltig beeinflußt. Die im Vergleich zur Neotropis geringe Bedeutung der Palmen und der Lianen in der Palaeotropis könnte darauf zurückzuführen sein (Janzen 1983). Auch entsteht nachweislich durch Elefanten ein viel größerer Schaden an Bäumen als durch irgendeinen der lateinamerikanischen Säuger (Mueller-Dombois 1972, Owen-Smith 1988, 1989). Während der Wiederausbreitung des Regenwaldes in der Postglazialzeit aufgrund des humider werdenden Klimas waren die angrenzenden Savannen sowohl von den reichen afrikanischen Huftierherden als auch durch den Menschen besiedelt. Es ist wahrscheinlich, daß ihr permanter Einfluß durch verschiedenartige Nutzung nachhaltigen Einfluß auf die Struktur des Waldes hatte, insbesondere in der Randzone. Die Ausbildung des Waldrandes ist beispielsweise durch vom Menschen gelegte Brände seit langer Zeit beeinflußt worden. Das Feuer wurde wahrscheinlich schon vom altsteinzeitlichen Menschen auch für die Jagd eingesetzt (Goldammer 1990).

Auf dem Indischen Subkontinent sind praktisch nur sekundäre Waldgebiete erhalten. Man muß das Fehlen wirklicher primärer Urwaldgebiete auch hier wohl generell dem frühen Wirken des Menschen zuschreiben. So spricht die Existenz von Ruinenstädten im indischen Dschungel für eine Vernichtung durch den Menschen. Der Boden war hier fruchtbarer als im Amazonasbecken und ließ das Emporkommen eines relativ reichen Sekundärwuchses zu, der im Englischen und Deutschen in Verballhornung eines indischen Wortes als Jungle oder Dschungel bezeichnet wird.

Im Gegensatz zum echten Primärwald ist dieser Dschungel wirklich undurchdringlich dicht. Es fehlt die den Boden extrem verdunkelnde Kronenschicht, und die darunter liegende Vegetationsschicht erinnert an einen Waldrand oder an den Rand von Baumsturzlücken. Diese Ränder weisen eine besonders reiche Fauna auf. So ist die – zumindest früher – sehr reiche Fauna der indischen Wälder zu erklären. Hier leben bzw. lebten viele Hirsche (Axis, Sambar, Barasingha-Hirsch) neben großen Wildrindern wie Gaur, Banteng, Kouprey, vielleicht die Wildform des Zebu, die frühzeitig ausgestorbene indische Form des Ur (*Bos primigenius namadicus*) und des wilden Wasserbüffels. Hinzu kamen einige Antilopen wie etwa die Hirschziegenantilope, sowie der indische Elefant und das Panzernashorn.

Vielleicht als Folge dieser relativ großen Arten – und wohl auch der Individuendichte großer Säugetiere im südostasiatischen Raum – ist die nur hier gegebene Artenvielfalt und der hier vorhandene Individuenreichtum von Landblutegeln zu erklären. Diese Landblutegel, die überall an Wegen und Wildwechseln auf Säugetiere lauern, sind für Arbeiten im südostasiatschen Urwald und Dschungel eine beträchtliche Belastung, zumal sie auch weit entfernt von Wegen und Wildwechseln noch zahlreich sind.

Die Mangrove

Im Gezeitenbereich an den Flachküsten tropischer Meere breiten sich oftmals dichte Mangrovenwälder aus (Abb. 2.13). Sie werden von spezialisierten salztoleranten Bäumen aus ca. 8 Gattungen gebildet und sind im Vergleich zu den landwärts angrenzenden Regenwäldern arm an Baumarten, wie es für einen extremen Lebensraum zu erwarten ist. Charakteristisch ist die reiche Strukturierung des Wurzelbereichs durch dichte Kränze von Stelzwurzeln (*Rhizophora*) oder zahlreiche stabförmige Atemwurzeln (*Bruguiera, Sonneratia, Avicennia*), die aus dem Schlick hervorragen. Den Schwierigkeiten des labilen Keimbettes wird bei den Rhizophoraceae dadurch begegnet, daß statt der Samen oder Früchte erst die speziell differenzierten Keimpflanzen von den Ästen abfallen. Die Blätter dieser Bäume sind fleischig und besitzen Drüsen zur Salzsekretion.

In der ostasiatischen Mangrove wird aufgrund unterschiedlicher Salz- und Überschwemmungstoleranz eine Zonierung mit jeweils einer dominanten Baumart ausgebildet. Die meerseitige Front wird von einer locker stehenden *Sonneratia*-Zone gebildet, zur Landseite gefolgt von einer *Avicennia*-, schließlich einer *Rhizophora*- und eventuell einer weiteren *Bru-*

Abb. 2.13. Mangrovenformation (*Rhizophora*), Brasilien

guiera-Zone. An der Küste von Borneo kann die Mangrove bis 30 km breit werden; die Bäume werden unter günstigen Bedingungen bis 30 m hoch und werden auch als Nutzholz verwertet. Ähnlich wie die Watten der europäischen Meere ist die Mangrove Sedimentationsraum für schlammige, nährstoffreiche Substrate, so daß sich eine hohe organische Produktivität entwickeln kann. In der Mangrove treffen sich Faunen mariner und terrestrischer Herkunft. Während Winkerkrabben (*Uca*) und Schlammspringer (Pisces: *Periophthalmus*) die Gruppe mariner Herkunft repräsentieren, die während der Ebbe aktiv ist, begegnen sie dort ihren Feinden, von Land einwandernden Schlangen. Zahlreiche Krabben steigen im Wurzelwerk und teilweise bis in die Kronenregion aufwärts, eine Demonstration des zu vermutenden Evolutionsweges jener Krebsarten, die permanent oder überwiegend über dem Wasserspiegel in den Bäumen leben. Die meisten Tierarten terrestrischer Herkunft leben in den Baumkronen, die auch bei Hochwasser nicht überschwemmt werden. Unter den Wirbeltieren scheint es allerdings kaum auf die Mangrove beschränkte Arten zu geben. Als typisch gelten z. B. der Nasenaffe Borneos und manche Reiher- und Ibisarten (Gerlach 1958, George 1985, Robertson u. Alongi 1992).

2.2 Nebelwald der tropischen Gebirge

Die an den tropischen Gebirgen aufsteigenden Luftmassen kondensieren und bilden Nebel, die unabhängig vom Regen (meßbarer Niederschlag) eine feuchtigkeitsgesättigte Luft bilden. Dies führt zu verringerter Verdunstung und gestattet vielen Pflanzen eine Wasseraufnahme aus der Atmosphäre. Die Nebeltröpfchen kondensieren an den reich differenzierten Oberflächenstrukturen des Waldes zu Tropfen und werden auf diese Weise angesammelt und zurückgehalten. Außerdem erhöht der Auskämmeffekt der Vegetation die Ausbeute an Niederschlagswasser. Nach Schätzungen von Bruijnzeel und Proctor (1995) ergibt sich dadurch ein typischer Zugewinn zwischen 5 und 20% des Regens. In regenarmen Nebelwäldern kann der Anteil noch höher sein. So entsteht in der Regel eine besonders üppige und reich gegliederte immergrüne Waldvegetation.

Die Nebelregion liegt in Äquatornähe am höchsten und sinkt zu den Wendekreisen. Tropische Nebelwälder gibt es auf allen Kontinenten von etwa 2000 m Höhe aufwärts; an manchen Stellen, z. B. auf Inseln, reichen sie erheblich tiefer. Entsprechend der Höhenlage sind die Temperaturen niedriger als im Tiefland, in dem venezulanischen Gebiet „La Carbonera" in 2300 m NN beispielsweise mit einem Jahresmittel nahe 14°C. Auf dem Boden erhält sich demgemäß eine dicke Humus- oder Rohhumusschicht. Selbst Torfbildung ist verbreitet. Die hochwaldartige Ausbildung und der häufig erstaunlich große Artenreichtum lassen auf günstige Wachstumsbedingungen schließen. Der andine Nebelwald „La Carbonera" zeigt wie manche Tieflandregenwälder einen vertikal mehrstufigen Aufbau mit maximalen Baumhöhen um 40 m, ist aber lockerer aufgebaut und somit stärker durchlichtet. Auf einer Fläche von 3 ha wurden bis zu 120 Baumarten gezählt.

Da die Luftfeuchtigkeit fast permanent hoch und das Lichtangebot günstig ist, sind die Epiphyten reichhaltiger entwickelt als in irgend einem anderen Waldtyp. Nach Vareschi (1980) umschließen die größten Epiphytenmassen „muffartig die untersten meist waagerechten Hauptäste". Am Stamm reichen die Epiphytenüberzüge oft bis zum Waldgrund herab und gehen dort in eine ebenso reiche Bodenvegetation über. Neben Pilzen, Flechten, Moosen, Farnen – insbesondere Hautfarnen – finden sich viele Taxa höherer Pflanzen in diesem Lebensformtyp, darunter Orchideen und – in Südamerika – zahlreiche Bromeliaceen. Zwischen oder in den Epiphyten kann sich Humus ansammeln, der zum Substrat weiterer Pflanzen wird. Die Epiphyten „erbeuten" einen großen Teil des Stoffeintrags aus der Atmosphäre und des Bestandsabfalls, der somit den

Boden nicht oder nur mit Verzögerung erreicht. In diesem Zusammenhang werden sie als Nährstoffpiraten bezeichnet (Benzing u. Seemann 1978).

Die Bromelien als Phytothelmen tragen große Wassermengen in ihren Blattrosetten – besonders große Exemplare enthalten bis zu 20 l Wasser in ihrem Trichter und beherbergen darin eine reiche Wasserfauna, die sich vom verrotteten Bestandsabfall ernährt. Insgesamt kann ein einzelner Baum – in Costa Rica eine einzelne Eiche – auf diese Weise ein Gewicht bis über 2 Tonnen an Epiphyten tragen.

Mit zunehmender Gebirgshöhe und Entfernung vom Äquator nehmen Artenzahl und die Höhe der Bäume ab, doch steigt gleichzeitig die Vielfalt an krautigen Pflanzen und Sträuchern, um schließlich in die baumlose subalpine Vegetation überzuleiten (vgl. S. 209). Habituell unterscheidet sich die Belaubung durch das Vorherrschen einfacher, ungeteilter, ledriger, xeromorpher Blattformen von den Tieflandwäldern. Der Anteil kleinblättriger Formen steigt mit der Höhe. Aufgrund der isolierten Lage vieler Nebelwälder ist der Anteil endemischer Arten an Flora und Fauna oft hoch (Long 1995, Jacobs 1988). Für Peru schätzt Leo (1995), daß 30% der endemischen Säuger, Vögel und Amphibien den Nebelwald als zentralen Lebensraum besiedeln. Das Baumartenspektrum der Nebelwälder variiert mit der geographischen Lage. Während in Costa Rica immergrüne Eichen die Höhenwälder dominieren, sind es in anderen Gebieten Südamerikas Nadelgehölze, Araucarien oder *Podocarpus*-Arten, an anderer Stelle gibt es fast reine Erlenbestände (*Alnus acuminata*). Im Unterwuchs sind Gebüsche aus Ericaceen verbreitet, in südostasiatischen Gebirgen sind dies häufig Rhododendren.

Die Fauna wartet mit einer Fülle spektakulärer Arten auf, wie dem berühmten indianischen Königsvogel Quetzal (*Pharomachrus mocinno*), der auf diesen Nebelwald beschränkt ist. Noch heute fertigen Künstler von Chile bis Mexiko diesen „goldenen Vogel" aus Messingblech immer wieder an. Da sie ihn nie gesehen haben, entspricht dieser metallene Goldvogel meist eher einem Tukan oder einem Papagei als dem Quetzal; der ist in seinem Lebensraum heute gar nicht so selten und verträgt offenbar auch Eingriffe in diesen Lebensraum besser als etwa die großen Papageien in anderen Wäldern. In Afrika ist die Nebelwaldzone die Heimat des vom Aussterben bedrohten Berggorillas. Ferner gehört wahrscheinlich gerade noch in diesen Bereich das Gebiet im Süden Chinas, in dem der Pandabär, der seltene Takin oder Rindergemse (*Budorcas taxicolor*, Caprinae, – vermutlich der Träger des Goldenen Vlies der antiken Sage) und der wohl ebenso sagenumwobene Goldstumpfnasenaffe (*Rhinopithecus roxellanae*) leben, neben dem erst in jüngerer Zeit entdeckten chinesischen Mammutbaum (*Metasequoia glyptostroboides*). Wir befinden uns dort allerdings schon im subtropischen Jahreszeitenklima, in dem winterliche Schneefälle nicht selten sind.

Der Unterwuchs zeichnet sich in den Wäldern dieser Region durch dichte Bambusbestände aus, die in ihren Blühphasen miteinander synchronisiert sind und daher extreme Wachstumspausen und Wachstumsschübe haben. Auf die Blühphasen folgt regelmäßig der Zusammenbruch der Bambusbestände und Populationen der auf Bambusnahrung angewiesenen Tiere wie des Pandabären. Nur das zusätzliche Vorkommen verschiedener, miteinander nicht synchronisierter Bambusarten kann diese Tiere über solche synchronisierten, aber nicht alljährlich vorkommenden Blühperioden retten.

Charakteristisch für die Nebelwaldzonen der neuen Welt sind auch die an offenen Stellen vorkommenden Arten der Gattung *Gunnera* mit ihren riesigen Schirmblättern, deren Existenz in unseren botanischen Gärten bei der Herkunftsbezeichnung „tropisches Amerika" immer wieder Verwunderung auslöst. Sie leben in dem relativ kühlen Nebelwald, in dem es durchaus auch kurzfristige Schneebedeckung geben kann.

Innerhalb der tropischen Region haben die Nebelwälder eine bedeutende ökologische Funktion, weil sie die Wasserausbeute aus der Atmosphäre erhöhen und als Wasserspeicher für die Hydrologie der Landschaft wichtig sind. Außerdem dient ihr dichter Bewuchs dem Erosionsschutz. Diese Funktion ist zur Zeit sehr gefährdet, weil weltweit gerade in dieser Höhenzone umfassend gerodet wird (Hamilton et al. 1995).

2.3 Regengrüne Tropenwälder

Verlassen wir die Regenwälder des tropischen Tageszeitenklimas, so lassen die gleichmäßig fallenden Niederschläge nach, und es schieben sich Trockenperioden ein. Diese werden um so ausgeprägter, je weiter wir uns vom Äquator nach Norden oder Süden entfernen. Klimatisch sind die Gebiete durch den Wechsel humider und arider Jahreszeiten gekennzeichnet. An manchen Stellen in Monsunlagen entwickeln sich auch zwei Trockenzeiten und zwei Regenzeiten, so in Teilen Ostafrikas. Während der Regenzeit kann der Regen durchaus so heftig sein wie in den eigentlichen Regenwaldgebieten.

Mit dieser Klimaänderung verändert sich auch die Vegetation. Wir kommen aus dem Regenwald in einen Saisonregenwald (immergrüner Saison-Regenwald), einen halbimmergrünen Tropenwald (Regengrüner

Klimadiagramme

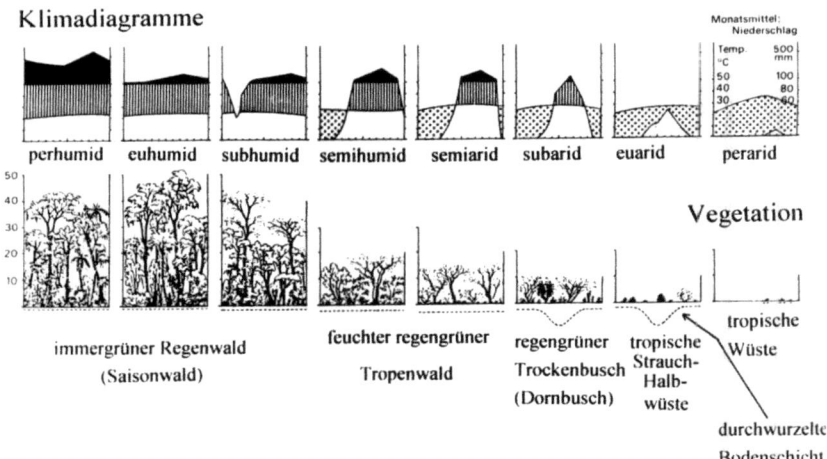

Abb. 2.14. Klima- und Vegetationszonen im Tiefland zwischen Äquator und Wendekreis am Beispiel des Andenvorlandes (Südamerika). Der Übergang vom tropischen Regenwald (*ganz links*) über den Trockenwald und die Savanne bis zur Wüste (*ganz rechts*). Mit dem Auftreten einer Trockenzeit tritt zunächst ein „schwach xeromorpher" (*zweiter von links*), danach ein Saison-immergrüner Regenwald auf. Der „feuchte regengrüne Tropenwald" ist im semihumiden Klimabereich halbimmergrün, im semiariden Klimabereich ein regengrüner Trockenwald. *Gestrichelte Linie*, durchwurzelte Bodenschicht; Klimadiagramme: *schwarz*, mittlere monatliche Niederschläge >100 mm; *schraffiert* (incl. *schwarze Fläche*), humide Jahreszeiten; *punktiert*, aride Jahreszeiten. Obere Begrenzung des weißen, bzw. des punktierten Feldes, Kurve der mittleren Monatstemperatur. (Aus Ellenberg 1975)

Tropenwald in semihumiden Klimabereichen) und dann in einen regengrünen Trockenwald (Tropischer Trockenwald, Regengrüner Tropenwald im semiariden Klimabereich), der schließlich in einen extrem xeromorphen Trockenbusch übergeht. Zum Schluß folgt die tropische Strauchhalbwüste (Abb. 2.14).

Regengrüne tropische Wälder und Savannen treten in der Landschaft vielfach benachbart auf und stellen alternative, natürliche Vegetationsformationen unter gleichartigen klimatischen Bedingungen dar (vgl. Kap. 2.4, Abb. 2.15). Die jeweilige Ausprägung wird nicht nur von der Gesamthöhe des Jahresniederschlags und der Dauer der Trockenzeit bestimmt, sondern auch durch die Bodenverhältnisse. Zwar wird durch den Laubabwurf der Bäume die Verdunstung erheblich reduziert, jedoch bleibt ein restlicher Wasserbedarf erhalten, der durch Speicherung in der Pflanze oder aus dem Grundwasser abgedeckt werden muß. Wasserspeicherung findet bei den Flaschenbäumen in den Stämmen statt, deren be-

Regengrüne Tropenwälder

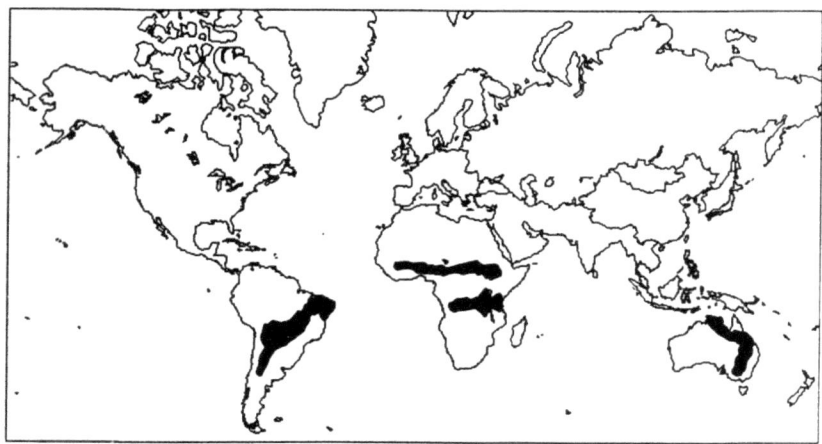

Abb. 2.15. Die Verbreitung des tropischen Trockenwaldes (= regengrüner Trokkenwald)

kanntestes Beispiel der Affenbrotbaum (*Adansonia digitata*) Afrikas darstellt. Bei der Mehrzahl der Baumarten muß erreichbares Grundwasser vorhanden sein, und es darf keine Staunässe herrschen. Im Grasland befindet sich häufig in geringer Tiefe unter der Bodenoberfläche ein stauender Horizont, so daß sich der Untergrund während der Regenzeit wassergesättigt zeigt, in der niederschlagslosen Zeit jedoch bald austrocknet. Wenn das Wasser während der Regenzeit nicht rasch abfließen kann – auf wenig geneigten Flächen oder in Beckenlagen – treten Überschwemmungen auf. In beiden Situationen wird das Aufkommen von Bäumen verhindert. Eine weitere Differenzierung findet aufgrund des Nährstoffgehaltes statt. So finden sich auf den armen Verwitterungsböden des Brasilianischen Schildes trotz günstiger Wasserbilanz keine Waldvegetation, sondern die savannenartigen durch lichte Bestände kleiner immergrüner Bäume charakterisierten Campos Cerrados (Walter u. Breckle 1994).

Die laubabwerfenden Bäume der regengrünen Wälder tragen während der Regenzeit meist dünne, weiche, nicht selten auch große Blätter. Im Unterwuchs finden sich Kräuter und Gräser, deren oberirdische Teile in der Trockenheit vollständig verdorren (Abb. 2.16).

Saisonregenwald und halbimmergrüner Tropenwald finden sich beispielsweise sehr charakteristisch im Nordwesten von Costa Rica (Guanacaste) oder in Kenia und Tansania an der Küste des Indischen Ozeans. Dieser Wald enthält noch so viele dauergrüne Bäume, daß hier Blattfres-

Abb. 2.16. Regengrüner Trockenwald (Afrika). *(1)* Schirmbäume (meist Leguminosen, oft bedornt, Blätter xeromorph oder gefiedert, dicke Borke, tiefwurzelnd), *(2)* Flaschenbäume (mit Wasserspeicher im Bastring), *(3)* kleinere hartlaubige Bäume, von Obstbaum-ähnlicher Gestalt, *(4)* Gräser, *(5)* Malakophylle (= weichblättrige krautige Pflanzen) Sukkulenten: *(6) Euphorbia*-Typ, *(7) Aloe*-Typ, *(8) Sanseviera*-Typ, *(9)* Rübenstämme (mit Xylopodien, unterirdische Wasserspeicher). (Aus Dolder 1976)

ser, wie in Amerika die Brüllaffen oder in Ostafrika die blattfressenden *Colobus*-Affen vorkommen (z. B. der Guereza, *Colobus abyssinicus*). Die Dauer der Trockenzeit kann von Jahr zu Jahr schwanken. Manche Baumarten sind flexibel und können mit Dauergrün oder mit teilweisem oder vollständigem Laubabwurf reagieren (Vareschi 1980). Selbst im regengrünen Trockenwald, der normalerweise zwei bis drei Wochen vor dem pünktlich einsetzenden Regen austreibt, und in Gebieten mit sehr unsicheren Regenzeiten, in denen die Gehölze unmittelbar nach den ersten Regen austreiben, gibt es einzelne Baumarten, die das ganze Jahr über grün sein können. Sie bringen aber nicht genügend Blattmasse, um Blattfressern ein Überleben zu ermöglichen. Der regengrüne Trockenwald ist normalerweise nach dem Laubfall überwiegend kahl und braun und treibt erst im Zusammenhang mit der nächsten Regenzeit, häufig goldfarben (Mopami-Wald in Namibia und Botswana) oder lichtgrün (Akazien in Südafrika und Ostafrika) aus. Extreme regengrüne Trockenwaldgebiete können auch mehrere Jahre, in denen Regen ausfällt, ohne Schädigung überstehen, ebenso wie der halbimmergrüne Tropenwald auch Jahre ohne Trockenzeit überleben kann.

Der Übergang vom tropischen Regenwald zu diesen Saisonwäldern ist fließend. Bodensenken oder die Nachbarschaft von ganzjährig oder saisonal oberirdisch fließenden Strömen können auch im extremen Trockenwald das Bild eines halbimmergrünen Tropenwaldes bieten (Tabelle 2.2).

Tabelle 2.2. Regengrüner Tropenwald (Tropischer Trockenwald)

Kronendachhöhe:	etwa 15 m
Bestand an oberirdischer Pflanzenmasse:	6–10 kg/m^2(Frischgewicht)
Blattflächenindex:	bis 42 m^2 Blattfläche pro m^2 Bodenfläche
Primärproduktion:	1000–2500 g/m^2 im Jahr
Bestäubung:	meist durch Tiere, selten Wind
Samenverbreitung:	fast ausschließlich durch Tiere, insbesondere durch Säugetiere
Primärkonsumenten:	Blattschneiderameisen und andere Insekten spielen eine Rolle
Remineralisation:	Termiten und ihre Symbionten sind bedeutend, ebenso Ameisen
Niederschlag:	500–2500 mm/Jahr
Jahresmitteltemperatur:	20–30°C
Jahreszeiten:	mindestens eine ausgeprägte Trockenzeit

Der halbimmergrüne Saisonregenwald

Im Übergangsgebiet zwischen dem immergrünen tropischen Regenwald und dem regengrünen Trockenwald trifft man auf ein Gebiet, welches allgemein als ganz besonders gefährdet gilt: den immergrünen Saison-Regenwald, der in seiner Erscheinung zwischen dem immerfeuchten und dem halbimmergrünen Regenwald steht (s. Abb. 2.14). Es herrschen stellenweise sehr große Bäume vor, sowie in geringem Maße Epiphyten und Lianen. Diese Form tropischen Waldes ist vor allem deswegen gefährdet, weil hier weltweit eine besonders günstige Landwirtschaft getrieben werden kann. Selbst auf armen Böden ist zumindest die Möglichkeit einer Weidewirtschaft gegeben. Es regnet nicht ununterbrochen, sondern es herrschen für die Reifezeit und die Ernte zumindest einen oder mehrere Monate lang relativ trockene Verhältnisse.

Dazu kommt ein anderes Phänomen, welches diese Wälder in Lateinamerika besonders empfindlich macht. Durch aus Afrika eingeführte Gräser, die sich hervorragend in dem eigentlich grasfreien Grenzwaldgebiet ausbreiten, steigt die Gefahr natürlicher oder beabsichtiger Feuer drastisch an. Ein Feuer in diesem, darauf nicht evoluierten Waldsystem bedeutet den Tod der Bäume; das ist im Nordwesten Costa Ricas, in der Provinz Guanacaste, ebenso der Fall wie in Ostafrika, wo man auf diese Weise viel einfacher als im tropischen Regenwald – der ja nicht leicht anzuzünden ist – den Wald vernichten und zu einer Rinderweide machen kann.

Afrikanische Trockenwälder

Diese sind heute im Norden des Verbreitungsgebietes infolge zu hohen Viehbesatzes und zu hoher Populationsdichte des Menschen weitgehend zerstört. Eine Vorstellung über die urspünglichen Verhältnisse eines typischen **regengrünen Trockenwaldes Ostafrikas** vermitteln die Untersuchungen in einem Naturschutzgebiet in Tansania (Boaler 1966). Der Jahresniederschlag beträgt ca. 1100 mm, die Trockenzeit beginnt im April und dauert ca. 6,5 Monate. Die Bäume sind 16 bis 20 m hoch, der Kronenschluß variiert zwischen 50 und 100%. In der Bodenvegetation herrschen Gräser vor, die an lichten Stellen bis 2 m Höhe erreichen. Die Strauchschicht ist wenig entwickelt. Die Wurzeln der Bäume erreichen in 3,5–4,5 m Tiefe die Zone ganzjähriger Feuchtigkeit, entfalten sich aber außerdem dicht unter der Bodenoberfläche, wo sich auch die Graswurzeln ausbreiten. Die baumlose Talsohle ist von Anfang Februar bis Anfang Juni überschwemmt. In der Dürrezeit gibt es häufig Grasbrände. Die Entfaltung der Vegetation beginnt vor der Regenzeit Anfang September mit der Blüte zahlreicher Gehölze, deren Farbigkeit einen auffallenden Kontrast zu den vorherrschenden Brauntönen der trockenen Landschaft bildet. Bis zur Hauptregenzeit zwischen Dezember und März entfaltet sich das Laub der Bäume vollständig, die Blüte setzt sich fort und die Beschattung des Bodens erreicht ihr Maximum. Gräser und Kräuter entwikkeln sich nach Beginn der Regenzeit. Die Hauptbaumarten sind Caesalpiniaceen der Gattungen *Brachystegia* und *Julbernardia* (Miombo).

Dieser Wald wurde von der ansässigen Bevölkerung im Wanderfeldbau genutzt. Dafür werden die Bäume verbrannt und die Asche in den Boden eingearbeitet. Angebaut wurden vor allem Mais und Cassave (*Manihot esculenta*). Der Boden ist nach 3–5 Jahren erschöpft. Auf den Brachflächen breiten sich zunächst Gräser, später Gebüsche aus, die sich vorwiegend aus Stockausschlägen entwickeln. Die Regeneration des ursprünglichen Waldes benötigt ca. 100 Jahre bis zur Reife (Walter u. Breckle 1984).

Aus solchen Trockenwaldgebieten stammt eine Fülle von Daten über die Beobachtung **europäischer Zugvögel**; zeitweise sind mehr als 50% der Vogelindividuen eigentlich Europäer. Im Hinblick auf die weitgehende Zerstörung der Waldgebiete in der Sahel-Zone wird klar, daß hier überwinternde europäische Zugvögel einen dramatischen Populationseinbruch verkraften müssen. Tatsächlich sind es gerade die in der Sahel-Zone überwinternden Arten, die in Europa besonders stark zurückgegangen sind (z. B. Drosselrohrsänger). Ihr Verschwinden hat auf der anderen Seite in Europa eine Nischenbesetzung durch bisher östlich verbreitete Arten zur Folge (Bartmeise, Beutelmeise, Zwergfliegenschnäpper, Karmingimpel). Dazu kommt die Zerstörung von Lebensräumen im Brutgebiet, die zu einer dramatischen Verringerung der Populationsgröße mancher Vogelarten geführt hat – nicht nur in Europa, sondern ebenso in Amerika. Schließlich hängt der Zusammenbruch des Weiß-Storchbestandes offenbar auch sehr eng mit der für die Landwirtschaft im trockenen tropischen Afrika so dringed notwendigen Bekämpfung der Wanderheuschrecken zusammen. Unsere Störche haben offenbar auch im tropischen Afrika ihre Nahrungsbasis verloren.

Als weiteres typisches Beispiel des regengrünen Trockenwaldes sei der **Mopamiwald** gewählt, der südlicher als der „Miombo"-Wald verbreitet ist und sich vom Norden Namibias (bzw. vom Süden Angolas über Botswana und Zimbabwe) quer über den afrikanischen Kontinent bis Ostafrika hin erstreckt und der bis heute einigermaßen intakt erhalten ist (Abb. 2.17). Dieser Wald wird von einer Baumart dominiert, dem Mopa-

Abb. 2.17. Trockenwald (Mopamiwald, Botswana)

mibaum (*Colophospermum mopane*, Caesalpiniaceae) (Abb. 2.18), der z. T. buschartig ist, z. T. bis über 15 m hoch wird, eine dicke knorrige Rinde besitzt und ein extrem hartes, Jahresring-freies Holz produziert. Das Holz ist zudem schwer; auch im getrockneten Zustand geht es, wie das Holz vieler tropischer Hartholzbäume, im Wasser unter. Es eignet sich daher vorzüglich für viele afrikanische Holzschnitzereien. Bei Wasserknappheit klappen die zweilappigen Blätter zusammen und reduzieren damit die Verdunstung und wohl auch die Photosynthese (s. Abb. 2.18).

Der Mopamibaum dominiert auf nährstoffarmen Böden, die sich über schweren, tonigen, alten Sedimenten ausbilden, allerdings nur dort, wo nicht Staunässe auftritt. Seine Toleranz gegenüber hohen pH-Werten ermöglicht es ihm, selbst stark alkalische Böden zu besiedeln. Auf sandigem Untergrund wird er durch *Acacia tortilis* und *A. giraffae* ersetzt (Abb. 2.19). Am Rand zeitweilig überfluteter Flächen treten Palmenwälder auf, für die die Magalinipalme, *Hyphaene ventricosa*, charakteristisch ist (Cole 1986). Sie ist für Tiere und Menschen sehr wichtig. Die Palmensegler (*Cypsiurus parvus*) kleben ihre kleinen tassenförmigen Nester mit Speichel am Blattstiel oder an der Blattrispe fest. Der Saft der jungen Palmäpfel soll wie Kokosnußmilch schmecken. Der obere Teil des Stammes wird angezapft zur Entnahme von Palmwein, während das innere

Abb. 2.18. Die tropische Trockenwaldzone von Angola und dem nördlichen Namibia über Botswana bis Zimbabwe wird weitgehend durch Mopamiwälder (*Colophospermum mopane*) eingenommen. Ihre öligen Früchte werden gern von Elefanten gefressen. In diesen monotonen Wäldern spielen Massenvermehrungen von Schmetterlingsraupen eine große Rolle. (Nach Berry & Loutit 1987)

Mark der jungen Palmen als Gemüse gegessen wird. In Ovambo werden aus den Blattfasern Körbe geflochten, aus den Blattstielen fertigen die Ovambo ihre Bogen (Cornelia Barry, persönliche Mitteilung).

Sehr häufig gibt es im Mopamiwald Massenvermehrungen eines sehr großen Schmetterlings (*Gomimbrasia belina*), dessen Raupen geröstet oder getrocknet bei den Eingeborenen als Delikatesse gelten. Diese Raupen fressen über weite Strecken den Mopamiwald kahl. Leider gibt es darüber hinaus keine näheren Untersuchungen – weder über Ausmaß und Folgen noch über die Frage, ob es solche Massenvermehrungen im gleichen Gebiet in regelmäßigen Abständen gibt. Die insektenbestäubten Blüten der Bäume erzeugen später flache, nierenförmige, gelblichbraune,

Abb. 2.19. Die Akazien des tropischen afrikanischen Trockenwaldes und der afrikanischen Savanne sind mit ihren Blüten ein wichtiger Honigspender für die Insektenfauna und mit ihren Früchten eine wichtige Nahrung für die großen Säugetiere. Die Samen benötigen zur Keimung überwiegend einen Transport durch den Säugetierdarm (hier *Acacia tortilils*). (Aus Berry & Loutit 1987)

bis 4 cm lange, einsamige Hülsen, die von Säugetieren gern und in großem Maße gefressen werden. Sonst scheinen die Bäume bei Pflanzenfressern nicht sehr beliebt zu sein – eine Fahrt durch einen Mopamiwald kann unglaublich langweilig sein, weil immer der gleiche lichte Waldtyp aus ungefähr gleichaltrigen Bäumen vorherrscht, scheinbar ohne Tiere.

Bei näherem Hinsehen erkennt man dann aber gewisse Regelmäßigkeiten. Man kommt durch Gebiete mit toten Bäumen, die aus Altersgründen

Regengrüne Tropenwälder

Abb. 2.20. Trockenwald am Übergang zur Halbwüste (Botswana). Die Wildwechsel zu den Wasserlöchern bleiben trotz seltener Benutzung durch das Wild vegetationsfrei; deutlich ist die Mosaikstruktur des Mopamiwaldes zu erkennen

abgestorben sind. Es schließen sich Gebiete offener Savannen und schließlich solche mit Mopami Jungwuchs an, die geradezu angepflanzt wirken. Wir haben hier den typischen Fall eines Mosaik-Zyklus-Waldes vor uns (Abb. 2.20). Die Bäume sind etwa gleich alt und sterben daher ungefähr gleichzeitig. Die toten Bäume werden nach ihrem Absterben langsam von Termiten von innen her aufgefressen und stürzen dann um. Der stärkste Remineralisationsfaktor neben den Termiten ist das Feuer, welches auch einigermaßen regelmäßig durch den Mopamiwald hindurchgeht. Die Feuer treten meist in der Trockenzeit auf und verzehren vorwiegend das trockene Gras, ohne daß es in der bodennahen Schicht sehr heiß wird. So können es dicht stehende Jungpflanzen unbeschadet überdauern, während alte Bäume durch die Beschaffenheit ihrer Borke geschützt sind.

Möglicherweise wird die Aufeinanderfolge von Trockenwald und offenem Grasland unter natürlichen Bedingungen durch die Intensität der Beweidung durch Huftiere beeinflußt. Petrides (1974) fand im Ruwenzori Nationalpark eine differenzierte Veränderung der Populationsdichte der unterschiedlich spezialisierten Arten je nach Beweidungszustand des Gebietes. Er postuliert einen dadurch entstehenden Zyklus der Vegetationsveränderung (Tabelle 2.3). Seitdem scheint sich niemand ernsthaft mit

Tabelle 2.3. Die Zusammensetzung der Gemeinschaft großer Weidegänger im Ruwenzori-Nationalpark (Uganda) in Beziehung zum jeweiligen Zustand des Graslandes. (Nach Petrides 1974)

	unterbeweidetes Gebiet	mäßig beweidetes Gebiet	stark überweidetes Gebiet	Reaktion der Tierpopulationen und die Überweidung des *Themeda*-Graslands	
				Kurzgrasstadium	Verbuschungsstadium
Größe des Areals [km²] [Individuen pro km²]	30,6	14,5	23,3		
Elefant (*Loxodonta africana*)	1,5	1,4	3,4	−	+
Flußpferd (*Hippopotamus amphibius*)	1,1	0,7[b]	14,9	+	−
Kaffernbüffel (*Syncerus caffer*)	12,4	18,2	4,0	+	−
Wasserbock (*Kobus defassa*)	0,2	0,6	3,4	+	+
Kob (*Kobus kob*)	0,1	18,5	0,5	+	−
Buschbock (*Tragelaphus scriptus*)	0	[a]	0,5	+	+
Riedbock (*Redunca redunca*)	[a]	0,1	0	+	−
Warzenschwein (*Phacochoerus aethiopicus*)	[a]	0,9	2,7	+	+
Kronendukker (*Sylvicapra grimmia*)	0	[a]	[a]		
Gesamtzahl	15,4	40,5[b]	29,5		

[a] weniger als 0,05 Tiere pro km².
[b] nächtliches Weiden durch Flußpferde konnte nicht abgeschätzt werden und ist daher hier weggelassen; die gesamte tierische Biomasse, die auf dieser Fläche lebt, ist also in Wirklichkeit deutlich höher als hier angegeben.
− Abnahme
+ Zunahme

diesem Problem beschäftigt zu haben; es ist nur auffällig, daß in Savannengebieten Südamerikas ein ähnlicher Wechsel vorzuliegen scheint zwischen den Akazien-fressenden Guanakos und den Gras-fressenden Nandus auf entsprechend mit Akazien- und Gras-bewachsenen Flächen.
Während im Wald eine wenig diverse Tierwelt lebt, steigt die Vielfalt auf den Lichtungen und noch mehr auf den größeren grasigen Vegetationsinseln innerhalb des Mopamiwaldes. Man beobachtet zahlreiche Großsäugerarten und wird an das Bild afrikanischer Savannen erinnert mit Zebras, Giraffen, Gnus, Impalas, Pferdeantilopen und ihren Verfolgern, wie Wildhunden, Geparden und Löwen. Die Vogelwelt ist weniger reichhaltig und wenig spezifisch.

Die Trockenwälder Südamerikas und Indiens

Ein ähnlicher Trockenwaldgürtel wie der beschriebene Mopamiwald in Afrika ist in Südamerika der „Caatinga", „Cerrado" bzw. „Chaco" genannte Wald, der sich vom Nordosten Brasiliens bis an den Fuß der Anden im Westen Argentiniens erstreckt (vgl. Kap. 2.4). Hier müssen wir sehr verschiedene Pflanzengesellschaften unterscheiden. Der Cerrado wird häufig als Savanne bezeichnet, aber wir haben ganz ähnliche Mosaik-Strukturen wie im Mopamiwald. Auch hier gibt es überall verbreitet Massenauftreten von blattfressenden Schmetterlingsraupen, wieder sind die Hauptzersetzer Termiten (s. Abb. 2.8), und es kommt ebenfalls zu Wildfeuern, an die die Lebensgemeinschaften offenbar angepaßt sind. Dazu kommen Blattschneiderameisen in großem Maß, der große Ameisenbär, der Puma und der Jaguar, eine Reihe südamerikanischer Hirsche und mittelgroße bis kleine wühlende Nagetiere, die am Mosaik-Zyklus-Geschehen einen erheblichen Anteil haben.

Allerdings muß diese Tieraufzählung heute stark relativiert werden, weil neuere Informationen über die Situation in diesem Gebiet fehlen. Während der frühere Direktor der Bayerischen Zoologischen Staatssammlungen, Hans Krieg, unmittelbar vor dem Zweiten Weltkrieg noch den wegen seiner Wasserarmut berüchtigten Gran Chaco weitgehend unbehindert durchqueren konnte, ist dieses Gebiet heute in Paraguay wie in Argentinien durch Zäune in Farmen aufgeteilt, und es ist unklar, welche der oben aufgeführten Tiere hier noch existieren. Vielleicht ist das Riesengürteltier (*Priodontes giganteus*), welches vor 50 Jahren im Gran Chaco nicht selten war, ebenso wie der Mähnenwolf (*Chrysocyon brachyurus*) inzwischen verschwunden.

Auch in Indien ist der ursprüngliche Trockenwald weitgehend vernichtet und hat großenteils infolge jahrhundertelanger Überweidung einer echten Wüste Platz gemacht. Zoologisch bemerkenswert ist, daß Paviane, die in den Trockenwäldern Afrikas und den angrenzenden Steppen eine erhebliche Rolle spielen, hier durch Languren ersetzt sind, Verwandte der blattfressenden afrikanischen Colobusarten. Sie leben hier weitgehend an den Menschen angeschlossen, spielen aber sonst die ökologische Rolle der afrikanischen Paviane.

Anpassungen an Trockenzeiten

Während der Trockenzeiten werden in den Trockenwäldern, ähnlich wie in den Savannen und Steppen, die oft weit voneinander entfernten **Wasserstellen zum Treffpunkt** für die meisten großen Säuger. Das beginnt bereits in den noch relativ feuchten Wäldern der Provinz Guanacaste von Costa Rica. Hier kann die Trockenzeit manchmal ausfallen, im allgemeinen dauert sie knapp 5-6 Monate. Die Trinkwasserstellen, die sich im Wald finden, werden in der Trockenzeit besonders wichtig. Man kann hier das Pekari, den Baumameisenbär, kleine Wildkatzen und Hirsche gleichzeitig beobachten. Auch Kapuzineraffen kommen von den Bäumen zur Tränke herunter, während Brüllaffen offenbar infolge des Wassergehaltes ihrer Blattnahrung kaum etwas zu trinken brauchen. Ähnlich ist die Situation in dem relativ feuchten Trockenwald an der Küste des Indischen Ozeans in Kenia. Hier kommen regelmäßig Affen (Paviane, Grüne Meerkatzen) zur Tränke. Das Trinkwasserproblem wird umso größer, je länger die Trockenzeit dauert. Das nötigt die Tiere mancherorts zu weiten, anstrengenden Wanderungen, wodurch die Sterblichkeit stark ansteigen kann. Durch Anlage von Wasserstellen wird dieser natürliche Mortalitätsfaktor heutzutage manchmal ausgeschaltet. So entsteht in Schutzgebieten eine unnatürlich dichte Tierwelt, die ihrerseits den Lebensraum durch Übernutzung zerstören kann.

Aber die Notwendigkeit von Trinkwasserstellen für das Überleben der Tiere gilt nicht nur für Säugetiere und Vögel, vielmehr sind offenbar außerordentlich viele Insekten auf solche Trinkwasserstellen angewiesen. Man trifft in allen Kontinenten große Schwärme von Schmetterlingen an diesen Wasserstellen, ferner Bienen, Käfer und natürlich auch die von ihnen lebenden Vögel. Bisher ist wenig darüber bekannt, wie oft Tiere zur Wasserstelle kommen müssen und wie weite Strecken sie zwischen den Trinkbesuchen zurücklegen können. In jedem Fall führen solche Trinkwasserstellen zu einer ungleichmäßigen Verteilung der Tiere in den Wäldern; und es ist immer wieder überraschend, welche Fülle an Leben ein kleines Wasserloch in einem Trockenwald aufweisen kann.

2.4 Tropische und subtropische Savannen

Die Wälder lichten bei zunehmender Trockenheit immer mehr auf, werden zu großen und dann immer mehr zu kleineren Inseln oder Einzelbäumen. Das Resultat ist eine Parklandschaft aus Grasland mit Baumgruppen oder Bäumen verschiedener Arten, wobei in vielen tropischen und subtropischen Savannen verschiedene Spezies von Akazien überwiegen (Abb. 2.21; Tabelle 2.4).

Die Verwendung des Begriffs „Savanne" und die Abgrenzung gegenüber anderen tropisch-subtropischen Vegetationsformationen ist umstritten, zumal die Ausprägungen in verschiedenen Kontinenten unterschiedlich sind (Abb. 2.22). Walter (1973) bezeichnet als Savanne eine „natürliche, homogene, zonale Vegetation der tropischen Sommerregenzone mit einer geschlossenen Grasschicht und darin gleichmäßig verteilten Holzpflanzen, Sträuchern oder Bäumen". Auch Huntley u. Walker (1982) begrenzen diese Formation auf tropische und subtropische Gebiete, definieren aber umfassender: Die Savannen bilden ein Kontinuum physiognomischer Typen, von geschlossenen Gehölzen (woodlands) mit einem lichtbedürftigen Grasunterwuchs über offene Baumsavannen bis zu

Abb. 2.21. Akaziendickicht in feuchter Savanne

Tabelle 2.4. Tropische und subtropische Savannen

Bestand an oberirdischer Pflanzenmasse:	1,5 kg/m^2 (Frischgewicht)
Blattflächenindex:	1-16 m^2 assimilierende Blattfläche pro qm Bodenfläche
Primärproduktion:	500-1600 g/m^2 im Jahr; wichtigste Produzenten sind hier Gräser und Kräuter mit Hilfe des C_4-Weges der Photosynthese; Bäume spielen nur eine geringe Rolle
Bestäubung:	Bäume, fast ausschließlich durch Tiere Gräser, Windbestäubung Kräuter, häufig Tierbestäubung
Samenverbreitung:	Bäume, fast ausschließlich durch Tiere; viele Baum-Diasporen sind zur Keimung auf einen Transport durch den Tierdarm angewiesen (z. B. Akazien) Gräser und Kräuter, durch Tiere (vor allem Epizoochorie), Wind oder Autochorie
Primärkonsumenten:	pflanzenfressende Säugetiere spielen eine große Rolle
Remineralisation:	durch Bakterien und Pilze zusammen mit Ameisen und Termiten
Niederschlag:	400-1000 mm/Jahr
Jahresmitteltemperatur:	18-25°C
Jahreszeiten:	sommerliche Regenzeiten wechseln mit winterlichen Trockenzeiten
Besonderheiten:	stark entwickelte Sozialstrukturen bei Landwirbeltieren

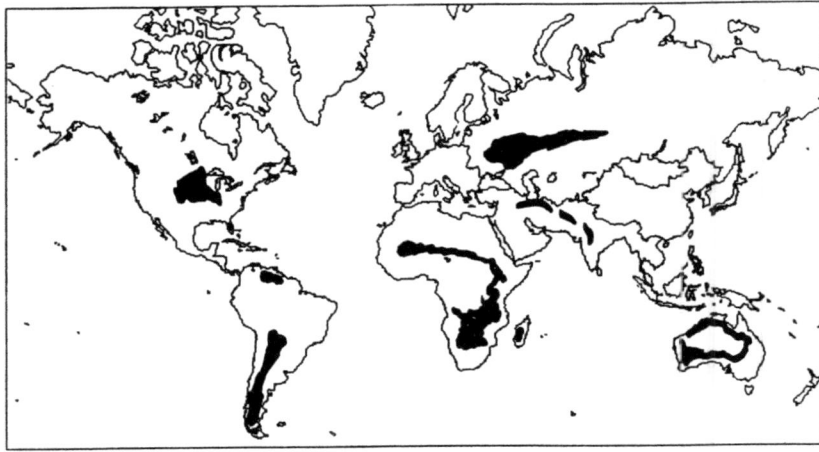

Abb. 2.22. Die Verbreitung der tropischen Savannen und Grasländer sowie der Steppen der gemäßigten Klimazone

baumlosen, edaphisch (durch Eigenschaften des Bodens) entstandenem Grasland. Danach würden mindestens große Teile des Trockenwaldes dazugehören. In der Krautschicht sind überall C_4-Gräser dominant, die hohe Strahlungsintensitäten bei ausreichender Wasserversorgung besonders effektiv nutzen können (s. Kap. 2.3). Im folgenden wird die physiognomische Abgrenzung angewandt und der Begriff Savanne damit auf die Baumsavannen und Grasländer beschränkt. Gegenüber den Trockenwäldern sind die Savannen durch das Vorherrschen offener, grasbedeckter Flächen charakterisiert (Abb. 2.23).

Für die Ausbildung der jeweiligen Formen der Savanne sind neben biogeographischen Gegebenheiten im wesentlichen die folgenden Faktoren maßgebend:
- Die Dauer der jährlichen trockenen Periode(n), die Ergiebigkeit und zeitliche Verteilung der Niederschläge, regional differenziert durch unterschiedliches Boden- und Grundwasserangebot,
- die Häufigkeit von Feuern,
- die Nährstoffbedingungen,
- die Art und Intensität der Beweidung und
- der direkte oder indirekte Einfluß menschlicher Aktivitäten.

Abb. 2.23. Kurzgrassavanne in Ostafrika (Serengeti in Kenia)

Dieser menschliche Einfluß konnte bereits in frühen Kulturstufen erheblich sein, zumal die Savannen zu den früh besiedelten Landschaften der Erde gehörten. In manchen Gebieten, z. B. in Südafrika, wird Frost zu einer weiteren wichtigen Determinante.

Die **Periodizität der biologischen Vorgänge** wird in den Savannen wie in den Trockenwaldgebieten wesentlich durch den Wechsel der Regen- und Trockenzeiten gesteuert. In manchen Teilen dieser Klimaregion wechselt die Höhe und die zeitliche Verteilung der Niederschläge erheblich von Jahr zu Jahr. Diese Unsicherheit über Zeitpunkt und Intensität des entscheidenden Faktors, der Entwicklung und Wachstum der Vegetation anstößt und unterhält, führt zu einer interessanten flexiblen Reaktion wichtiger Pflanzenarten. Prins (1987) untersuchte ein solches System im Nationalpark „Manyara" in Tansania (Ostafrika), in dem verschiedene Formen der Baum- und Strauchsavannen vorkommen. Unter den einjährigen Gräsern keimten die frühesten Arten normalerweise, wenn mindestens 150 mm Regen gefallen waren, eine zweite Gruppe später, nachdem sich die Niederschlagssumme auf 400 mm erhöht hatte. Unter den ausdauernden Gräsern reichten für die frühe Gruppe dagegen schon 50 mm, für eine spätere 100 mm Niederschlag. Laubabwerfende Sträucher ergrünten nach ca. 150 mm. Die im gleichen Gebiet wachsenden immergrünen Gewächse rekrutieren ihren Wasserbedarf über tief reichende Wurzeln aus dem Grundwasser. Der zeitlich gestaffelte Beginn der Vegetationsentwicklung ist eine Antwort auf die klimatische Situation, hat aber auch Konsequenzen für die Ernährungsstrategie der Herbivoren.

Die Bedeutung des Feuers für die Savannen

In allen tropischen und subtropischen Biomen mit ausgeprägten Trockenzeiten spielt Feuer – natürlich durch Blitz oder durch den Menschen entzündet – als gestaltender Faktor eine wichtige Rolle. Die heutige Struktur der Savannen ist nur zu verstehen, wenn man den Einfluß von Bränden berücksichtigt, deren Intensität und Häufigkeit einen wichtigen Selektionsfaktor für die Zusammensetzung der Organismengemeinschaften darstellen. Je häufiger Brände auftreten, desto ungünstiger werden einerseits die Bedingungen für Tiere und Pflanzen mit langsamer Entwicklung; andererseits sammelt sich bei großen Zeitabständen zwischen den Bränden viel brennbarer Bestandsabfall, so daß die dann entstehenden Feuer sehr heiß werden und eine besonders intensive Schadwirkung erreichen. Die vielfältigen und teilweise differenzierten Anpassungen der typischen Besiedler der Savannen belegen eine bereits lange andauernde

Evolution unter dem Selektionsdruck des Faktors Feuer. Es beeinflußt direkt oder indirekt verschiedene Kompartimente der Ökosysteme, wie besonders die Remineralisierung. Hier sollen im folgenden die Auswirkungen für die Vegetation und die Tierwelt an einigen Beispielen erläutert werden.

Die Schädigungen der Organismen sind je nach dem Zeitpunkt und den spezifischen Eigenschaften des Brandereignisses, sowie entsprechend dem Entwicklungsstadium der betroffenen Arten unterschiedlich. Bei **Pflanzen der Savanne** liegen die Mortalitätsraten zwischen wenigen und fast 100%. Als Schutzmechanismen dienen den Pflanzen verdeckte Überdauerungsorgane, die im Boden liegen können oder aber an der Oberfläche inmitten eines Horstes aus alten Pflanzenteilen (Halmen, Stengeln o.ä.). Im Boden überdauern Zwiebeln, Knollen oder Rhizome von Geophyten, die aus den unterirdischen Knospen wieder austreiben können. Im südafrikanischen „Fynbos" besitzen die Samen vieler Arten Elaiosomen – attraktive freßbare Anhängsel –, so daß Ameisen veranlaßt werden, sie in den Bau einzutragen. Dormanz während der Trockenzeit trägt zum unbeschadeten Überdauern bei. Bäume schützen sich durch dicke Borke, hoch gelegene Kronen und z. T. durch eingetieft liegende Knospen.

Nach dem Abbrennen setzt meist eine **Sukzession** ein, beginnend mit Pflanzen, die die Möglichkeiten der von trockenen Vegetationsresten befreiten Flächen und der reduzierten Konkurrenz nutzen. Der Anteil an frisch aus Samen keimenden Pflanzen ist groß, darunter sind viele Therophyten. Manche dieser Samen und manche Geophyten keimen nur nach Stimulierung durch Feuer, manche sind durch dicke Frucht- oder Samenschalen relativ hitzeresistent. Das Bild der Savanne wird bei ausreichender Feuchtigkeit rasch wieder durch dichte Bestände krautiger Pflanzen und zahlreicher Blüten bestimmt, darunter auch vieler Geophyten, z. B. zahlreicher Liliaceen und Iridaceen.

Wirbellose Tiere überdauern meist an geschützten Stellen, häufig in Dormanzstadien. Größere Säuger und Vögel fliehen aus dem brennenden Gebiet. Nicht wenige nutzen die Situation, um während des Feuers oder nach diesem reiche Beute zu machen. Auffallend sind in Afrika die Ansammlungen von Störchen (Abdims und Weißer Storch), Schwarzmilanen, Falken, Racken (*Coracias*), die vor oder hinter der Front des Feuers fliehende oder geschädigte Insekten sammeln. Einige Kiebitzarten (*Vanellus melanopterus* und *V. lugubris*) brüten bevorzugt auf abgebrannten Flächen. Sobald nach dem Brand die Vegetation wieder austreibt, kommen einige phytophage Insekten, rasch auch verschiedene Huftiere in großer Zahl zum Weiden, z. B. in Südafrika die Impalas (*Aepyceros me-*

lampus), ebenso Zebras, später gefolgt vom Rhinoceros (*Ceratotherium simum*) und Kaffernbüffel (*Syncerus caffer*) (Frost 1984, Goldammer 1990, van Wilgen u. Mc Donald 1992)

Die Bedeutung der Bodenqualität für die Struktur der Savanne

Bei der großen Ausdehnung des afrikanischen Kontinents sind natürlich die Bodenqualitäten in den Landesteilen recht verschieden. Im Osten Afrikas (Kenia, Tansania, Uganda) überwiegen nährstoffreiche vulkanische Böden bei vergleichsweise verläßlichen Niederschlägen. Im Süden und im Westen Afrikas dagegen haben wir z. T. sehr arme Savannenböden auf geologisch altem Untergrund oder nährstoffarmen Alluvionen, die fast schon an die armen Böden des Kongobeckens oder gar des Amazonasbeckens erinnern. Viele Böden sind zudem sehr flachgründig, weil sie in geringer Tiefe durch Ausbildung steinharter mineralischer Krusten vom tieferen Untergrund abgegrenzt werden. Wegen der Anreicherung von Eisenoxiden erscheinen die Schichten rotbraun. Das bekannteste Beispiel dieses Bodentyps sind die Laterite, die vor allem in den wechselfeuchten Tropen weit verbreitet sind (Cole 1986, Walter u. Breckle 1984). Im Südwesten gibt es kalkreiche Böden, die auch sonst relativ reich sind (Etoschapfanne Namibias). Diese Unterschiede in der Bodenqualität werden – neben modernen Einflüssen menschlicher Aktivitäten – verantwortlich gemacht für das sehr reiche Tierleben Ostafrikas und die reichen Verhältnisse in der Etoschapfanne, während die Savannen Westafrikas trotz der modernen Schutzbestrebungen nicht die Artenzahl und Tierdichte bei Großsäugetieren erreichen, die man aus Ostafrika kennt.

In den edaphisch armen Savannengebieten gibt es jedoch immer wieder vergleichsweise reiche Stellen. Es handelt sich durchweg um die Umgebung alter, abgestorbener und nicht mehr ohne weiteres erkennbarer **Termitenkolonien**, die hier über Jahrhunderte ihre Pilzzucht betrieben haben. In deren Schutz rasteten über Jahrhunderte kleine und große soziale Säugetiere. Das so durch Kot, Tierleichen, Pflanzen- und Tierreste zusammengetragene Material schaffte mitten in der armen Savanne kleine Erhebungen mit reicheren Böden, die heute an ihrer andersartigen Vegetation erkennbar sind. Vielfach wurden diese kleinen Erhebungen dann über lange Zeit von rastenden Menschen bevorzugt. Man findet hier heute Tonscherben, die oft viele hundert Jahre alt sind. Auch die Menschen brachten ihre Jagdbeute hierher und hinterließen die Reste an solchen Stellen. Normalerweise läßt sich nicht entscheiden, ob eine solch reiche Stelle nur eine Erhebung aufgrund von Termitentätigkeit oder menschlicher Tätigkeit ist. Zonen mit reicheren Böden gibt es daneben in den Überschwemmungsbereichen von Flüssen. Das Resultat ist ein nicht sofort erkennbares **Mosaik aus armen und reichen Arealen.** Genauere Untersuchungen dazu liegen aus Nylsvley in Südafrika vor (Huntley u. Walker 1982). Hier werden die armen Gebiete durch einen Wald aus *Burkea africana* besiedelt, eine Caesalpiniaceae, also relativ nahe verwandt mit *Colophospermum mopane*. Die Bäume werden etwa 10 m hoch, haben keine Dornen, und die Stämme erreichen in Brusthöhe etwa 40 cm Durchmesser. Auf den reicheren Stellen herrschen dagegen Akazien verschiedener Arten vor. Beide Baumgattungen fixieren als Leguminosen mit Hilfe von Knöllchenbakterien Luftstickstoff im Boden. In den Akaziengebieten finden wir von nahe verwandten Vogelarten eine zehnfach höhere Vogeldichte als im Burkeagebiet.

Die Remineralisierung erfolgt in den Savannen durch Termiten mit ihren Pilzen sowie in unterschiedlichem Maße durch pflanzenfressende Tiere. Pflanzen auf armen Böden, die kaum Stickstoff und Phosphor in ihren Geweben enthalten, werden dabei weniger gefressen als Pflanzen reicher Böden. Es entstehen Areale mit stark genutzter neben solchen mit wenig genutzter Pflanzenbiomasse. Savannen mit ungenutzter Bodenvegetation deuten immer auf sehr arme Böden hin, während eine intensive Beweidung durch Wildtiere bei reichen Böden geradezu normal ist (Bell 1982, Janzen 1974).

Die Tierwelt der Savannen

Mit dem Verschwinden des Waldes und der damit verbundenen Ausbildung typischer Savannen wechselt die photosynthetisch produktivste Schicht von der Krone der Bäume zum Erdboden. Sie kommt auf diese Weise in den Wirkungsbereich von am Boden lebenden pflanzenfressenden Säugetieren. Damit ist eine Landschaft gegeben, die optimale Voraussetzungen für die **Beweidung durch große Huftierherden** bietet. (Entsprechendes gilt auch für die Tundra und für die Steppen der gemäßigten Zonen.) Dabei ist lange übersehen worden, daß die Savanne nicht nur ein Lebensraum für die großen Pflanzenfresser ist, sondern gleichzeitig der wichtigste Lebensraum auch für kleine und mittelgroße Säugetiere. In den tropischen und subtropischen Savannen haben sich beispielsweise eine Fülle von sozial lebenden Säugetieren mit sehr bemerkenswerter Sozialstruktur entwickelt (vgl. Rasa 1984, die erste und erschöpfendste Darstellung von sozial lebenden kleineren Säugetieren überhaupt).

In diesem Lebensraum mit einem jahresperiodisch und räumlich sehr ungleichmäßigen Nahrungsangebot erleichtert das Leben in sozialen Verbänden die ausreichende Nahrungsversorgung. Bekannt geworden sind hier vor allen Dingen sozial lebende Schleichkatzen, die in der Kolonie gemeinsam leben, gemeinsam auf Streifzüge gehen, ihr Revier gemeinsam verteidigen und sich gegenseitig vor Raubfeinden warnen (Rasa 1984). Es scheint zudem so, daß diese kleinen sozialen Tiere von großen Tieren als aufmerksame Warner genutzt werden und daß es spezifische Koevolutionen zwischen verschiedenen sozialen Arten gibt, die gemeinsam eine Höhle bewohnen. Möglicherweise ist so etwas sogar zwischen Nagetieren und Schleichkatzen – also eigentlichen Todfeinden – entwikkelt worden.

Die gleiche Situation liegt offenbar in Afrika, in Südamerika und in Australien vor, wo sich parallel (in Australien Beuteltiere) entsprechende Lebensformtypen entwickelt haben. Die Ähnlichkeit geht dabei so weit, daß es häufig gar nicht einfach ist, Erdmännchen (Nagetiere) und kleine Mungos (Schleichkatzen) im Feld zu unterscheiden.

Einige soziale Kleinsäuger nutzen das **Nahrungsangebot der unterirdischen Überdauerungsorgane der Pflanzen** und haben damit eine überwiegend oder vollständig unterirdische Lebensweise entwickelt. Die Nagerfamilie der Sandgräber (Bathyergidae) hat sich besonders weit darauf spezialisiert. Unter ihnen gibt es auch die wohl extremste Sozialstruktur bei Säugetieren, die wir überhaupt kennen: die der inzwischen berühmt gewordenen Nacktmulle (*Heterocephalus glaber*) aus Ostafrika. Diese vollständig unbehaarten, unpigmentierten Nager leben dauernd unterirdisch und sind extrem lichtscheu. Ihre längere Haltung, Zucht und Beobachtung gelang daher erst, als man die Zuchträume fast vollständig abdunkelte (Jarvis 1978, 1981). Diese Tiere besitzen echte morphologisch verschiedene Kasten, wie sie von sozial lebenden Insekten bekannt sind. Die normalen Arbeitertiere bleiben zeitlebens klein und werden nie geschlechtsreif, während die „Königin" sehr schwer wird, ebenso wie die männlichen Tiere, die zusätzlich zur Fortpflanzungsfunktion auch noch Verteidigungsfunktion übernehmen. Aufgrund der abgeschlossenen Lebensweise gibt es anscheinend nur intrafamiliären Genaustausch, also Inzucht (Lovegrove 1993). Die Kolonien dieser weitgehend unterirdisch lebenden Kleinsäuger werden offenbar ab und zu verlegt, wie das auch von größeren Verwandten aus derselben Familie und auch von Höhlen bewohnenden Nagern der gemäßigten Steppen gut bekannt ist (Murmeltiere, Ziesel, Präriehunde).

In trockeneren Savannenarealen werden die Kolonien der Kleinsäuger zunächst kleiner, in Wüsten und Halbwüstenbereichen lösen sich die

Verbände auf, und die Tiere leben einzeln oder paarweise. Wühlratten (Sandgräber, Bathyergidae), die in der reichen Savanne noch große Kolonien bilden, leben in der Halbwüste als Einzeltiere in der Nähe der nahrungsreichen, unterirdischen Speicherorgane von Halbwüstenpflanzen im Boden.

Bekannter sind natürlich die großen Säugetiere. (Eine gute Übersicht bietet Leuthold 1977; dazu gibt es viele einzelne Monographien, wie z. B. Prins 1987, über den Kaffernbüffel). Der Einfluß dieser großen Säugetiere auf die Vegetation scheint selbst in Schutzgebieten außerordentlich stark voneinander zu differieren (s. Tabelle 2.3).

Die Verbrauchsangaben schwanken zwischen 10 und 80% der Primärproduktion, die durch diese Tiere aufgenommen und verarbeitet werden. Die Gründe liegen offenbar darin, daß es strukturell verschiedene Savannen gibt; manche Bereiche werden weniger als andere als Futterplätze befressen. (Bevorzugte Ruheplätze von großen Raubtieren werden natürlich häufig ausgespart). Auch die Landschaftsstruktur hat einen erheblichen Einfluß. Schließlich schwankt im Rahmen des Mosaik-Zyklus-Geschehens die Produktion an geeigneter Nahrung. Die Bestandsgrößen der Herbivoren können daher in aufeinander folgenden Jahren sehr verschieden sein.

Das gleiche gilt für die großen Raubsäugetiere wie Wildhund, gefleckte und gestreifte Hyäne, Leopard, Gepard und Löwe. Der Anteil der Löwen scheint in manchen Gegenden sehr viel größer zu sein als in anderen – so kommen in der Etoschapfanne Südwestafrikas auf die gleiche Anzahl Beutetiere sehr viel mehr Löwen als im Serengeti-Park Ostafrikas. Die sehr unterschiedlichen Angaben beruhen tatsächlich auf unterschiedlichen Gegebenheiten und sind nicht auf unterschiedliche Erfassungsmethoden zurückzuführen.

Wir wissen heute, daß diese großen Raubtiere (ebenso räuberische Insekten) in der Wirkung auf ihre Beute nicht nach der Zahl der getöteten Beutetiere bewertet werden können. Ein Raubtier wirkt allein schon durch seine Gegenwart. Mögliche Beutetiere versuchen Gebiete mit Raubtieren zu meiden. So läßt sich nur schwer eine Beziehung zwischen der Zahl der Raubtiere und der Zahl der Beutetiere herstellen, und eine Quantifizierung des Raubtiereinflusses ist nur unter günstigen Voraussetzungen möglich.

Die **Verluste durch Raubsäuger** können selbst bei großen Herbivoren erheblich sein. Die Kaffernbüffel des Manyara-Nationalparks (Ostafrika) werden zu ca. 90% Beute von Raubtieren, wobei der größte Teil den Löwen zum Opfer fällt. Die Höhe der Verluste hängt von Alter und Geschlecht ab; das geringste Risiko tragen die Tiere in den Herden, die aus Kühen, Kälbern und subadulten Bullen bestehen, während die adulten

Bullen Einzelgänger und daher besonders gefährdet sind. Auch die Struktur der Landschaft, z. B. die Deckungsmöglichkeiten für Löwen, beeinflußt den Erfolg der Räuber. Neben diesen Verlusten können von Zeit zu Zeit Seuchen auftreten und gravierende Bestandseinbußen hervorrufen. Prins (1987) beobachtete den Ausbruch einer Milzbrandinfektion (*Bacillus anthracis*), welcher 90% der Impalas zum Opfer fielen, und das Auftreten der Rinderpest, die den Büffelbestand um ca. 20% reduzierte. Er vermutet, daß solche Seuchen sehr wichtige Faktoren der Bestandsregulierung sind. Für eine realistische Einschätzung der Bedeutung der Seuchen für die Huftierpopulationen fehlen allerdings ausreichende epidemiologische Erfahrungen.

In der offenen Landschaft der Savannen leben **zahlreiche Arten bodenlebender Vögel**, wie z. B. der Strauß und mehrere Arten von Trappen (Otidae), wobei in Afrika der laufende Raubvogel, der Sekretär, wohl der bekannteste ist. In Südamerika treten an ihre Stelle Nandus und die Seriemas aus der Verwandtschaft der Rallen. Im ganzen Savannengebiet der Alten Welt spielen – überall in abnehmender Zahl und gefährdet – Kraniche eine bedeutende Rolle, und auch Störche sind in großen Scharen vorhanden. Abdims-Störche wandern in breiter Front, dichtgedrängt, in drei oder mehr Reihen hintereinander gestaffelt, in Trupps von 50–200 Individuen durch das Grasland, und dort, wo sie vorübergezogen sind, findet man kein größeres Insekt mehr. Diese Störche sind weitgehend auf Heuschrecken als Nahrung angewiesen, die moderne Heuschreckenbekämpfung ist also gleichzeitig eine Storchbekämpfung.

An Insekten fallen vor allen Dingen die Heuschrecken auf, aber auch Käfer, Gottesanbeterinnen und Schmetterlinge sind häufig. Durch die Nähe von Waldinseln sind auch die Insekten des Waldes zahlreich. Termitenbauten von teilweise sehr beträchtlicher Größe sind überall verbreitet.

Daneben gibt es alles, was sich an terrestrischen Insekten überhaupt vorstellen läßt; die Akazien sind insektenbestäubt und beherbergen als Fabaceen eine Fülle von interessanten Bestäubern, dazu gibt es Nahrung genug für heranwachsende Insekten. Die vor allen Dingen aus Zentralamerika bekannte Koevolution von Ameisen und Akazien ist nicht so spektakulär, wenn auch mancherorts sehr charakteristisch. In Ostafrika gibt es den „Flötenbusch" (*Acacia drepanolobium*), eine buschartige Akazie mit kirschgroßen, gallenartigen Schwellungen des Sprosses and der Basis der Dornen; jede dieser Anschwellungen beherbergt extrem aggressive Ameisen, die diesen Strauch gegen Angriffe verschiedener Phytophagen verteidigen (Deshmukh 1986). Tatsächlich sind Ameisen wohl überall zu finden, gewöhnlich jedoch nicht in einer so auffallenden Vergesellschaftung.

Tropische und subtropische Savannen

Die sehr ausgedehnten Savannen- und Wüstengebiete Afrikas führen zu einer charakteristischen Situation der Luftbewegungen; es gibt kaum horizontale Luftbewegung, also normalen Wind, dagegen sehr ausgeprägte vertikale, aufwärtsgerichtete Luftströmungen. Diese beginnen infolge der Lufterwärmung durch die morgendliche Sonne normalerweise pünktlich zwischen 8 und 9 Uhr morgens, halten den ganzen Tag über an und brechen erst abends, wenn die Sonne verschwindet, wieder zusammen. Dies ist die Basis für den Bewegungsraum der zahlreichen, recht großen Segler unter den afrikanischen Vögeln – die Geierarten, die vielen Adlerartigen, die Störche und ihre Verwandten und andere mehr. Selbst Falken, Schwalben und Segler (Apodidae) lassen sich über sehr lange Zeit von den Aufwinden über der heißen Savanne tragen. Nirgendwo sonst gibt es eine derartige **Ballung von Großseglern**, die in ihrem Fliegen auf kontinuierliche und verläßliche Aufwinde angewiesen sind. Tatsächlich könnten die großen Geier ohne solche kontinuierlichen Aufwinde gar nicht existieren; ihr Fang für zoologische Gärten erfolgt daher normalerweise unmittelbar bei Sonnenaufgang, wenn die Tiere auf niedrigen Akazien rasten und nicht imstande sind, den Verfolgern zu entkommen. Auch der Vogelzug spielt sich bei Störchen und vielen Adlern als Kreisen in der Aufwindsäule bei langsamer Süd- bzw. Nordverschiebung ab. Man hat Afrika daher auch das Land der großen Segler genannt.

Unter allen Savannengebieten der Erde besitzt keines eine so reiche und spektakuläre Großsäugerfauna wie das afrikanische. Aus diesem Grund läßt sich die Bedeutung dieser Tiere, insbesondere der Pflanzenfresser, im Ökosystem in Afrika am besten beobachten. Cumming (1982) nennt 92 herbivore Arten der Großsäuger, darunter sind der afrikanische Elefant, die Nashörner, Flußpferde und die zahlreichen Paarhufer, unter denen die kleinsten, die Dikdiks nur 3–4 kg wiegen, wähend ein adulter Elefant es auf 2500 kg bringt. 31 dieser Arten gelten als typische Savannenbewohner (Owen-Smith 1982). Die **Herbivoren** sind unterschiedlich spezialisiert, und auch ihr Nahrungsbedarf ist je nach Körpergröße, dem Ausmaß der Nahrungsverdauung und Assimilation unterschiedlich. Man unterscheidet gewöhnlich die Selektierer, die hochwertige, leicht verdauliche Nahrung bevorzugen, wie Knospen, junge Triebe, Samen und Früchte, und die Rauhfutterfresser, die einen hohen Faseranteil tolerieren oder bevorzugen (Hofmann u. Stewart 1972). In den Savannen sind mittelgroße bis große Huftiere vom Ernährungstyp der Rauhfutterfresser dominant, in 16 von 24 Gebieten Afrikas sind das Elefant, Flußpferd, Büffel, Zebra oder Gnu. Diese Arten sind es auch, die die Struktur der Savannen am stärksten beeinflussen. Über die großflächige Auswirkung des Fraßes kleinerer herbivorer Arten aus anderen Verwandtschaftskreisen, insbesondere der zahlreichen Nager, ist wenig bekannt. Die Biomasse der großen Herbivoren steigt mit der Höhe der Niederschläge, die Zahl der Arten nimmt dagegen ab. Die verschiedenen Arten nutzen und beeinflussen die Vegetation auf unterschiedliche Weise. Die kleinen Antilopen sind überwiegend Selektierer; Ducker und Dikdik suchen die frischen Triebe und jungen Blätter heraus. Gnus bevorzugen junge Gräser, Büffel und Elefanten reife Blätter der Gräser. Generell besteht die Tendenz, daß große Arten mehr Zeit zur Nahrungsaufnahme benötigen und größere Home Ranges haben als kleine: So soll das Dikdik ca. 31%, der Elefant aber 75% des 24-Stunden-Tages für den Nahrungserwerb verwenden. Bei einem Selektierer wie der Giraffe, die Blätter und Triebe der Bäume, besonders von Akazien verzehrt, kann der Aufwand für das Aufsuchen geeigneter Stellen erheblich werden. Weiterhin unterscheiden sich die Arten in ihrer Hitzetoleranz und in ihrem Trinkwasserbedarf. Daraus entstehen vor allem in der Trockenzeit verschiedene räumliche und tageszeitliche Verteilungs- und Aktivitätsmuster. Das saisonal wechselnde räumliche Angebot von Nahrung und Wasser führt bei manchen Arten zu weiten Wanderungen, häufig auf traditionellen Wegen, wie bei den Gnus, Gazellen, Elenantilopen und anderen (Owen-Smith 1982).

Eine genauere Analyse des jahreszeitlichen Wechsels des **Nahrungsspektrums des Kaffernbüffels** (*Syncerus caffer*) anhand von Kotanalysen ließ eine differenzierte Pflanzenauswahl sichtbar werden. Bevorzugt werden zwar Gräser mit hohem Proteingehalt, jedoch ergibt sich je nach Saison eine unterschiedliche Mischung verschiedener Pflanzenarten. In der Trockenzeit wird *Cyperus laevigatus* zur vorherrschenden Nahrung; diese Art stellt ihr Wachstum nicht ein, besitzt allerdings nur einen geringen Proteingehalt. Insgesamt wird die Tendenz erkennbar, eine für den Protein- und Energiebedarf ausgewogene Nahrung aus verschiedenen Pflanzenarten oder -teilen auszuwählen. Trotzdem erreicht die Qualität der Nahrung gegen Ende der Trockenzeit nur noch gerade das für das Überleben notwendige Minimum. Der Zugang zur Nahrung wird für die einzelnen Tiere durch ihren sozialen Status mitbestimmt. Besonders die Konstitution der Individuen mit niedrigem Rang verschlechtert sich in Phasen mit begrenzten Ressourcenangebot. Gleichzeitig werden diese stärker als Tiere hohen sozialen Ranges von Parasiten befallen und dadurch zusätzlich geschwächt, so daß letzlich auch ihre Mortalität besonders hoch ist (Prins 1987).

Tropische und subtropische Savannen

Beweidung

Die Beweidung wirkt sich nachhaltig auf die Vegetation aus, insbesondere bei den stark genutzten produktiven Flächen. In der Serengeti fressen die großen Herbivoren ca. 40% der jährlichen Produktion der Gräser. Besonders auffällig sind die Folgen der Beweidung durch Elefanten, die regelmäßig Bäume fällen oder teilweise zerbrechen; es werden Anteile von 0,4–12% zerstörter Bäume pro Jahr angegeben. In manchen Fällen kann dieser Verlust durch Regeneration der Bäume ausgeglichen werden. Möglicherweise wird der Bestand und der Einfluß des Elefanten bereits seit dem Pleistozän durch den Menschen reguliert (Cumming 1982, Laws 1970). Überweidung durch Flußpferde kommt vorwiegend im Bereich von wenigen Kilometern längs geeigneter Flüsse vor. Flußpferde sind in der Lage, auch noch kurzes Gras zu fressen und hinterlassen die Vegetationsstruktur eines kurz geschorenen Rasens, während Büffel nur vorher unbeweidete, relativ hochgrasige Bereiche auswählen und damit eine Beweidungssukzession eröffnen: Es folgen kleinere Huftiere nach, in der Serengeti zunächst die relativ häufige Thomson-Gazelle. Bei mäßiger Beweidung bildet sich eine verhältnismäßig stabile Vegetation aus. Ihre Mosaik-Struktur entsteht – und wird erhalten – unter dem Einfluß von Feuer und Beweidung (Deshmukh 1986, Owen-Smith 1989).

Es gibt mancherlei indirekte Auswirkungen der Weidetiere auf die Struktur und Trophie der Savannen: So sind die Flußpferdpfade häufig Ausgangspunkt verstärkter Erosion. Die flächenhafte Beeinträchtigung entsteht durch die Störung des Bodenwasserhaushaltes als Folge der Zerstörung der Vegetationsdecke und der Verdichtung der Bodenoberfläche. Der größte Teil des Niederschlages dringt in ariden Gebieten über die Porosität längs der Wurzeln in den Boden ein. Fehlt diese Möglichkeit, fließt ein großer Teil oberflächlich ab.

Durch Kot können lokal merkliche Eutrophierungseffekte auftreten, beispielsweise in der Nähe von Wasserstellen. Andererseits verringert die Zerstörung von Akazienbeständen durch Elefanten das Stickstoffangebot im Boden, weil die symbiontische Stickstoffbindung damit wegfällt. Das zieht einen Wechsel von freßbaren zu nicht freßbaren Gräsern nach sich (Bate u. Heelas 1975).

Eine besondere Bedeutung haben die Weidegänger unter den großen Tieren natürlich für die **Verjüngung der Bäume**. Auf der einen Seite sind die Früchte der Akazien und anderer typischer Bäume der Savanne, z. B. *Combretum*-Arten (Combretaceae), für Tiere der Savanne eine sehr wichtige Nahrungsressource. Auf der anderen Seite werden die Samen dieser Arten durch Antilopen verbreitet. Eine Darmpassage erhöht ihre Keimungsfähigkeit (s. Abb. 2.19). Aufkommende Keimlinge und Jungpflanzen werden natürlich von den Weidegängern sehr frühzeitig abgeäst, und es gibt durchaus Gebiete, in denen ein Jungwuchs von Akazien kaum eine Chance hat. Das ändert sich im Schutz von anderen Pflanzen, die von herbivoren Großsäugern gemieden werden. Hervorzuheben sind hier vor allen Dingen große *Euphorbia*-Individuen, die fast Baumgröße erreichen können (daher der südafrikanische Name Naboom, der „beinahe ein Baum" bedeutet). Im Schutze solcher gemiedener Pflanzen kommen auch regelmäßig Jungpflanzen von Bäumen auf, die man sonst vergeblich sucht.

Das Resultat ist das jedem Afrika-Reisenden vertraute Bild: In der Savanne sieht man nur ungefähr gleich große, erwachsene Bäume, aber außerhalb der schützenden Gebüsche keinen Jungwuchs. Doch selbst in buschigem Gelände finden sich Spezialisten. So leben die Giraffengazellen (Gerenuk, *Litocranius walleri*) bevorzugt in solchen Dickungen und fressen vor allem Knospen und junge Triebe von Büschen und niedrigen Bäumen. Das für diese Art charakteristische Aufrichten auf den Hinterbeinen ermöglicht es ihnen, die Nahrung bis in über 2 m Höhe zu erreichen.

Überall in Savannengebieten, Halbwüsten und Wüsten spielen große **Heuschrecken** eine hervorragende Rolle. Bekannt sind Wanderheuschrecken, die in verschiedenen Arten in all diesen Gebieten vorkommen und normalerweise zerstreute Dauerbrutplätze haben, wo sie in relativ geringen Populationsdichten leben. Diese Dauerbrutplätze finden sich beispielsweise in Schilfgebieten der Sümpfe oder auch in Trockensavannen und Halbwüsten, wie bei der in Afrika weit verbreiteten *Locustana pardalina*. Dort lebt die Solitaria-Form in der Nama Karoo, einem Gebiet mit 100–200 mm mittlerem Jahresniederschlag, dessen Vegetation aus Trockengrasfluren besteht, in die schüttere Bestände niedriger Gebüsche eingestreut sind. Bei hoher Populationsdichte entsteht in der nachfolgenden Generation – wie bei allen Arten der Wanderheuschrecken – die größere, bunte Gregaria-Form, deren Larven bereits hüpfend mit der Wanderung beginnen, die sich bei den Adulten durch riesige Schwarmflüge fortsetzt. Es können mehrere wandernde Generationen aufeinanderfolgen. Diese Heuschreckenschwärme können sich über große Entfernungen ausbreiten und schädigen die Vegetation meist durch Kahlfraß. Sie fallen vorwiegend in den fruchtbareren, feuchteren Gebieten ein, die heute überwiegend landwirtschaftlich genutzt werden. Die Adulten legen ca. 10 Tage nach der Imaginalhäutung Eier, die sie etwa 10 cm tief im Boden deponieren. Ist der Boden feucht, schlüpft die nächste Generation nach 11–15 Tagen aus dem Ei. Trockenheit verhindert diese Entwicklung, und die Eier können länger als drei Jahre überleben, bis der nächste große Regen die Weiterentwicklung ermöglicht. In Südwestafrika hat sich das Zeitintervall zwischen zwei aufeinanderfolgenden Massenvermehrungen seit der Jahrhundertwende von ca. 11 auf 2–3 Jahre verkürzt. Dies ist möglicherweise eine Folge der Bekämpfung mit Insektiziden, die gleichzeitig die Siedlungsdichte natürlicher Predatoren verringert (Hockey 1988). Manche afrikanischen Heuschreckenzüge ziehen von Uganda über Ägypten bis auf die arabische Halbinsel.

In den Savannen der Tropen leben viele Vögel weitgehend von Heuschrecken, so in Afrika der Abdims-Storch oder unser Weißstorch. Auch Bienenfresser, Kranichgeier oder Sekretär und viele Falken (Rotfußfalke) sind vorwiegend Heuschreckenfresser (s. auch Kap. 2.5).

Savannen außerhalb Afrikas

Die Savannen anderer Kontinente unterscheiden sich von jenen Afrikas vorwiegend durch den geringeren Beweidungsdruck durch die großen Säuger. In **Australien** sind es für die gleichen ökologischen Nischen 9 Arten Känguruhs. In Südamerika sind es 8 Huftierarten: das Guanako, 2 Hirsch- und 2 Pekari-Arten, sowie drei relativ kleine Arten, von denen die beiden Mazamas etwa die Stelle der afrikanischen Ducker übernehmen. Lediglich in den Baumsavannen Asiens findet sich eine ähnliche faunistische Vielfalt wie in Afrika mit ca. 14 Huftierarten (Owen-Smith 1982). Die heutige Armut an Säugern in Südamerika ist nach geologischem Maßstab relativ jung. Während des Tertiärs war die Huftierfauna ähnlich divers wie die afrikanische (Keast 1972). Möglicherweise liegt die Ursache für diesen Rückgang in Klimaschwankungen des Tertiärs, die in Südamerika starke Veränderungen der semiariden Vegetationsareale nach sich zogen (Vuilleumier 1971, vgl. S. 44f.).

In **Südamerika** werden die savannenartigen Vegetationsformen als „Caatinga", „Cerrado" und „Chaco" bezeichnet. Die Niederschlagshöhe liegt in diesem Gebiet zwischen 1200 und 300 mm. In den niederschlagreichen, parkartig strukturierten Gebieten des östlichen Chaco ist Waldfreiheit meist edaphisch bedingt: Ungünstige Bodenstruktur, periodische Überschwemmungen und Salz- bzw. Karbonatanreicherungen sind die wichtigsten Ursachen. Die Waldinseln sind hier halbimmergrün, xeromorphe Formen selten.

Geringere Niederschläge und längere Trockenzeiten führen wie in Afrika zur Dominanz laubabwerfender Bäume. So herrschen in der „Caatinga" mittelgroße und niedrige Dornbüsche vor, im Unterwuchs sind es

Sukkulenten – vor allem Kakteen – und terrestrische Bromeliaceen und Gräser. Ein charakteristisches Element sind neben baumförmigen Kakteen die wasserspeichernden Flaschenbäume. Für die Tierwelt der südamerikanischen Savannen ist der Mangel an endemischen Wirbeltieren typisch; er ist ein Hinweis auf die diskontinuierliche Entwicklungsgeschichte dieses Raumes. Da große Weidetiere als Herbivore zurücktreten, nehmen – neben Blattschneiderameisen und einigen anderen Wirbellosen – Nagetiere ihre Funktion ein. Überweidung, wie durch afrikanische Huftiere, gibt es kaum, und eine großflächige Auswirkung auf die Verteilung von Offenland und Wald scheint zu fehlen. Indirekt wird jedoch die **Wirkung des Feuers** erkennbar: Unter dem Einfluß intensiver Rinderbeweidung in den Trockengebieten fehlt es in der Trockenzeit an verdorrter Bodenvegetation, so daß die Feuer keine Nahrung finden. Infolgedessen breitet sich xeromorphes, dorniges Gestrüpp aus, das vordem zurückgedrängt wurde (Bucher 1982).

In den meisten Savannen außerhalb Afrikas ist die ursprüngliche Struktur der Biome durch landwirtschaftliche Nutzung erheblich verändert worden. In Australien wird dies vorwiegend durch die Weidenutzung vor allem mit Schafen, aber auch durch eingeführte europäische Wildtiere verursacht. In Südamerika wird das Gebiet der Savanne weitestgehend von Rinderfarmen eingenommen.

2.5 Tropische und subtropische Wüsten

Wüsten entstehen in ariden Klimaten, also dort, wo die Verdunstung die Niederschläge übersteigt. Dabei muß jedoch die jahreszeitliche Verteilung der **Aridität** berücksichtigt werden, denn es gibt kaum ein Gebiet der Erde, wo nicht wenigstens kurze humide Abschnitte auftreten. Klimadiagramme auf der Basis langjähriger Monatsmittel, wie sie von Walter u. Lieth (1960–1967) entwickelt wurden, ergeben ein anschauliches Bild der Verteilung humider und arider Jahreszeiten (s. Abb. 2.14). Die durch diese Diagramme suggerierte Gleichförmigkeit des klimatischen Jahresablaufs ist jedoch eher untypisch. Typische Wüsten sind gerade durch von Jahr zu Jahr schwankende Niederschläge und deren episodisches, unvorhersehbares Auftreten gekennzeichnet (Walter 1973). So fand man aufgrund statistischer Erhebungen im ariden Südwestafrika einen ca. 18-jährigen Zyklus hoher Jahresniederschläge (Lovegrove 1993). Zudem fallen diese Niederschläge häufig als Starkregen, was ihre Rückhaltung und Nutzung erschwert und die Struktureigenschaften des Bodens – und die

dadurch bedingte Geschwindigkeit der Wasseraufnahme und die Speicherkapazität – zu entscheidenden Komponenten des Systems werden läßt. Das unzureichende Niederschlagsangebot kann unterschiedliche **klimatische Ursachen** haben:
- Die fast permanente Ausbildung kräftiger Hochdruckgebiete in subtropischen Gebieten,
- die Lage im Lee hoher Gebirge,
- die Lage inmitten großer Kontinentalmassen, wie die innerasiatischen Wüsten, oder
- kalte Meeresströmungen, dadurch bedingte kühle Küstenwüsten, wie die Namib in Südwestafrika, die Atacama Südamerikas oder das kalifornische Trockengebiet.

In semiariden und ariden Gebieten geht die Savanne unmerklich in die Wüste über (Tabelle 2.5). Dieser Übergang ist recht kompliziert; der Niederschlag kann noch vergleichsweise hoch sein, wenn der Boden ein sehr rasches Durchsickern erlaubt, entwickelt sich ebenfalls eine Wüste. Grenzgebiete werden manchmal diesem, manchmal jenem Lebensraum zugerechnet, so etwa die Kalahari im Grenzgebiet zwischen Südafrika und Botswana (Abb. 2.24). Hinzu kommt, daß in Jahren mit sehr ergiebigen Regenfällen auch die Wüste von einer wirklich dichten Pflanzendecke bedeckt sein kann. Schließlich können auch Säugetiere eine Savanne

Tabelle 2.5. Tropische Wüsten

Bäume:	fehlen weitgehend
Primärproduktion:	0–200 g/m^2 im Jahr (in ariden Bereichen, vgl. Tabelle 2.7)
	die Pflanzen weisen großenteils den C_4- oder CAM-Weg der Photosynthese auf
Bestäubung:	durch Tiere oder Wind
Samenverbreitung:	durch Tiere, Wind oder Autochorie
Primärkonsumenten:	Wirbeltiere und Wirbellose; pflanzenfressende Säugetiere (z. B. Gazellen) sind selten, spielen aber eine deutliche Rolle
Nahrungsquellen:	eine wichtige Nahrungsquelle stellt das aus feuchteren Gebieten eingewehte tote Material dar
Remineralisation:	vor allem durch Ameisen und Termiten im Zusammenwirken mit Bakterien und Pilzen
Niederschlag:	in ariden Bereichen durchweg unter 200 mm/Jahr
Jahresmitteltemperatur:	20–30°C (hohe tagesperiodische Schwankungen)
Jahreszeiten:	kommen nur dort vor, wo regelmäßig kurze Regenzeiten auftreten

Wälder und waldfreie Ökosysteme der Tropen und Subtropen

Abb. 2.24. Dauerfeuchter Flußarm in einer Halbwüste (Okawango-Ausläufer an der Kalahari)

leicht in eine Wüste verwandeln, indem sie zunächst das oberirdische Blattwerk, dann die nachkommenden Schößlinge komplett auffressen und schließlich die Wurzeln im Boden freilegen und auch diese fressen. Das ist im Übergangsgebiet zwischen der Sahelzone und der Sahara der Fall. In Afrika südlich des Äquators hat die **Überweidung** bisher nicht so grausame Ausmaße angenommen, hier sind vergleichsweise große Gebiete des Übergangs zwischen Savanne und Wüste noch erhalten.

Auch das Alter solcher Gebiete spielt eine wesentliche Rolle. Haben sich im Lauf der Evolution Anpassungen an ein Wüstenklima entwickeln können, oder ist die Wüste so jung, daß diese Anpassungen vergleichsweise unauffällig sind? Bei sehr alten Wüsten sind Pflanzenwuchs und Tierleben auch bei Niederschlagsmengen noch möglich, die in jungen Wüsten zu einem toten Lebensraum führen. Sehr **alte Wüsten** mit hoch angepaßten Formen finden sich in der Namib, im Inneren von Australien und im Inneren des Südens der USA. Bei diesem letzten Beispiel wird deutlich, daß nicht scharf nach Wüsten in tropischer und gemäßigter Zone getrennt werden kann; Fauna und Flora verändern sich kontinuierlich entlang des Temperaturgradienten.

Tropische und subtropische Wüsten

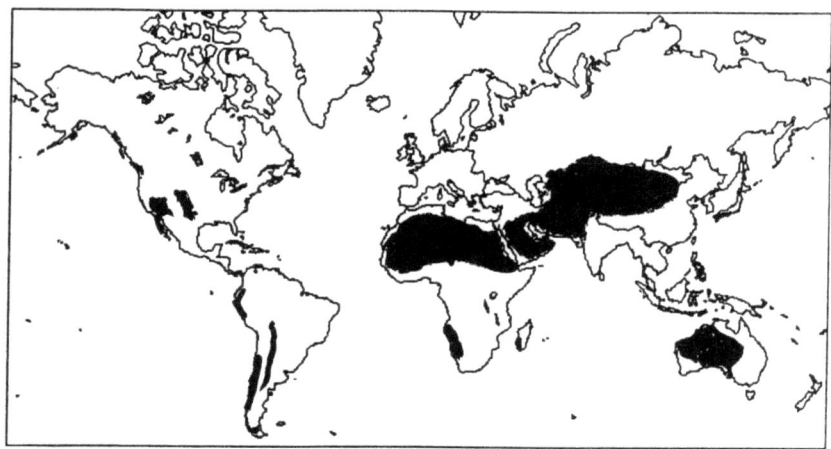

Abb. 2.25. Die Verbreitung der Wüsten

Die Wüsten der Vereinigten Staaten erstrecken sich von den subtropischen bis in die winterkalten kontinentalen Zonen (Abb. 2.25).

Die Namib-Wüste

Betrachten wir als typisches Beispiel einer alten Wüste die Namib in Südwestafrika, die im Süden aus Sanddünen besteht und im Norden aus harten Kiesflächen, die relativ gut mit dem Auto zu befahren sind (Abb. 2.26). Die Trennlinie, die auf Satellitenphotos sehr scharf hervortritt, ist die **Flußoase des Kuiseb**, der im allgemeinen jährlich einmal bis zum Atlantik hin fließt und der bei diesem Fließen den Sand ins Meer hinausspült, der vom südlichen Sanddünengebiet nach Norden gewandert ist (Abb. 2.27). Auf diese Weise wird der einzige natürliche Hafen (Walvis Bay) in Südwestafrika vor den Wanderdünen der Namib geschützt. Der immer wiederkehrende Gedanke, das Wasser des Kuiseb in dem wasserarmen Hochland von Namibia zurückzuhalten, müßte mit dem Verlust des einzigen Naturhafens bezahlt werden. Am Kuiseb liegt die berühmte ökologische Station von Gobabeb mitten in der Wüste, noch etwa 80 km von Walvis Bay und über 100 km von Swakopmund entfernt.

Aus dem Hochgebirge im östlichen Namibia, wo auch die Hauptstadt Windhuk liegt und wo die Regenfälle stärker sind, kommen Flüsse durch die Namib, die in den Atlantik entwässern, vor allen Dingen der er-

Abb. 2.26. Sanddünen in der Namib bei Gobabeb (die Punkte im Vordergrund sind Strauße)

wähnte Kuiseb und der Swakop. Diese Flüsse führen nur wenige Tage im Jahr oder gar im Laufe mehrerer Jahre offenes Wasser. In ihren Tälern liegt oberflächennahes Grundwasser, entlang der Flußläufe zieht sich ein Galeriewald aus Akazien und anderen Bäumen bis an die Küste. Diese Galeriewälder, in denen heute nur noch sehr selten einmal eine Hyäne oder ein Leopard angetroffen wird, waren früher die Lebensadern und die Leitwege von Pflanzen und Tieren der Savanne in die Wüste hinein. In diesen Galeriewäldern leben viele Savannenarten. Heute – und das ist ein in keiner Weise geklärtes physiologisches Phänomen – leben in der Namib noch immer Elefanten und Nashörner, dazu Löwen und Gazellen. Bemerkenswert aber sind gerade die Elefanten und Nashörner, die nach den publizierten physiologischen Daten über den täglichen Trinkwasserbedarf hier gar nicht leben könnten.

Anpassung an den Wassermangel

In der westlichen Namib wird wie in allen kühlen Küstenwüsten das **Wasserangebot des Regens durch Nebel ergänzt**, der vom Meer mit kühlen Winden landeinwärts wandert. Dieser Nebel bildet sich über dem kal-

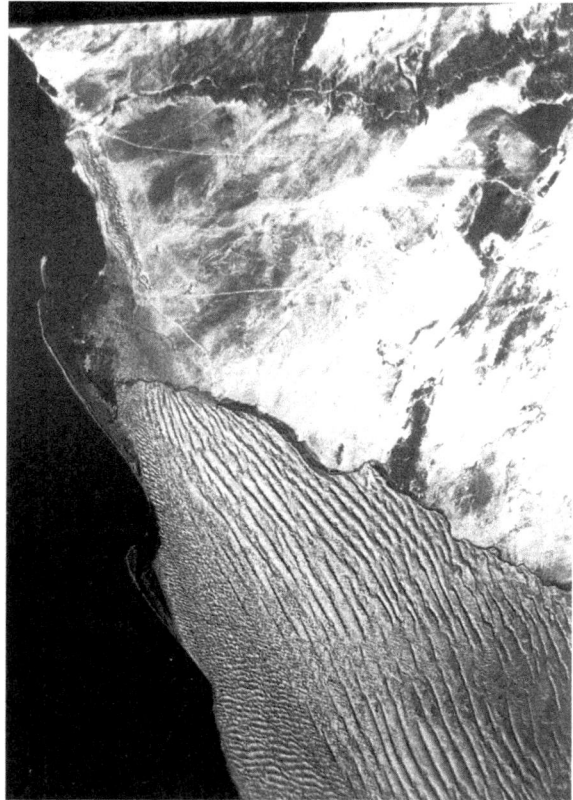

Abb. 2.27. Die Satellitenaufnahme zeigt deutlich zwei verschiedene Wüstentypen (Namib). *Unten*: Sanddünen, scharf begrenzt durch den Kuiseb, der nur gelegentlich Wasser führt und bei Walvis Bay in den Atlantik mündet. Nördlich davon eine nahezu ebene harte Kiesfläche, durch die der Swakop-Fluß, der auch nur zeitweise fließt, ein grünes Band bis zur Mündung bei Swakopmund schafft. Weiter nördlich davon beginnen wieder Dünen wie im Süden. Das ebene Kiesgebiet ist die Heimat der *Welwitschia*

ten, aufsteigenden Tiefenwasser des Benguela-Stroms. Hinzu kommt der Tau, der aufgrund der starken nächtlichen Abkühlung entsteht. Flora und Fauna sind in unterschiedlicher Weise an die Ausnutzung dieser verschiedenen Wasserquellen angepaßt. Zahlreiche Flechten und im Schutz durchscheinender Steine wachsende Luftalgen betreiben nur in den frühen Morgenstunden nach der nächtlichen Wasseraufnahme Photosynthese. Bei den höheren Pflanzen wurde Wasseraufnahme über Sproß und

Blätter für die sukkulente strauchartige Dünenpflanze *Trianthema hereroensis* (Aizoaceae) nachgewiesen, dürfte aber weiter verbreitet sein. In der Atacama Südamerikas können beispielsweise die mit Saugschuppen ausgestatteten Bromeliaceen die Nebelfeuchtigkeit direkt nutzen.

Unter den wirbellosen Tieren sind einige Fälle von **Nebelnutzung** bekannt, bei denen exponierte Oberflächen zur Tröpfchenkondensation gebraucht werden. Einige Käfer aus der Familie der Tenebrionidae – Gattung *Onymacris* – stellen sich mit erhobenem Hinterkörper gegen den Wind und trinken das an der Körperoberfläche kondensierte und zum Kopf fließende Wasser. Andere Arten saugen die kapillar zwischen den Sandkörnern angesammelte Flüssigkeit auf. Niederschlagswasser kann durch Pflanzen mit Hilfe eines oberflächennahen Wurzelnetzes rasch aufgenommen werden. Manche Pflanzenarten nutzen das tiefer liegende Wasser durch Ausbildung von Pfahlwurzeln.

Verdunstungsschutz und Wasserspeicherung können bei Tieren und Pflanzen in vielfältiger Form entwickelt sein, z. B. durch die Ausbildung einer weitgehend wasserundurchlässigen Kutikula bei Pflanzen und Arthropoden. Die günstigsten Werte mit ca. 0,02 mg/cm^2 transkuticulärem Wasserverlust in der Stunde werden bei Scorpionen gemessen (Louw u. Seely 1982). Das anschaulichste Beispiel für Wasserspeicherung stellen die sukkulenten Pflanzen dar, in der Namib z. B. durch Euphorbiaceae, Crassulaceae und Aizoaceae vertreten.

Wasserspeichernde und auch photosynthetisch aktive Organe können zum Schutz unter die Bodenoberfläche eingesenkt werden, wie dies bei manchen „lebenden Steinen" z. B. der Gattungen *Lithops* und *Fenestraria* geschieht. Bei den Pflanzen der Gattung *Fenestraria* befinden sich nur die mit Fenstern versehenen Blattspitzen über der Bodenoberfläche. Das photosynthetisch aktive Gewebe liegt in der Tiefe unter den Fenstern. Sukkulente Pflanzen besitzen zusätzlich mit dem **Crassulaceen-Typ (CAM-Typ) der Photosynthese** eine physiologische Anpassung.

Bei Pflanzen dieses Typs wird die Verdunstung besonders wirksam verringert, weil die Spaltöffnungen nur bei Nacht geöffnet sind. Um trotzdem über genügend CO_2 für die Photosyntheseprozesse am Tage verfügen zu können, wird dieses Gas in der Nacht an C_3-Säuren (Malat oder Aspartat) gebunden, auf diese Weise „gespeichert" und am Tage aus diesen Verbindungen wieder freigesetzt. Der CAM-Mechanismus der Photosynthese ist typisch für Pflanzenarten arider Gebiete. Er kommt nicht nur bei den Crassulaceen sondern auch in einigen anderen Familien vor.

Auch Tiere nutzen gespeichertes Wasser, so z. B. Amphibien hypoosmotischen Urin. Die Eidechse *Aporosaura anchieteae* verbirgt sich eingegraben im Sand der Dünen, bis genügend Nebel kondensiert. Sie trinkt dann bis zu 12% ihres Körpergewichts. Das ionenarme Wasser wird in einem Darmdivertikel gespeichert und reicht für einige Wochen (Louw u. Seely 1982). Weitere Möglichkeiten, Wasserverluste zu vermeiden oder auszugleichen, ergeben sich für Tiere durch angepaßtes Verhalten, beispielsweise durch Beschränkung der aktiven Phasen auf die kühle Tageszeit oder durch effektive Nutzung des in der Nahrung enthaltenen Wassers.

Einige Säugetiere benötigen anscheinend dennoch freies, trinkbares Wasser, wie es in Tümpeln, Quellen oder auch als Grundwasser in trokkenen Flußbetten zur Verfügung steht. Die Oryx-Antilope gräbt in Trokkenbetten Gruben bis zum Wasserspiegel. Elefanten und Nashörner gehören ebenfalls zu dieser Gruppe; sie besitzen in der Regel Wasserstellen innerhalb ihrer Home Ranges.

Die regionale Differenzierung der Namib

Für die Ausbildung bestimmter **Vegetationsformen** sind neben der Niederschlagsmenge besonders die Substratverhältnisse, die Entfernung von der nebelspendenden Küste und die Höhe über dem Meeresspiegel maßgebend. In Küstennähe sind die mittleren Jahresniederschläge mit ca. 5 mm besonders niedrig. In den Dünen tauchen Pflanzen nur vereinzelt und unregelmäßig auf. Auf der kiesigen Fläche und an den Inselbergen wird die Vegetation reicher: Zwei niedrige nebelnutzende xeromorphe Gebüscharten (*Arthraerua leubnitziae, Zygophyllum stapffii*) und die endemische Gymnosperme *Welwitschia mirabilis*, die Wasser aus größerer Tiefe aufnimmt, sind hier typisch.

Welwitschia mirabilis kommt auf den Welwitschiaflächen bei Swakopmund vor, aber auch an anderen Stellen der nördlichen Namib (Abb. 2.28; Senger 1985). Sie hat nur zwei breite Blätter, die lebenslang nachwachsen und deren Vorderenden langsam durch Wind und Sand immer mehr abgearbeitet werden (Abb. 2.29). Man weiß nicht, wie alt solche Pflanzen in der Wüste werden können. Auch spekuliert man über die Bestäubung; die Pflanzen sind zweihäusig, und in dichtesten Beständen ist auf der kahlen Kiesfläche etwa alle 10 m eine Pflanze zu finden. An jeder *Welwitschia* leben spezifische Tiere, so z. B. eine brutpflegende Feuerwanze (Pyrrhocoridae), die sich hier offenbar vom Pflanzensaft ernährt (Abb. 2.30). Weiter findet man auf *Welwitschia* Raubwanzen (Reduviidae), die von der Pyrrhocoride leben. Die Pyrrhocoriden übertragen einen Pilz, der offenbar die Samen steril werden läßt. Aus diesem

Abb. 2.28. *Welwitschia* auf der Welwitschiaebene bei Swakopmund

Abb. 2.29. *Welwitschia mirabilis* aus der Namib. (Aus Seely 1987)

Beispiel wird deutlich, daß die Organismen der Namib sehr weit spezialisiert sind.

Etwa 40 km landeinwärts, bei einer mittleren Niederschlagshöhe von 15 mm, werden auch die Dünen bereits reicher besiedelt. Die tiefer gelegenen Flächen erscheinen kahl, außer wenn nach ergiebigem Regen – der etwa 20 mm erreichen muß – dieses Gebiet von einem dichten Rasen

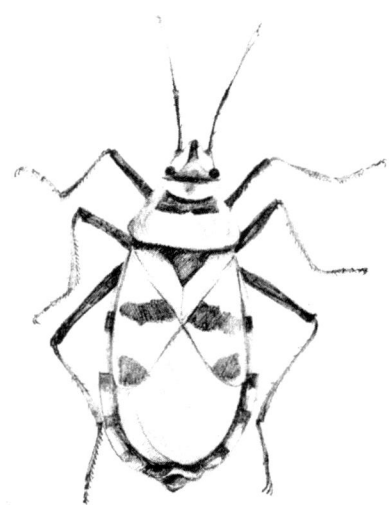

Abb. 2.30. Die Feuerwanze *Porbergrothus sexpunctatis* ist für ihre Ernährung auf *Welwitschia* angewiesen. (Aus Seely 1987)

aus Gräsern der Gattung *Stipagrostis* bedeckt wird. Arten dieser Gattung können in geringerer Dichte noch bei weniger als 10 mm Jahresniederschlag existieren. Ihr Wachstum wird jeweils durch einzelne Regenereignisse ausgelöst. Das Wurzelwerk von *Stipagrostis* dehnt sich horizontal bis zu mehreren Metern um die Mutterpflanze aus und kann das Feuchtigkeitsangebot optimal nutzen. Ähnliche Wurzelmatten sind auch charakteristisch für viele Sukkulenten. Die für diesen Wüstenlebensraum typischen episodischen, unvorhersehbaren Regengüsse sind auch für viele Konsumenten das Signal zur Aktivität. So bei den adulten Rüsselkäfern der Gattung *Leptostethus*, die spezifisch an *Stipagrostis* fressen (Louw u. Seely 1982). Mit diesem Gras ist auch ein Kleinschmetterling eng vergesellschaftet. Er legt sein Ei an eine Pflanze ab, worauf diese eine Galle bildet, in der sich die Raupe entwickelt und aus der dann der fertige Schmetterling schlüpft. Dieser legt sofort wieder ein Ei. Natürlich wird auch dieser spezialisierte Schmetterling wiederum von stark spezialisierten Hymenopteren parasitiert.

Während die Niederschlagshöhe mit der Entfernung von der Küste weiter steigt, nimmt die Nebelhäufigkeit ab, die Vielfalt und Dichte der Vegetation aber zu. Außerdem treten öfter Oasen in den Betten intermit-

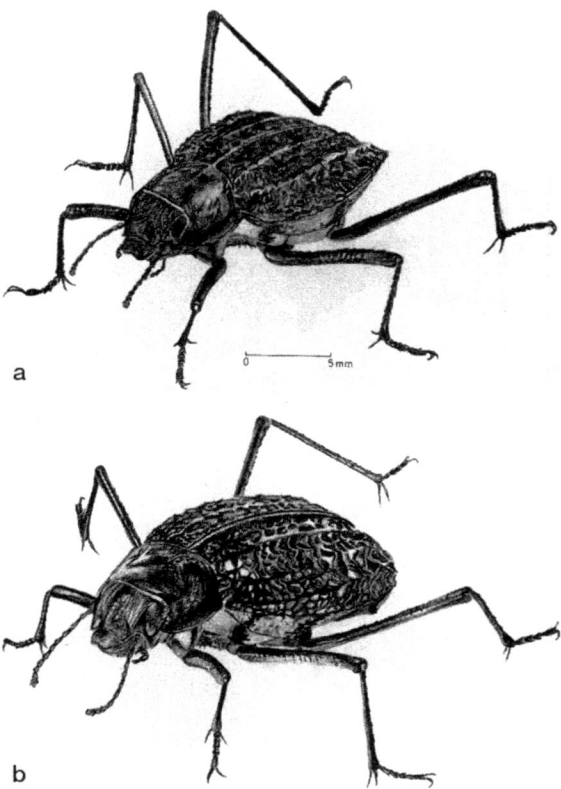

Abb. 2.31a, b. Käfer der Gattung *Onymacris* sind auffällige, walnußgroße Käfer aus der Familie der Tenebrioniden in der Namib. **a** Männchen, **b** Weibchen. Sie rennen sehr schnell über den Dünensand. (Aus Seely 1987)

tierend wasserführender Flüsse auf. Therophyten dominieren mit ca. 90% die Pflanzendecke der extrem ariden Gebiete im Westen, während in dem nach Süden anschließenden Gebiet der Karoo-Wüste mit höheren Niederschlägen sukkulente Pflanzen stärker hervortreten. In der östlicher gelegenen Nama-Karoo bestimmt ein schütterer Bewuchs mit niedrigem Gebüsch (Chamaephyten) und ausdauernden Gräsern das Bild. Überall aber erblüht die Wüste nach Regenfällen, wobei neben Therophyten, z. B. zahlreichen Asteraceen, auch Geophyten dichte Bestände bilden können (Lovegrove 1993).

Charakteristische Besiedler der Dünengebiete sind einige flugunfähige Tenebrioniden der Gattung *Onymacris*, deren Flügeldecken verwachsen sind. Sie erreichen etwa Walnußgröße und rennen schnell wie Mäuse über den Sand. Sie, und damit auch ihre Larven, sind so zahlreich, daß sich eine Fülle von räuberisch lebenden Tieren von ihnen ernähren kann (Abb. 2.31). Ihre im Sand grabenden Larven decken ihren Wasserbedarf durch Adsorption aus der Luftfeuchtigkeit, sobald diese 83% Sättigung überschreitet. Als extrem angepaßt sind weiterhin ein im Sand lebender Gekko und der Wüstengoldmull (*Eremetalpa granti*, Chrysochloridae) zu nennen. Der nur ca. 8 cm lange, blinde Wüstengoldmull „schwimmt" im lockeren Sand der Dünen und erbeutet dort seine Nahrung (Insekten, vorwiegend Termiten). Die ungünstigen Voraussetzungen für Homoiothermie für die kleinen Tiere in einem Klima mit hohen tagesperiodischen Temperaturschwankungen werden durch allnächtlichen Torpor – einen Starre-artigen Ruhezustand – ausgeglichen, bei dem die Körpertemperatur an die Umgebung angeglichen wird (Fielden et al. 1990). *Eremetalpa granti* gehört gemeinsam mit dem Strauß und der Oryxantilope zu den erfolgreichsten Besiedlern der Namib unter den Wirbeltieren (Abb. 2.32).

Ernährungsstrategien der Primärkonsumenten

Die Trockenheit der Wüsten schränkt für Phytophage den Zugang zur vorhandenen pflanzlichen Nahrung zusätzlich ein. Frische und proteinreiche Kost gibt es nur nach den seltenen Regenereignissen. Während der übrigen Zeit enthalten die abgetrockneten oberirdischen Teile krautiger Pflanzen – überwiegend Gräser – wenig Protein, dagegen einen hohen Anteil Zellulose, Lignin und andere schwer verdauliche und als Nahrung geringwertige Bestandteile. Zudem liegt ein großer Teil der trockenen freßbaren Biomasse als zerkleinerter Detritus vor, der mancherorts vom Wind zusammengeweht wird. Nur die Pflanzensamen, die Bäume und lebend überdauernde krautige Pflanzen stellen eine günstigere Nahrungsquelle dar, schützen sich jedoch häufig auf unterschiedliche Weise gegen Fraß.

Aufgrund der kurzen Zeitabschnitte mit ausreichender Bodenfeuchtigkeit spielen Mikroorganismen beim **Abbau des Bestandsabfalls** als Destruenten eine relativ geringe Rolle. Wichtigste Detritusfresser sind in der Namib Käfer aus der Familie der Tenebrionidae (Gattung *Onymacris*), Silberfischchen (Lepismatidae), Ameisen und Termiten (Abb. 2.33). Unter ihnen besitzen die beiden erstgenannten eigene Zellulasen, während die „Erntetermiten" (*Hodotermes mossambicus*, *Microhodotermes viator*) das trockene Material zerkleinern, in ihre Bauten eintragen und

Abb. 2.32. In dem lockeren Dünensand der Namib sind oft die Spuren des knapp unter der Oberfläche wühlenden Goldmulls (Chrysochloridae *Eremetalpa*) zu sehen

letztlich mit Hilfe darmbewohnender symbiotischer Mikroorganismen verdauen. Diese Erntetermiten bauen keine auffallenden oberirdischen Bauten wie manche der in den Savannen verbreiteten Arten und bedienen sich zum Aufschluß ihrer Nahrung auch nicht der Pilzkultur. Von den Ameisen – darunter Ernteameisen der Gattung *Messor* – werden neben allerlei Resten von Insekten und Pflanzen vorwiegend Samen eingetragen (Abb. 2.34).

Ameisen und Termiten legen unterirdische Nahrungsspeicher an, die es ihnen ermöglichen, besonders ungünstige Zeiten zu überdauern. Unter den Nagern sind die Mulle der Namib (Bathyergidae) bekannt für ih-

Tropische und subtropische Wüsten

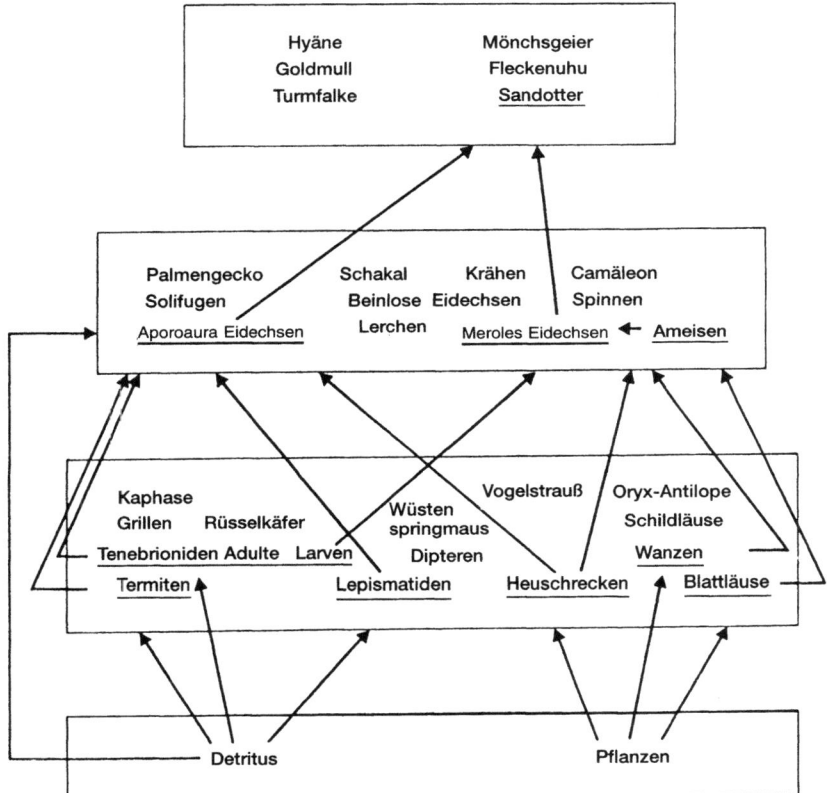

Abb. 2.33. Ein sehr vereinfachtes Nahrungsnetz für die Namib-Wüste. Man erkennt leicht die große Bedeutung des pflanzlichen Detritus im Boden, von dem viele Tiere ihre Nahrung beziehen. (Aus Louw u. Seely 1982)

re umfangreichen Proviantlager aus Rhizomen und Knollen. Für **die überwiegend unterirdisch lebenden Mulle** (vgl. Kap. 2.4) ist die spezifische Nahrung zwar ganzjährig vorhanden, jedoch ist es sehr schwierig, im ausgetrockneten, verfestigten Boden zu graben. Es ist für sie also aus energetischen Gründen vorteilhaft, während der Regenzeit Vorräte anzulegen (Lovegrove 1993, Seely 1987). Auch andere höhlenbauende Tiere arider Gebiete verfahren nach diesem Prinzip, wie die Wüstenasseln der Gattung *Hemilepistus*, die in den nordafrikanischen Halbwüsten und Wüsten verbreitet sind. Auch die Wüstenasseln können wie die Mulle ihre Höhlen nur nach Durchfeuchtung des Bodens anlegen. Sie haben unter

Vertikalschnitt

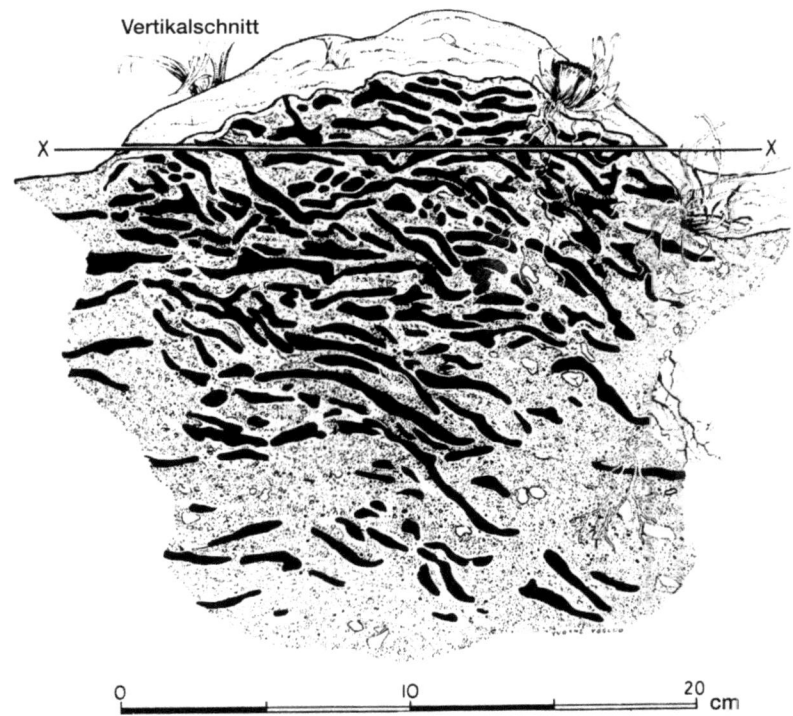

Abb. 2.34 Schnitt durch ein Nest von *Psammotermes allocerus*, einer Termitenart der Namib; x-x, Erdoberfläche, über die sich der Nesthügel heraushebt. (Aus Crawford 1981)

dem Einfluß der extremen Lebensbedingungen ein differenziertes Sozialverhalten entwickelt. Eine soziale Gruppe bewohnt eine Höhle, aus der die Tiere nachts bei höherer Luftfeuchtigkeit herauskommen und Nahrung suchen. Sie kennen ihre Heimat genau und kehren immer in die Heimathöhle zurück, und sie erkennen die Mitglieder des Sozialverbandes (Linsenmair 1979). Insekten und Spinnentiere sind durch die wassersparende Exkretion von Harnsäure präadaptiert für das Leben im ariden Klima. So sind sie auch mit zahlreichen Arten in der Fauna der Wüsten vertreten. Unter den Spinnentieren zeigen beispielsweise Skorpione und Walzenspinnen ihre reichste Entfaltung in trockenen, warmen Zonen.

Die auffälligsten Insekten der Wüsten sind die Heuschrecken, darunter auch Wanderheuschrecken. Die wichtigste **Wanderheuschrecke** Nordafrikas ist die Wüstenschrecke (*Schistocerca gregaria*), die über ein Gebiet von ca. 30 Millionen km^2 verbreitet ist, das im Osten bis nach Indien reicht. Die verheerenden Folgen der Massenwanderungen dieser Art für den Menschen wurden bereits im Altertum beschrieben. Während bei den Wanderungen das südliche Europa, weite Teile Vorderasiens sowie weite Regionen südlich der Sahel-Zone erreicht werden, beschränkt sich das Überdauerungsgebiet der Solitaria-Form auf die Wüstengebiete mit mittleren Jahresniederschlägen unter 200 mm, mancherorts sogar unter 100 mm. Diese Heuschreckenart erscheint nicht als auffallend angepaßt an die extrem aride Umwelt, sondern überlebt durch eine opportunistische Strategie. Die ca. 10 cm tief im Boden abgelegten Eier beispielsweise benötigen dort während ihrer Entwicklung ausreichend Feuchtigkeit, die meist nur dort zur Verfügung steht, wo der Boden nach Regenfällen in Senken Feuchtigkeit speichern konnte. Die Adulten brauchen wasserreiche Pflanzennahrung zur Fortpflanzung. Zwischen den Plagejahren nomadisieren die kleinen Populationen zwischen Gebieten mit ausreichenden saisonalen Niederschlägen und können selbst mehrjährige Trockenperioden in kleinen, zerstreut lebenden Populationen überdauern. Wenn ergiebige Regen fallen, die eine länger andauernde Vermehrung über ca. 2 Jahre oder länger ermöglichen, kommt es anschließend zu den Massenwanderungen (Popov et al. 1984)

In vielen Wüstengebieten der Alten Welt spielen beim Verarbeiten organischer Substanz **Schnecken** eine große Rolle. Ihre Gehäuse sind durchweg dickschalig, sehr hell gefärbt und reflektieren daher das heiße Sonnenlicht zu etwa 95%. Während der Trockenzeit verschwinden sie nicht im Boden, sondern klettern an trockenen Pflanzenstengeln empor und verschließen ihr Haus mit einem eintrocknenden Schleimdeckel. Der Weichkörper zieht sich zudem aus dem letzten Umlauf des Gehäuses zurück, so daß ein luftgefüllter, wärme-isolierender Raum entsteht. Die Körpertemperatur überstieg in gemessenen Beispielen 50°C nicht, Bedingungen, unter denen diese Schnecken über mehrere Jahre in Dormanz überdauern können. Die letale Temperatur liegt nahe 55°C (Schmidt-Nielsen et al. 1971). Über ihren Stoffwechsel weiß man noch sehr wenig.

Verhaltensanpassungen bei Huftieren und Vögeln

Für alle Wüsten der Alten Welt sind Huftiere typisch, darunter regelmäßig Gazellen und Antilopen, die wenig oder gar kein Trinkwasser aufnehmen, ein sehr helles Fell mit verwaschenen Konturen tragen und normalerweise in kleinen Gruppen – viel kleiner als die großen Herden der Savannenbewohner – leben. (Letzteres ist wohl eine Anpassung an die schlechte Nahrungsbasis). Über Wildkamele und ihre Lebensweise in tropischen Wüstengebieten wissen wir nichts. Das Dromedar ist als Wildkamel schon vor vielen Jahrhunderten ausgestorben oder wurde ausgerottet.

Die **Huftiere als große Herbivore** überleben in der Wüste durch Strategien, die neben physiologischen Mechanismen – der Regulierung des Wasser- und Wärmehaushalts sowie des Grundumsatzes – die Möglichkeit zu selektiver Nahrungsaufnahme und zu weitreichenden Wanderungen nutzen. In der Namib wandern Spitzmaulnashörner (*Diceros bicornis*) täglich weite Strecken und fressen von vielen Pflanzenarten unterschiedlicher Nahrungsqualität. Die Menge pro Pflanze oder Pflanzenbestand bleibt relativ gering. Die Namib-Elefanten fressen sehr viel „rücksichtsvoller" als ihre Artgenossen in der Savanne und hinterlassen geringe Schäden an den Pflanzen. In der Regenzeit legen sie täglich ca. 18 km, in trockenen Zeiten im Mittel 34 km zurück und suchen dabei Wasserstellen und Plätze mit geeigneter Nahrung auf (Viljoen et al. 1990 a,b).

Wanderungen zur Nahrung oder zu Wasserstellen gibt es in unterschiedlicher Ausprägung: Spießböcke (*Oryx gazella*) fressen an der Dünenvegetation in sehr niederschlagsarmen Gebieten, wandern aber bei lang anhaltender Trockenheit in das Bett des ausgetrockneten Kuiseb-Flusses. Von der Elenantilope (*Taurotragus oryx*) und dem Springbock (*Antidorcas marsupialis*) heißt es, sie folgten dem Regenbogen. Springböcke gab es zur Zeit der europäischen Besiedlung Südwestafrikas in unvorstellbar großen Wanderherden, wie Beschreibungen glaubwürdig belegen. Auf den Wanderrouten lagen auch benachbarte Savannen. Als Konkurrenten der Weidetiere wurden Springböcke vom Menschen gejagt. Das ließ die Herden in wenigen Jahrzehnten auf kleine Restbestände zusammenschmelzen. Das Streifengnu (*Connochaetes taurinus*) ist auf trinkbares, offenes Wasser angewiesen. Es wanderte ursprünglich periodisch in das Binnendelta des Okawango mit seinen weit ausgedehnten Sumpfgebieten, um der Trockenheit der Kalahari zu entkommen. Seit eine Staatsgrenze und Zäune den Weg versperren, reduzierte sich der Bestand massiv; im Bereich der Etoscha-Pfanne von ca. 25 000 im Jahr 1954 auf ca. 2500 im Jahre 1978 (Lovegrove 1993).

Flüge zu weit entfernten Wasserstellen legen täglich die Flughühner (Fam. Pteroclidae), meist in den frühen Morgenstunden, zurück. Dem Regen folgen manche Vögel. Innerhalb weniger Tage nach einem der seltenen Niederschlagsereignisse erscheinen in der südlichen Kalahari z. B. große Trupps von Abdimsstörchen (*Ciconia abdimii*). Sie fressen große Insekten, Frösche und Eidechsen, die ausgelöst durch den vorübergehenden Wasserreichtum ein aktives Leben beginnen. Mit ihnen kommen Flughühner (*Pterocles namaqua*, Pteroclidae) und einige Lerchenarten. An den wassergefüllten flachen Bodensenken stellen sich zahlreiche Flamingos (*Phoenicopterus ruber* und *minor*) zur Brut ein, in manchen Jahren an solchen ephemeren Gewässern innerhalb kurzer Zeit zu Tausenden. Brutauslösung durch Regen ist auch von anderen Vogelarten der Wüste, beispielsweise von der Lerche *Ammomanes grayi*, bekannt (Louw u. Seely 1982).

Andere Wüsten im Vergleich zur Namib

Wir haben in den alten Wüsten – wie in der Namib – Anpassungen und Koevolutionen, die denen des tropischen Regenwaldes kaum nachstehen. Diese prägen sich zum einen im hohen Anteil endemischer Taxa aus, zum anderen in der Diversität der Fauna und Flora. Unter den 89 Wirbeltierarten der Namib sind 28 endemisch, darunter 23 von 42 Reptilienarten, 3 Säugetierarten und 2 Vogelarten. Die benachbarte Karoo wird von 88 Wirbeltierarten bewohnt, unter denen sich 25 Endemiten befinden. Die relativ hohe Diversität in drei verschiedenen alten Wüsten demonstriert am Beispiel der Eidechsen die Tabelle 2.6. Die deutlich höhere Artenzahl in Australien entstand anscheinend, weil die Eidechsen dort die ökologischen Nischen besetzen, die anderenorts von Säugern, Schlangen und eventuell Arthropoden besetzt worden sind (Pianka 1986, Schall u. Pianka 1978).

Wie unter den extremen Lebensbedingungen der Wüste zu erwarten, hat es in der Evolution der Anpassungsmerkmale zahlreiche parallele oder **konvergente Entwicklungen** gegeben. Die entsprechenden Taxa sind ökologisch stellenäquivalent. Dabei ist es typisch für diese ariden Biome, daß gleichsinnige Reaktionen auf zentrale abiotische Faktoren besonders häufig sind. Das Beispiel der Sukkulenz bei Pflanzen verschiedener Verwandschaftsgruppen zeigt dies; ähnliche Gestalten finden sich z. B. bei Kakteen in Amerika und Euphorbien in Afrika. Auch unter den Wirbeltieren finden sich viele mit konvergent entstandener morphologischer, physiologischer und ethologischer Ähnlichkeit: Unter den Raubsäugern der Fennek (*Fennecus zerda*) der Sahara und der nordamerikanische Großohr-Kitfuchs (*Vulpes macrotis*), unter den känguruhartig springenden Nagern die Wüstenspringmaus (Gattung *Jaculus*, Fam. Dipodidae) und die Taschenspringer- oder Känguruhratte (Gattung *Dipodomys*, Fam. Heteromyidae) oder unter den Schlangen die Seitenwinder, in Nordamerika eine sehr giftige Klapperschlange (*Crotalus cerastes*, Crotalidae), in Südwestafrika die Zwergpuffotter (*Bitis peringueyi*, Viperidae). Die Fortbewegung zur Seite unter abgewandeltem Schlängeln dient dem relativ raschen Fortkommen auf der instabilen Oberfläche von Sanddünen.

Tabelle 2.6. Zahl sympatrischer Arten aus verschiedenen Eidechsenfamilien in Untersuchungsflächen in Wüsten dreier Kontinente; Gesamtartenzahl jeder Familie im Gesamtgebiet in Klammern. (Aus Pianka 1986)

Eidechsenfamilien	Nordamerika	Kalahari (Südl. Afrika)	Australien
Agamen (Agamidae)		1 (1)	2-8 (11)
Chamäleons (Chameleontidae)	1 (1)	1 (1)	
Geckos (Gekkonidae)	1 (1)		
Leguane (Iguanidae)	3-8 (9)		
echte Eidechsen (Lacertidae)		3-5 (7)	
Flossenfüße (Pygopodidae)			1-2 (3)
Skinke/Glattechsen (Scincidae)		3-5 (6)	6-18 (28)
Schienenechsen (Teiidae)	1 (1)		
Warane (Varanidae)			1-5 (5)
Nachtechsen (Xantusidae)	1 (1)		
Artenzahl	4-11 (13)	12-18 (22)	18-42 (61)

Die Sahara. Die Sahara ist zwar die größte Wüste der Erde – sie erreicht mit etwa 9 Millionen km^2 fast die Fläche Europas – ihr Areal erfuhr jedoch während des Pleistozäns aufgrund eines niederschlagsreicheren Klimas eine starke Einengung, so daß anders als in den alten Wüsten eine lange gleichförmige Evolution nicht möglich war. Das dürfte der Grund für den geringen Arten- und Endemitenbestand der Vegetation und der Fauna sein. Walter (1973) gibt 450 Arten höherer Pflanzen für die Zentralsahara an. Unter den Kleinsäugern gibt es beispielsweise nur 4 endemische Arten (Happold 1984). Das Jahresmittel der Niederschläge variiert regional zwischen ca. 450 und 20 mm. Bei weniger als 50 mm Niederschlag beschränkt sich die Vegetation auf feuchtere Mulden und Dünentäler, in extremen Fällen auf die Trockenbetten der Wadis. Weite Gebiete der südlichen Libyschen Wüste sind beispielsweise fast regenlos

Tabelle 2.7 Niederschläge und Primärproduktion in semi-ariden und ariden Bereichen der Sahara. (Nach Le Houérou 1979)

	Mittlerer Niederschlag (mm/Jahr)	Produktion (kg/ha)
Semi-arid	300–400	800–1000
	200–300	400–500
	100–200	200–400
Arid	50–100	100–200
	20–50	0–100 (extrem: 500)
	0–20	0

und über weite Strecken pflanzenlos (Tabelle 2.7). Die Gruppe der ausdauernden Sukkulenten, die formen- und individuenreich das Bild südafrikanischer und amerikanischer Wüsten bestimmen, fehlt der Sahara. Besonders stark sind dagegen die Therophyten vertreten. Hinzu kommen einige Geophyten. Ausdauernde Chamaephyten und Hemikryptophyten konzentrieren sich auf Stellen mit guter Grundwasserversorgung. Sie zeichnen sich durch vertikal und horizontal weit reichende Wurzelsysteme und vergleichsweise wenig mächtige oberirdische Teile aus. Ca. 22% der Fläche sind von Sanddünen bedeckt, eines der größten Sandgebiete der Erde mit Dünenhöhen über 300 m. Daneben gibt es weite Kiesgebiete und die zentralsaharischen Gebirgsmassive des Hoggar und Tibesti mit maximalen Höhen über 3000 m.

Die Fauna der Sahara trägt Züge intensiver Verarmung aufgrund des zunehmend ariden Klimas seit dem Ende der Eiszeit. Dokumentiert wird dies durch Felszeichnungen und andere Spuren früher menschlicher Besiedlung und durch **Reliktvorkommen** mancher Arten, wie des Flußpferds und des Krokodils. Lediglich die zentralsaharischen Gebirgsmassive beherbergen noch einige Arten, die auf ein relativ reiches Wasserangebot angewiesen sind, weil dort noch vereinzelt quellengespeiste Wasserstellen vorkommen. Dazu gehören als geschickte Felskletterer die Mähnenspringer (*Ammotragus lervia*). Die weitgehend wasserlosen Gebiete werden von Antilopen und Gazellen besiedelt, ihre Zahl ist jedoch durch Bejagung in den letzten Jahrzehnten erheblich zurückgegangen, nicht selten bis an die Grenze des Aussterbens. Dies gilt beispielsweise für die Mendesantilope (*Adax nasomaculatus*), deren Verbreitung sich auf die Sandgebiete der zentralen Sahara beschränkt. Ähnlich wie die Mendesantilopen können die Dorkas-Gazellen (*Gazella dorcas*) lange Zeit überleben, ohne zu trinken. Sie legen auf ihren Wanderungen weite

Strecken zurück, um geeignete Weideplätze zu finden und bewohnen alle Formen der Wüste (Newby 1984).

Typisch für den Norden der Sahara, wie für viele kontinentale, aride Gebiete, sind **Salzstellen oder Salzpfannen**. Sie entstehen meist in Mulden, wo sich das abfließende Regenwasser oder auch artesisches Quellwasser sammelt und verdunstet. Je nach Salzgehalt und Feuchtigkeit bildet sich dort eine Halophytenvegetation unterschiedlicher Zusammensetzung aus. Die Salzpflanzen werden von Sandratten (*Psammomys obessus*, Cricetidae) gefressen. Während die übrigen Kleinsäuger der Wüste alle Anpassungen zeigen, die helfen, Wasserverluste zu vermeiden, unterliegen die Sandratten dieser Beschränkung nicht, weil ihre Nahrung genügend Wasser enthält. Der hohe Salzgehalt des aufgenommenen Wassers wird durch Abgabe eines hoch konzentrierten Urins ausgeglichen. Sein Salzgehalt erreicht die vierfache Meerwasserkonzentration und damit einen extrem hohen Wert. Die Sandratten nutzen damit eine physiologische Anpassung, die im Sinne effektiver Wassernutzung bei Säugern und Amphibien extrem arider Gebiete verbreitet ist. Diese Fähigkeit, verbunden mit relativ hoher Toleranz gegen Wasserverlust, mit der Gewinnung von gespeichertem Wasser und von Stoffwechselwasser aus pflanzlicher Nahrung, mit Rückzug in Höhlen am Tage, Anlage von Nahrungsdepots und dämmerungsaktive oder nachtaktive Lebensweise charakterisiert auch viele andere Nagetiere der Sahara und benachbarter Gebiete. Typische Beispiele finden wir unter den Rennmäusen (Fam. Gerbillidae), die sich darüber hinaus dem klimatischen Geschehen eingliedern, indem die Reproduktion an die Regenzeiten gebunden ist (Happold 1984, Schmidt-Nielsen 1964).

In Wüstengebieten mit tonigen wasserundurchlässigen Böden fließt das Regenwasser fast vollständig oberflächlich ab, so z. B. in Teilen des **Negev in Israel**, wo Lößboden verbreitet ist. Bei einem plötzlichen Gewitterregen bildet sich dort durch Quellung der Bodenpartikel eine nahezu undurchlässige Schicht, und in dem hügeligen Gelände strömt daher das Wasser zu Tal. Gewaltige Sturzbäche schießen dann die Flußtrockentäler entlang, und man kann sich leicht vorstellen, daß hier, wie in Teilen der Sahara, die Zahl der im Jahr ertrunkenen Menschen die der verdursteten übersteigt. Schon in vorchristlicher Zeit haben die Menschen der Wüste an den Stellen, an denen sich das Wasser sammelte, nur sehr langsam in den Boden versickerte und damit den Pflanzen zur Verfügung stand, Farmen angelegt, die dann hohe Erträge lieferten.

Eine solche Farm hat es beispielsweise in der Nabbatäer-Zeit bei der Wüstenfestung Avdat gegeben. Als diese Festung ihre strategische Bedeutung verlor, verfielen die Mauern, die das Wasser zum Tal, zu der Farm leiteten. Die Farm wurde nach dem Krieg durch den israelischen Botaniker Michael Evenari wieder hergerichtet. Es wurde festgestellt, daß drei bis vier Gewitterregen pro Jahr – mit denen im allgemeinen gerechnet werden kann – ausreichen, um auf der Farm sehr hohe Erträge an Pfirsichen, Aprikosen, Weizen und anderen Nutzfrüchten zu garantieren. In der Kalahari würde die gleiche Regenmenge, in dieser Weise als Gewitterregen niedergehend, gar keinen Pflanzenwuchs bringen.

Nomadismus, verbunden mit der Haltung von Weidetieren, ist die häufigste Form menschlicher Nutzung von Wüstengebieten. In Teilen Nordafrikas und Vorderasiens sind es die Beduinen, die mit Kamelen, Ziegen- und Schafherden umherziehen. Diese Haustierarten bzw. die spezifischen Rassen zeichnen sich ähnlich wie die Wildsäuger der Region durch die Fähigkeit aus, mehrere Tage ohne Trinkwasser auszukommen, so daß die Herden problemlos die Wanderungen von einer Wasserstelle zur mehrere Tagesreisen entfernten nächsten Stelle durchhalten können. An wasserspeichernden Stellen entsteht auch die Grundlage für Baumwuchs. Die Bäume stehen sämtlich an Stellen, an denen Wasser bei Sturzregen zusammenläuft, versickert und in einer für die Wurzeln erreichbaren Tiefe gespeichert bleibt. An solchen Stellen haben die Beduinen schon in sehr früher Zeit kleine Felder angelegt. Die „Nomaden" der Wüsten bewegten sich nicht regellos, sondern sie zogen von einem solchen Versickerungsplatz zum anderen in regelmäßiger Abfolge (Evenari et al. 1982).

3 Mediterrane Systeme

Mediterrane Systeme sind durch heiße, trockene Sommer und kühle, feuchte Winter gekennzeichnet; Frost gibt es nur selten oder nie. Solche Systeme kennen wir rund um das Mittelmeer, in Kalifornien (hier als Chapparal bezeichnet), in Chile, im südlichsten Afrika (die pflanzengeographische Region Capensis; ökologisch meist als Fynbos bezeichnet) und im südlichen Australien (hier als Mallee- bzw. Kwongansysteme bezeichnet) (Abb. 3.1). Diese geographisch sehr weit voneinander entfernten Gebiete mit ähnlichem charakteristischem Klima zeichnen sich trotz ihrer historisch bedingten extremen biogeographischen Verschiedenheit durch eine Reihe von Gemeinsamkeiten aus, die als parallel entwickelte Anpassungen an die spezifischen Klimabedingungen aufgefaßt werden müssen (Tabelle 3.1).

Für die **Vegetation** der mediterranen Biome ist die Anpassung an die sommerliche Trockenheit typisch. Immergrüne Hartlaubgehölze sind in der Regel dominant, darunter zahlreiche Zwergsträucher. Sie schützen

Abb. 3.1. Die Verbreitung mediterraner Systeme

Mediterrane Systeme

Tabelle 3.1. Mediterrane Systeme (Hartlaubwald und Trockenbusch); Bezeichnungen in den verschiedenen Gebieten der Erde: Nordamerika, Chaparral; Mittelmeerraum, Macchie, Garrigue; Australien Mallee; Südafrika, Fynbos

Bestandshöhe:	0,5–5 m
Primärproduktion:	0,25–1,5 kg/m^2 im Jahr
Bestand der Pflanzenmasse:	26 kg/m^2
Blattflächenindex:	4–12 m^2/m^2 Bodenfläche
Bestäubung:	meist zielgerichtet durch Tiere, insbesondere durch Insekten; außerhalb des Mittelmeergebietes auch durch Vögel
Samenverbreitung:	durch Tiere
Remineralisation:	durch Mikroorganismen und Feuer, auch durch Termiten; pflanzenfressende Säugetiere spielen eine geringe Rolle, ebenso sind pflanzenfressende Insekten nicht sehr zahlreich
Niederschlag:	500–1000 mm/Jahr, hauptsächlich im Winter
Jahresmitteltemperatur:	15 °C
Jahreszeiten:	feuchte, kühle Winter und trockene, heiße Sommer
Vegetationszeiten:	ganzjährig, eventuell Trockenruhe im Sommer
Artenzahl:	Pflanzen und Tiere weisen extrem hohe Artenzahlen auf

sich mit verschiedenen Methoden gegen ein Austrocknen und reduzieren z. T. die Photosynthese während des Sommers erheblich. Nicht wenige sind allerdings in der Lage, durch tiefreichende Wurzeln auch in der heißen Jahreszeit die volle photosynthetische Aktivität beizubehalten. Insgesamt aber finden Wachstum, Blüte und Fruchtreife der mediterranen Pflanzen vorwiegend in der feuchteren Jahreszeit statt. Das gilt vor allem für die krautigen Pflanzen, deren oberirdische Teile im Sommer meist abtrocknen.

Der mediterrane Klimatyp hat sich wahrscheinlich erst gegen Ende des Tertiärs herausgebildet. Vorher gab es in den entsprechenden Gebieten eine Flora des sommerfeuchten, subtropischen bis warm temperierten Typs. Im Mittelmeergebiet waren beispielsweise Lorbeerwälder verbreitet. Der Florenwandel infolge des Klimawandels am Ende des Tertiärs entstand aus dem Rückzug feuchtigkeitsliebender Arten und der Ausbreitung von Taxa, die gegen die Sommertrockenheit resistent waren. An günstigen Standorten blieben Reste des tertiären Waldes erhalten, wie auf den Kanarischen Inseln und auf Madeira. Manche der präadaptierten Taxa konnten unter dem neuentstandenen Regime eine erhebliche adaptive Radiation entwickeln, unter Ausbildung zahlreicher neuer Arten. Dies dürfte den Endemismus erklären, der am stärksten in Südafrika ausgeprägt ist. An kühlfeuchten Stellen aber breiteten sich auch laubabwerfende Gehölze der gemäßigten Klimazone aus, vor allem längs der Gewässer. Speziell im Mittelmeergebiet war das pleistozäne Klima relativ kühl, so daß laubabwerfende Gehölze sich während dieser Zeit weit ausbreiten konnten und an kleinklimatisch günstigen Stellen oder im Übergangsbereich zu kühleren Gebieten mit zunehmender Frosthäufigkeit auch heute noch dominieren (Walter u. Breckle 1994).

Die mediterranen Biome erstrecken sich nördlich bzw. südlich des 30. Breitengrades und grenzen polwärts – außer in Südafrika – an die humide Klimazone der gemäßigten Breiten, äquatorwärts vielfach an extrem aride Gebiete der subtropischen Wüsten und Halbwüsten. Die Areale vieler der typischen Florenelemente reichen in das eine oder andere Nachbarbiom hinein, wie man es aufgrund der posttertiären Ausbreitungsgeschichte erwarten darf.

Alle mediterranen Vegetationsformen sind durch Brände mitgeprägt. Diese entstanden natürlicherweise durch Blitzschlag, sind aber durch den Menschen häufiger geworden. Zum einen werden Brände gelegt, um Weideland zu gewinnen, zum anderen werden bei Aufforstungen häufig leicht entflammbare Kiefern angepflanzt. Häufig sind z. B. die aus Kalifornien stammende *Pinus radiata* sowie *Pinus pinaster* und *Pinus halepensis* aus dem Mittelmeergebiet. Die holzigen Pflanzenarten sind überwiegend gegen Feuer resistent, es sei denn, der zeitliche Abstand zwischen zwei aufeinander folgenden Feuern ist sehr lang, der brennbare Bestandesabfall dementsprechend groß und das Feuer heiß, so daß es bis in die Höhe der Baumkronen reicht. Doch selbst nach solchen Schädigungen regenerieren viele Baumarten noch durch Wurzel- oder Stammschößlinge. Die Korkrinde der Korkeichen des Mittelmeergebietes mag als ein besonders auffälliges Beispiel des Feuerschutzes dienen. Oft dominieren nach Bränden auf den Flächen vorübergehend Therophyten und Geophyten.

Die mediterranen Gebiete sind für den Menschen seit altersher günstige Siedlungsgebiete gewesen. Die relativ milden und feuchten Winter ermöglichen den Anbau von wichtigen Kulturpflanzen wie Getreidearten, während die günstigen sommerlichen Temperaturen anspruchsvollere Früchte reifen lassen wie Wein oder Oliven. Die Region um das Mittelmeer ist das Zentrum vieler früher Hochkulturen gewesen. So verwundert es nicht, daß der Einfluß des Menschen diese Gebiete nachhaltig und tiefgreifend veränderte. Dies gilt insbesondere für das Mittelmeergebiet, wo sich die ursprüngliche Vegetation bestenfalls in wenigen kleinen Relikten erhielt. Die menschliche Aktivität beschränkte sich nicht auf die Zerstörung vorhandener Vegetationsformationen, sondern es wurden auch zahlreiche neue Pflanzen und Tiere eingeführt, die das Bild weiter veränderten. Im Mittelmeergebiet waren wahrscheinlich lichte Wälder aus immergrünen Eichen (z. B. die Steineiche, *Quercus ilex*) weit verbreitet. Im einzelnen konnte die Vegetationsstruktur aber sehr unterschiedlich sein, zumal mancherorts die Besiedlung durch den Menschen etwa zur gleichen Zeit wie das postglaziale Auftreten der Steineiche erfolgte. Die heute so typischen Gebüschformationen der Macchie und der Garrigue sind überwiegend das Produkt anthropogener Degradation. Ursprünglich dürften sie auf flachgründige, trockene Sonderstandorte beschränkt gewesen sein.

In den übrigen mediterranen Biomen setzte die intensive menschliche Nutzung zwar erst mit der Kolonialisierung durch die Europäer ein, jedoch ist heute auch in Kalifornien oder im mittleren Chile auf günstigen Böden die ursprüngliche Vegetation bis auf Reste zerstört.

In der **Tierwelt der Mediterrangebiete** sind naturgemäß zahlreiche Anpassungsformen zu finden, wie sie auch in subtropischen ariden Gebieten auftreten. Aus diesem Grund erinnert das Spektrum der Lebensformen der Fauna an andere aride Biome und an die taxonomische Zusammensetzung in benachbarten Klimagebieten. Kleinsäuger sind in der Regel als Primärkonsumenten und auch als Insektenfresser reich differenziert. Fox (1995) vergleicht die Lebensformtypen. Es sind dies Baumhörnchen, Bodenhörnchen-, Ratten-, Wühlmaus-, Taschenmaus-, Insektenfresser- und Nektarsaugertyp. Nicht alle durch diese Typisierung repräsentierten ökologischen Nischen sind in den miteinander verglichenen Gebieten durch Kleinsäuger besetzt. So gibt es den Baumhörnchentyp nur in Kalifornien, den Nektarsaugertyp nur in Australien. Aufgrund der unterschiedlichen biogeographischen und ökologischen Situation ergeben sich Unterschiede faunistischer Art, aber auch bezüglich biozönotischer Parameter wie Artenreichtum, Biomasse, Dominanzstruktur usw..

Wie in anderen trockenwarmen Klimaten sind auch in Mediterrangebieten Eidechsen artenreich – ökologisch differenziert – vertreten. In Chile bietet die endemische Gattung *Liolaemus* (Iguanidae) ein instruktives Beispiel für die adaptive Radiation unter den sich seit dem Spättertiär entwickelnden Klimabedindungen. Von den 30 Arten der Gattung gehören 13 der mediterranen Zone an. Autökologische Differenzierungen betreffen den Lebensraum, z. B. boden- oder baumlebend, die Höhenzonierung der Areale und das Nahrungsspektrum. So ist in einer Gruppe der zunehmende Anteil an Herbivorie charakteristisch (Hurtubia u. di Castri 1973). In humiden Refugien konnten trotz sommerlicher Trockenheit feuchtigkeitsbedürftige Biozönosen überleben. So befindet sich die Bodenfauna mit zahlreichen Arten von Pseudoscorpionen, Protura, Diplura, Käfern und anderen in einem ganzjährig kühlfeuchten Mikroklima. Die jahreszeitlichen Schwankungen können durch Vertikalwanderungen kompensiert werden. Der besonders große Formenreichtum der mediterranen Bodenfaunen spiegelt die wechselvolle paläoklimatische Geschichte dieser Grenzgebiete zwischen verschiedenen Klimazonen wider. Gleichzeitig weist er darauf hin, daß hier anders als in dauertrockenen Gebieten eine lebhafte Bodenbildung stattfindet. Die größte mikrobielle Aktivität entwickelt sich allerdings im Winter bei ausreichender Feuchtigkeit. Eine hohe mikrobielle Aktivität bald nach Beginn der Winterregenzeit ließ sich auch für den südafrikanischen „Fynbos" (vgl. Kap. 2.5) nachweisen. Sie bewirkt eine erhöhte Konzentration anorganischer Nährstoffe im abfließenden Wasser zu dieser Zeit (di Castri 1973; Schaefer 1973; van Reenen et al. 1992).

Eine **spezifische mediterrane Großsäugerkomponente** gibt es nicht. Zwar gehörten beispielsweise im Mittelmeerraum noch in frühgeschichtlicher Zeit große Raubtiere, speziell die Löwen, aber auch einige Huftiere und wohl auch Elefanten zum autochthonen Bestand, doch reichte das Verbreitungsgebiet dieser Arten weit über die Grenzen des Bioms hinaus (Martin u. Klein 1984). Wie im Mittelmeergebiet wurde die Säugerfauna auch in den übrigen mediterranen Gebieten direkt oder indirekt durch den Menschen stark verändert. In Australien war es zunächst die Ausbreitung des Dingos, die vor ca. 4000 Jahren begann und zur Ausrottung des Beutelwolfs (*Thylacinus cynocephalus*) und wahrscheinlich auch anderer Beuteltiere beitrug. Der Beutelwolf überlebte zunächst nur auf der Insel Tasmanien, wohin der Dingo nicht kam. Ob der Dingo mit Hilfe der australischen Ureinwohner, der Aborigines, nach Australien kam, ist unsicher. Gesichert ist die Einschleppung durch die Europäer aber für den europäischen Fuchs und Hauskatzen, die dann verwilderten und im Verdacht stehen, kleine südwestaustralische Beuteltiere wie einige Nasenbeutler (Bandikuts, Peramelidae), Rattenkänguruhs (Protoroinae) und kleinere Arten echter Känguruhs, z. B. das Bänderkänguruh (*Lagostrophus fasciatus*), stark dezimiert zu haben. Das Mitwirken dieser kleineren Räuber beim Verschwinden dieser Arten ist allerdings umstritten (Breckwoldt 1988; Taylor 1987).

Die Kaninchen haben sich in Australien – ebenso wie im mediterranen Gebiet von Kalifornien und Chile – stark ausgebreitet und haben ei-

Mediterrane Systeme 107

nen starken Einfluß auf die ursprüngliche Flora und auch Fauna (nagerähnliche Beuteltiere in Autralien, ähnliche Nager in Kalifornien und Chile). Als natürlich oder naturnah kann daher nur noch eine Insel südlich von Australien, Kangoroo Island, bezeichnet werden, von der allerdings bisher keine zuverlässigen ökologischen Untersuchungen vorliegen.

Bei der Frage, welches der mediterranen Systeme man genauer betrachten soll, fällt die Wahl schwer. Zweifellos am besten untersucht ist das Gebiet um das Mittelmeer, aber auf der anderen Seite ist diese Region seit Tausenden von Jahren so verändert, daß ein Einblick in das Geschehen in den natürlichen Ökosystemen kaum mehr möglich ist. Am wenigsten verfälscht ist bis heute das Gebiet der Capensis. Es kommt hinzu, daß dieses Gebiet – obwohl es Wüsten ebenso wie Waldgebiete enthält – relativ einheitlich ist und gleichzeitig mit einer Fülle zuverlässiger Untersuchungen aufwarten kann.

Beispiel Capensis. Kaum irgendwo gibt es so überraschende Grenzen wie die Grenzen zwischen den übrigen der Capensis und afrikanischen Systemen. Auf eine Entfernung von häufig nur 20 km ändert sich die Flora und damit das Landschaftsbild total. „Africa is where the thorns begin" sagt man in Kapstadt, und dies charakterisiert die Grenze zur Kapflora hervorragend. Pflanzen mit Dornen gibt es dort einheimisch nicht. In Meeresnähe haben wir ausgedehnte niedrige, sehr bunte Heidegebiete (bestes Beispiel: Schutzgebiet Kaphalbinsel). Wenn wir uns vom Meer entfernen, werden die Büsche 2–3 m hoch, sie erinnern stark an die Macchie des Mittelmeergebietes. Schließlich gibt es, vor allem im Osten, kleine bis große Wälder (Knysna, Tsitsikamma forest). Unter den Botanikern Südafrikas ist es umstritten, ob die *Proteaceen*-reichen und Macchie-ähnlichen Gebiete in der näheren Umgebung von Kapstadt früher auch Wald getragen haben; wahrscheinlich hat es hier mehrere der zu den Nadelgehölzen gehörenden *Podocarpus*-Arten gegeben, die möglicherweise im Wechsel mit der heutigen Buschvegetation mosaikartig verbreitet waren.

Die Kap-Provinz im Süden Afrikas bildet aufgrund des Reichtums an endemischen Taxa ein eigenes und gleichzeitig das kleinste Florenreich, das überwiegend dem mediterranen Biom angehört (Abb. 3.2). Von den 8574 Arten in 989 Gattungen der Blütenpflanzen (incl. Gymnospermen) und Farnen sind 68,2% der Arten bzw. 19,5% der Gattungen endemisch. Reich differenziert sind unter den Holzgewächsen vor allem die Proteaceen und die Ericaceen mit der sehr artenreichen Gattung *Erica*, unter den krautigen Pflanzen die grasähnlichen Restionaceae und die sukkulenten Aizoaceae, sowie beispielsweise die Gattung *Pelargonium* (Geraniaceae). Das Ausmaß des Endemismus unter den Tieren ist viel geringer. Endemisch sind unter den Wirbeltieren 20 Reptilien-, 9 Amphibien-,

Abb. 3.2. Mediterrane Kapvegetation (Kap der guten Hoffnung, Südafrika)

8 Säuger- und 6 Vogelarten (van Wilgen et al. 1990). Habituell kann man die höhere Macchien-artige Gebüschformation des „Fynbos" von den niedrigen Garrigue-artigen Heiden unterscheiden. Letztere werden durch hohe Flächendeckung mit Ericaeen und Restionaceen charakterisiert. Am Aufbau des Fynbos sind besonders an feuchten Stellen auch baumartige Gehölze beteiligt; ursprünglich sind dies Proteaceen der Gattungen *Leucadendron* und *Protea*.

Bei geschlossenem Kronendach wird der Unterwuchs durch Beschattung rasch reduziert. Dies fällt vor allem bei der Ausbreitung der eingeführten Baumarten auf, unter denen einige Kiefern (*Pinus halepensis* und *P. pinaster*) und die aus Australien stammende Proteacee *Hakea sericea* die wichtigsten sind. Die physiognomische Einförmigkeit der Vegetation wird durch geschlossene galerieartige Wälder oder hohe Gebüsche längs der Bachtäler strukturiert, in denen unter einer artenreichen Kronenschicht ein vielfältiger Unterwuchs ausgebildet ist.

Unter den Wirbeltieren sind kleinere Arten dominant. Unter den Säugern sind dies vor allem Nagetiere, die auch wichtige Samenfresser stellen. Zu den größeren Herbivoren zählen kleinere Antilopen und Paviane. Größere Carnivore sind selten; relativ häufig findet man einige Schleichkatzen (Viveridae) und Marderartige (Mustelidae). Für die Samenverbrei-

Abb. 3.3. a Die Proteaceen sind ein charakteristisches Element südafrikanischer und australischer mediterraner Systeme. **b** Ein Sonnenvogel auf einer *Protea*-Blüte. (Aus McMahon & Fraser, 1988)

tung spielen – ähnlich wie in den Savannen – Ameisen eine wichtige Rolle.

Die Proteaceenblüten werden wegen ihres Nektars von Insekten und Vögeln besucht (Abb. 3.3). Unter den Vögeln sind dies der endemische Honigfresser (*Promerops cafer*, Meliphagidae) und der Nektarvogel *Nectarinia violacea* (Nectariniidae). Der jahreszeitliche Wechsel der Vegetationsentwicklung und des Nahrungsangebotes spiegelt sich in der Zusammensetzung der Vogelfauna im östlich von Kapstadt gelegenen „Swartboskloof"-Untersuchungsgebiet wider, wo unter den 67 Arten nur 28% Standvögel sind (van Wilgen u. McDonald 1992).

Über die Großtiere dieses vom weißen Mann schon sehr früh in Anspruch genommenen Gebietes ist wenig bekannt; die Großtiere, die hier früher gelebt haben, dürften ausgerottet sein. Damals drangen – in geringer Populationsdichte – auch Elefanten bis auf die Kaphalbinsel vor. Heute ist offensichtlich nur der früher sehr häufige Buntbock (*Damaliscus dorcas dorcas*) in einem eigens eingerichteten Nationalpark übriggeblieben; der Buntbock muß wohl als eine kapspezifische Rasse des Bleßbocks (*D. d. philippsi*) gelten. Auch der schon um 1800 ausgerottete Blaubock (*Hippotragus equinus leucophaeus*) dürfte ein Spezifikum des Kaps gewesen sein. Heute kommen von der altafrikanischen Großfauna nur Klippschiefer regelmäßig bis tief ins Kapland vor. Auch bei den Vögeln sind die spektakulären Arten, wie etwa der Bartgeier, der bis Kapstadt hin im Hochgebirge entlang der afrikanischen Ostküste vorkam, ausgerottet. Beim Blick auf die Verbreitungskarten fällt auf, daß der überwiegende Teil der afrikanischen Vögel im eigentlichen Kapland nicht vorkommt. Es gibt einige Tierarten, die enge tiergeographische Beziehungen zu Australien aber nicht zu Afrika haben, beispielsweise einige Nachtschmetterlinge und eine Reihe spezifischer Frösche. Dennoch bleibt diese Aufzählung unbefriedigend: Bei dieser vielfältigen und sehr reich blühenden Flora wäre ein zoologisches Pendant von ähnlich spezialisierten endemischen Blütenbestäubern zu erwarten. Die scheint es aber ebensowenig zu geben wie die auch zu erwartenden spezifischen pflanzenfressenden Insekten. Wie reich Flora und Fauna trotz alledem sind, zeigt das Buch von McMahon u. Fraser (1988).

Im „Swartboskloof" wurden auch systematisch die **Auswirkungen des Feuers** untersucht. Alle oberirdischen Teile der Pflanzen werden im Fynbos verbrannt. Die nachfolgende Sukzession der Vegetation beginnt mit der Dominanz der Einjährigen und der Geophyten. Manche der Geophyten, zu denen Arten der Gattungen *Gladiolus* und *Watsonia* gehören, blühen nur in einem Abstand von bis zu drei Jahren nach dem Brand und entwickeln sich sonst nur vegetativ. Das Feuer löst die Blütenbildung nicht direkt aus, sondern wirkt über die Freilegung des Bodens und die dadurch entstehenden mikroklimatischen Bedingungen. Im Verlauf mehrerer Jahre breiten sich langsam die Holzgewächse aus, die sich entweder vegetativ aus überlebenden Teilen von Pflanzen oder aus den Samenbanken regenerieren.

Anders als in anderen Mediterrangebieten regenerieren die quantitativ wichtigsten Arten fast alle aus Samen. Deshalb werden sie verdrängt, wenn zu kurze Abstände zwischen den Feuern eine ungestörte Entwicklung bis mindestens zur ersten Fruktifikation nicht zulassen. Da sich die Verbreitungs- und Überlebensstrategien der einzelnen Arten dieser Zönose erheblich unterscheiden, entsteht ein insgesamt sehr elastisches System mit mosaikartiger Verteilung von Vegetationseinheiten unterschiedlicher Zusammensetzung. Über den jeweiligen spezifischen Besiedlungserfolg nach dem Abbrennen entscheiden die schon vorher vorhandenen Samenbanken, die Frequenz und die Hitzeentwicklung des Feuers sowie die klimatische Situation danach. Abstände von 10 bis 20 Jahren zwischen den Bränden ergeben die größte floristische Vielfalt. Intervalle unter 4 Jahren fördern Gehölzarten mit vegetativer Vermehrung. Die Fynbos-Standorte könnten größtenteils Wald tragen, wenn die relativ langsam wachsenden, autochthonen Baumarten die Zeit zur Ausbildung reifer, dichter Bestände hätten, denn in diesen bleiben die üblichen Feuer meist wirkungslos. Die eingeführten Kiefern wachsen rasch und können deshalb die Fynbos-Vegetation verdrängen.

Die Kleinsäugerzönose wird durch das Feuer nicht in ihrem Artenspektrum verändert, wohl aber in ihrer Siedlungsdichte reduziert. Ursache dieser Reduzierung der Bestände scheinen Habitatveränderungen zu sein, die u.a. zum Wegfall der Deckung und damit zum Abwandern der Tiere führen. Manche dieser Arten haben als Samenfresser erheblichen Einfluß auf die Keimungschancen der Pflanzen und damit auf die sich jeweils ausbildende Vegetationszusammensetzung. Die für ca. 6 Monate nach einem Brand reduzierte Siedlungsdichte der Kleinsäuger erhöht nachweislich den Überlebenserfolg der Pflanzenarten, die sich nur durch Samen vermehren (van Hensbergen et al. 1992).

4 Lebensräume der gemäßigten Zone

Die Lebensbedingungen der gemäßigten Zone sind durch ein primär **temperaturgeprägtes Jahreszeitenklima** gekennzeichnet. Die Niederschläge fallen, anders als im mediterranen Klima, zu allen Jahreszeiten. Die warmen Sommer sind die Vegetationsperiode, wohingegen während des kalten Winters das Pflanzenwachstum weitgehend ruht. Bei ausreichenden Niederschlägen sind laubabwerfende Wälder oder Nadelwälder die ursprünglich verbreiteten Vegetationsformationen. Laubabwurf in den Wäldern der gemäßigten Zone dient gemeinsam mit der Ausbildung geschützter Knospen der Anpassung an winterlichen Frost und der damit verbundenen Gefahr der Frosttrocknis. Eine Anpassung durch Laubabwurf ist so lange ausreichend, wie die Vegetationszeit mindestens vier Monate andauert. Diese Zeit ist notwendig, um Wachstum, Ausreifen des Holzes und die Entwicklung der Früchte zu ermöglichen. Unter extremen Bedingungen – in Gebieten mit längeren kalten Wintern – treten meist Nadelgehölze mit xeromorphen kleinen Blättern als besonders resistente Formen in den Vordergrund. Nur wenige kleinblättrige Laubbäume, wie die Birke, die Zitterpappel und die Eberesche können sich daneben halten. Den höchsten Grad der Frostresistenz erreichten die Lärchen als laubabwerfende Nadelhölzer.

Die Menge des Regens nimmt mit der Entfernung von der Küste ab. Wir erhalten eine Differenzierung zwischen dem feuchteren ozeanischen und dem trockeneren kontinentalen Klima. Im kontinentalen Bereich sind außerdem die Temperaturgegensätze zwischen Sommer und Winter größer als im ozeanisch getönten. Dort gibt es, küstennah – im unmittelbaren Einflußbereich der vorherrschenden regenbringenden Winde – fast frostfreie Winter, wie beispielsweise an den Westküsten Europas und Nordamerikas. In manchen dieser kühl-humiden Gebiete konnten sich immergrüne Wälder (= „gemäßigte Regenwälder") entwickeln, wie die *Nothofagus*-Wälder am Westabhang der Anden Südchiles. Die speziellen orographischen Bedingungen – die Einflüsse der Gebirge – können zu weiteren regionalen Unterschieden führen. Niederschlagsarme Zonen im Lee hoher Gebirge sind besonders trocken, wie es am Beispiel der ariden Gebiete an der Ostseite der Sierra Nevada in Nordamerika zu erkennen ist.

4.1 Laubwälder der Nordhalbkugel (nemorale Zone)

Ausgedehnte, im Winter kahle Laubwälder gibt es nur auf der Nordhalbkugel (Abb. 4.1, Abb. 4.2; Tabelle 4.1). Vegetationskundlich wird dieses Gebiet als temperierte nemorale Zone bezeichnet. Auf der Nordhalbkugel

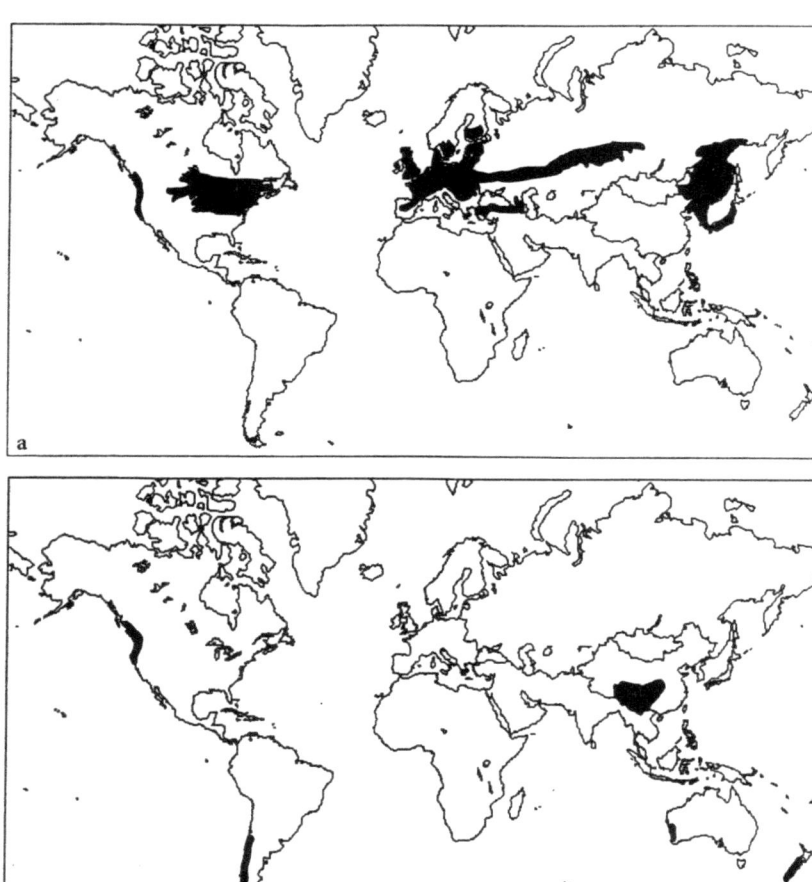

Abb. 4.1. a Verbreitung der Laubwälder der gemäßigten Zone. b In gemäßigten Gebieten mit sehr hohen Jahresniederschlägen kommt es zur Ausbildung eines gemäßigten Regenwaldes (Jahresniederschlag 6-10 m). Alle diese Wälder sind durch den Reichtum an Epiphyten gekennzeichnet, auf der Südhalbkugel durch Baumfarne als Pioniere

Abb. 4.2. Birkenwald in Nordschweden

ergeben sich erhebliche florengeschichtlich begründete Unterschiede im Artenspektrum der Wälder zwischen Nordamerika, Ostasien und Europa: Während in Nordamerika und Ostasien ein großer Teil der spät-tertiären Flora noch vorhanden ist, hat sich für Europa eine starke Verarmung ergeben, weil hier während der pleistozänen Vereisungen ausreichende Refugialgebiete fehlten. Zwar sind einige der Baumgattungen wie *Quercus*, *Fagus*, *Tilia* oder *Acer* allen diesen Gebieten gemeinsam, die größten Artenzahlen jedoch finden sich für diese Gattungen in außereuropäischen Gebieten. Hinzu kommen auch zahlreiche Gattungen und Familien, die dem nachpleistozänen Europa fehlen. Die größte Artenfülle an Pflanzen, darunter zahlreiche Endemiten, beherbergt China in seiner gemäßigten Klimazone (Walter u. Breckle 1994).

Wo immer Landwirtschaft in Europa möglich war, sind schon sehr frühzeitig die Wälder vernichtet worden. Die übriggebliebenen Bestände im Tiefland und im Mittelgebirge Deutschlands wurden sämtlich Wirtschaftswälder. Urwälder existieren nicht mehr. Die oft als Urwald bezeichneten Eichenwälder bei Wilhelmshaven oder bei Kassel haben mit Urwäldern nichts zu tun, sondern sind Reste von für die Schweinemast gehegten Einzeleichen, die in solchen vom Menschen gepflegten Beständen jedes Jahr Eicheln trugen (Ellenberg 1986). Im ganzen Bereich Mit-

Laubwälder der Nordhalbkugel (nemorale Zone)

Tabelle 4.1. Laubwälder der gemäßigten Zone

Kronendachhöhe:	maximal 40–50 m
Primärproduktion:	6–25 kg/m^2 im Jahr
Bestand an Pflanzenmasse:	42–46 kg/m^2 in der Optimalphase
Blattflächenindex:	3–12 m^2/m^2 Bodenfläche
Bestäubung:	überwiegend durch Wind, seltener (z. B. Süßkirsche, Ahorn, Linde) auch durch Insekten
Samenverbreitung:	zum großen Teil durch Wind, aber auch durch Vögel, seltener durch Säugetiere (Eicheln z. B. durch Eichelhäher oder Eichhörnchen, Bucheckern und Kirschen durch verschiedene Vögel)
Remineralisation:	neben Mikroorganismen (Bakterien, Pilze) spielen verschiedene Tiergruppen eine Rolle; auf sauren Böden z. B. Dipterenlarven, Milben, Collembolen und beschalte Amöben; auf basischen Böden kommen Asseln, Diplopoden und Schnecken dazu. Verluste in der Optimalphase durch Pflanzenfresser etwa 10% pro Jahr
Niederschlag:	500–2500 mm/Jahr
Jahresmitteltemperatur:	10–15 °C während der Vegetationszeit
Vegetationsperiode:	etwa 5 Monate/Jahr

teleuropas gibt es nur vergleichsweise kleine Reste naturnaher Wälder: In Österreich, Tschechien (Kubany-Urwald), Kroatien (Urwald Dobroc) (Mayer 1984) und von dort ausgehend relativ kleine Flächen im Nationalpark Bayerischer Wald. Größer ist die Zahl von Naturwaldresten in Osteuropa (Mayer 1987). Der einzige naturnahe Tieflandwald Mitteleuropas – allerdings bereits im kontinental getönten Übergangsbereich zu Osteuropa gelegen – ist der von Bialowieza in Nordostpolen (Abb. 4.3).

Wir müssen die Unterschiede klar herausstellen. In Wirtschaftswäldern werden die Bäume normalerweise im Alter von 60 bis 120 Jahren geschlagen. Das gilt für den sogenannten naturgemäßen Waldbau genauso wie für den klassischen Waldbau. In Urwäldern werden die Bäume – ob es sich nun um Buchen, Ahorn oder Eschen handelt – im allgemeinen über 300 Jahre alt, Eichen sogar mehr als 800 Jahre. In diesem Alter ist ihr Zuwachs pro Zeiteinheit relativ gering, und es stellen sich durch vermehrten „Schädlingsbefall" Krankheiten ein, die das Holz mehr oder weniger wertlos machen. Die Bäume des Wirtschaftswaldes erreichen al-

Abb. 4.3. Laubwald der gemäßigten Zone (Bialowieza, Polen)

so nur 1/3 oder noch weniger der natürlicherweise möglichen Lebenszeit. Zwei Drittel der zeitlichen Existenz der Schlüsselarten eines Lebensraumes fallen also im Wirtschaftswald weg, und man kann sicher nicht behaupten, daß man das Ökosystem eines ganzen Lebensraumes erfasse, wenn man nur 1/3 seiner zeitlichen Existenz kennt. Möglicherweise hat das Fehlen der restlichen 2/3 besondere Auswirkungen auf die langfristige Existenz des ganzen Lebensraumes. Wenn wir also mitteleuropäische Laubwälder besprechen wollen, müssen wir zunächst versuchen zu erläutern, was denn in einem Urwald geschieht und dann sehen, inwieweit Wirtschaftwälder ökologisch ähnlich sind (Leibundgut 1984).

Der europäische Urwald und das Mosaik-Zyklus-Konzept

Für die Laubwälder in Europa gilt das gleiche wie für die tropischen Wälder, sie folgen dem Mosaik-Zyklus-Konzept, das hier kurz noch einmal rekapituliert sei: Ein Wald in seiner „Optimalphase", wenn er im forstwirtschaftlichen Bereich normalerweise schlagreif ist, erinnert an einen Wirtschaftswald. Die einzelnen Bäume sind etwa gleich alt, gleich stark, und Unterwuchs ist nur wenig vorhanden. Wenn die Bäume alt genug werden, erreicht der Wald die Zerfallphase, die Bäume sterben ziem-

Laubwälder der Nordhalbkugel (nemorale Zone)

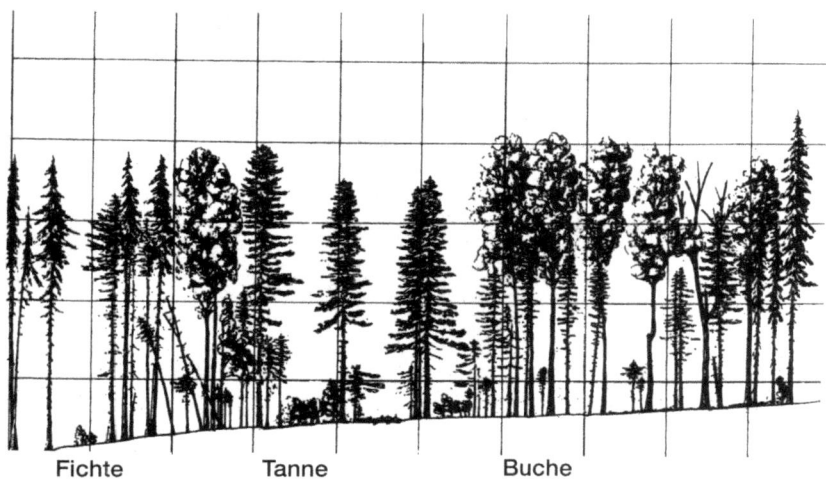

Fichte   Tanne   Buche

Abb. 4.4. Urwald Dobrac in Kroatien. Übergang von der steten Optimalphase über die Sterbephase zur Verjüngungsphase, Baumbestand überwiegend aus Buche, Fichte und Tanne. (Nach Leibundgut 1982)

lich gleichzeitig ab (Abb. 4.4). Nun entwickelt sich Jungwuchs, der nicht immer der gleichen Art anzugehören braucht. Auch der Jungwuchs ist an der Stelle des abgestorbenen alten Waldes wiederum etwa gleich alt („Verjüngungsphase"), er wächst heran bis zur Optimalphase und zur Altersphase, um dann wieder zusammenzubrechen. Es entsteht ein Mosaik aus Beständen unterschiedlichen Alters. Je mehr Baumarten den Wald aufbauen, umso kleiner sind die Mosaiksteine (Abb. 4.5). In einem Urwald, der in Deutschland aus Buchen aufgebaut wäre, würde ein Mosaikstein etwa die Größe von 2–3 ha haben. Im Urwald von Bialowieza ist bei dem dortigen Artenreichtum – außerhalb des Verbreitungsgebietes der Rotbuche – ein Mosaikstein nur weniger als 1/4 ha groß.

Die entstandenen Mosaike sind natürlich nicht nur Mosaike verschiedener beherrschender Baumarten. Da das Laub unserer Bäume unterschiedlich leicht mineralisierbar ist, ist auch die Bodenbildung ganz verschieden je nach vorherrschender Baumart. Linden-, Eschen- und Erlenlaub vergeht sehr leicht und rasch, während Buchen- und Eichenlaub nur schwer zersetzbar ist. Die Ursache dafür liegt im allgemeinen im unterschiedlichen C:N Verhältnis, wobei Laub mit geringem Stickstoffanteil schwerer zersetzbar ist als solches mit hohem Stickstoffanteil. Hinzu kommt noch, daß Pflanzen auf sehr armen Standorten infolge des Mangels an Phosphor, Stickstoff und anderen Nährelementen nicht alle Pho-

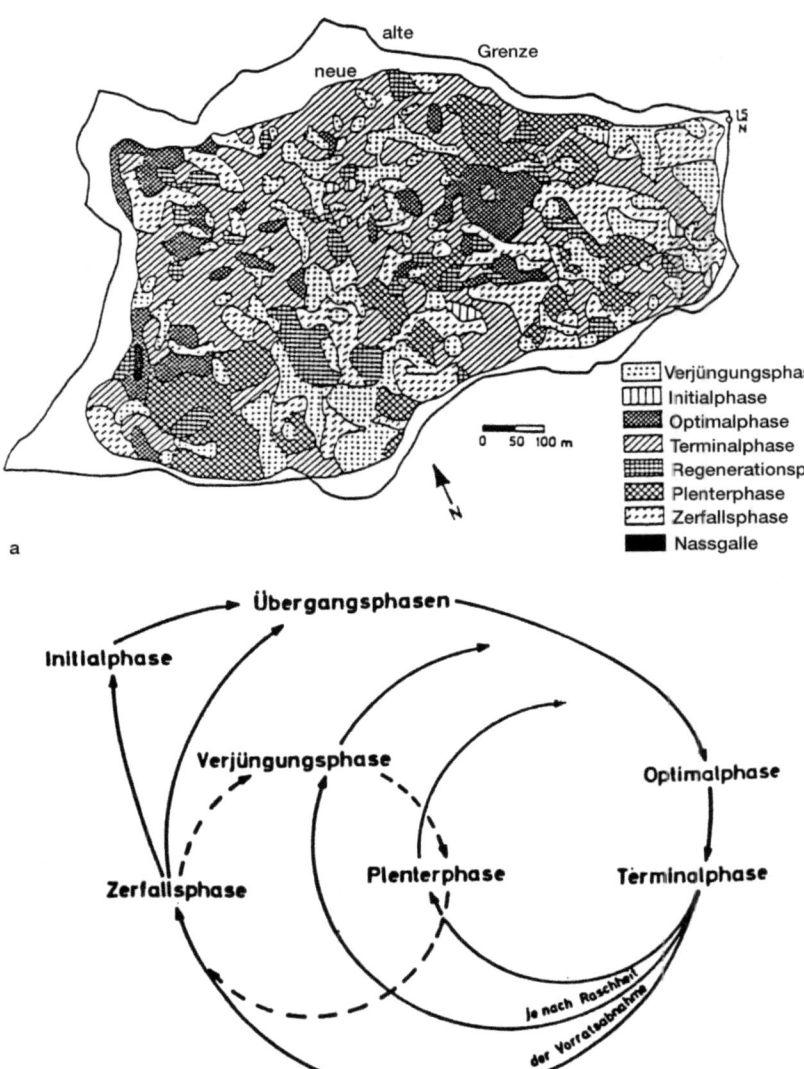

Abb. 4.5. a Mosaik der verschiedenen Entwicklungszustände des Urwaldes „Rothwald" in den ostösterreichischen Kalkalpen. **b** Vereinfachte Darstellung der Bestandphasensukzession. (Nach Mayer 1987)

tosyntheseprodukte in für das Wachstum notwendige Stoffe umformen können. Statt dessen produzieren sie sekundäre Pflanzenstoffe, die für Tiere großenteils giftig sind. Diese Regel kann auch innerhalb einer Art gültig sein; trockene Buchenblätter auf Buntsandsteinstandorten enthalten durchweg einen um eine Zehnerpotenz höheren Anteil an giftigen Phenolen als die Blätter der gleichen Art auf Kalkstandorten. Dementsprechend werden Buchenblätter von Kalkstandorten relativ rasch zersetzt.

Mit dem Heranwachsen der Bäume steigt auch bald die tote pflanzliche Biomasse sowie damit der Humusgehalt des Bodens und die Durchwurzelung. Entsprechend sinken die Mineralverluste, die mit dem abfließenden Wasser ausgetragen werden. In einem nordamerikanischen Wald waren es sogar die Frühjahresephemeren, ein für die Biomasse unbedeutender Teil der Vegetation des Waldbodens, die während der Phase des hohen Frühjahrsabflusses die Verluste an K und N deutlich verringerten (Bormann u. Likens 1979).

Mit der Bodenstruktur ändert sich die Bodenvegetation und natürlich auch die Bodentierwelt. Schließlich sind Bäume die größten Wasserverbraucher im ökologischen System. Wuchskräftige Jungbäume verbrauchen während der Vegetationsperiode ungeheure Wassermengen und senken dadurch den Grundwasserspiegel ab. Grundwasserneubildung findet dort nur außerhalb der Vegetationsperiode statt. Sehr alte Bestände dagegen verbrauchen weniger Wasser, und der Grundwasserspiegel steigt wieder. Dementsprechend sind die im Zyklus oder durch einen Windwurf entstandenen baumfreien Inseln in Waldgebieten stets feuchter als die von Bäumen bestandenen Bereiche. Wir finden nach einem Windbruch in Gebieten, die vorher stocktrocken waren und nur wenige Kleinsäuger hatten, Wasserspitzmäuse, Sumpfspitzmäuse, Schermäuse und andere Vertreter ganz feuchter Gebiete. Es handelt sich also hier nicht nur um einen Zyklus verschiedener Schlüsselarten im System, sondern es ändern sich auch Bodenfeuchtigkeit, Nährstoffversorgung und damit der Bodenaufbau (Bazzaz 1979; Beck 1988).

In diesem Zyklus sind Baumwurzeln die große Unbekannte; über sie weiß man eigentlich nur das, was aus Windbrüchen bekannt ist, z. B. daß ein großer Teil der Feinwurzeln jedes Jahr abstirbt und wieder neu gebildet wird. Aber über die horizontale und vertikale Ausbreitung eines Wurzelsystems bei verschiedenen Waldbäumen gibt es eigentlich keine soliden Angaben. Wohl alle Bäume arbeiten über ein Mykorrhiza-System. Es gibt jedoch verschiedene Formen der Mykorrhiza bis hin zur Vergesellschaftung mit Aktinomyceten. Die bisherigen Angaben über die Verbreitung dieses oder jenes Mykorrhiza-Typs auf der Welt sind noch im-

Das Beispiel des Urwaldes von Bialowieza

Langfristige und umfassende ökologische Untersuchungen an europäischen Lauburwäldern gibt es bisher nicht, und wir müssen versuchen, aus verschiedenen Einzelbildern des Mosaiks ein Gesamtbild der Sukzessionen zusammenzusetzen.

Der Urwald von Bialowieza besteht in großen Teilen aus relativ jungem Mischwald, in dem die Bäume einen Brusthöhendurchmesser von 20-30 cm haben. Bei den Bäumen handelt es sich um Hainbuche, Eiche, Esche, Linde, Fichte und Kiefer. In großen Abständen – etwa alle 100 m – aber schießt ein gewaltiger Urwaldriese mit einem Stammdurchmesser von 1-2 m durch die Laubkronen dieser jugendlichen Bäume hindurch und beginnt sich erst oberhalb des Kronendaches zu verzweigen. Auf diese Weise entsteht eine sehr unruhige Oberfläche des Laubdaches. Die Urwaldriesen sind ganz verschiedener Art; die höchsten sind Fichten (die Fichte erreicht hier den südlichsten Platz ihrer natürlichen Verbreitung im Tiefland) und Kiefern, dann aber kommen Eichen, Eschen, Linden in fast gleicher Höhe und mit fast gleichem Stammdurchmesser (Abb. 4.6).

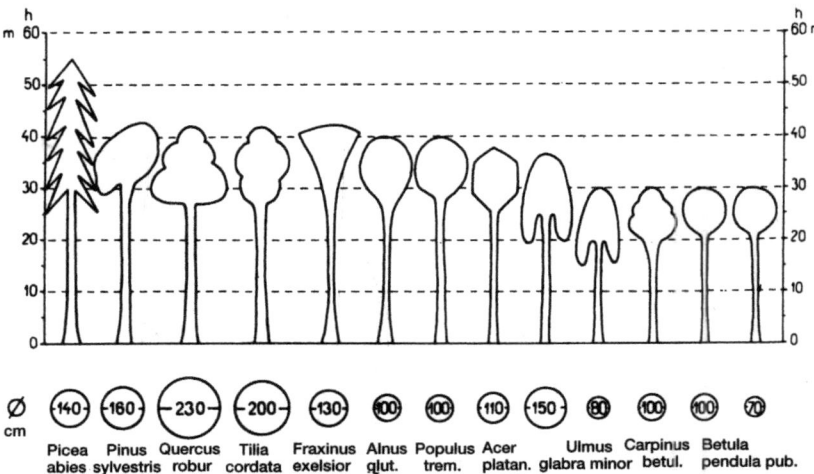

Abb. 4.6. Maximalhöhen der Bäume im Urwald von Bialowieza. Die Kronenschicht reicht gut 40 m empor und wird von den großen Fichten noch deutlich überragt. (Nach Falinski 1986)

Laubwälder der Nordhalbkugel (nemorale Zone)

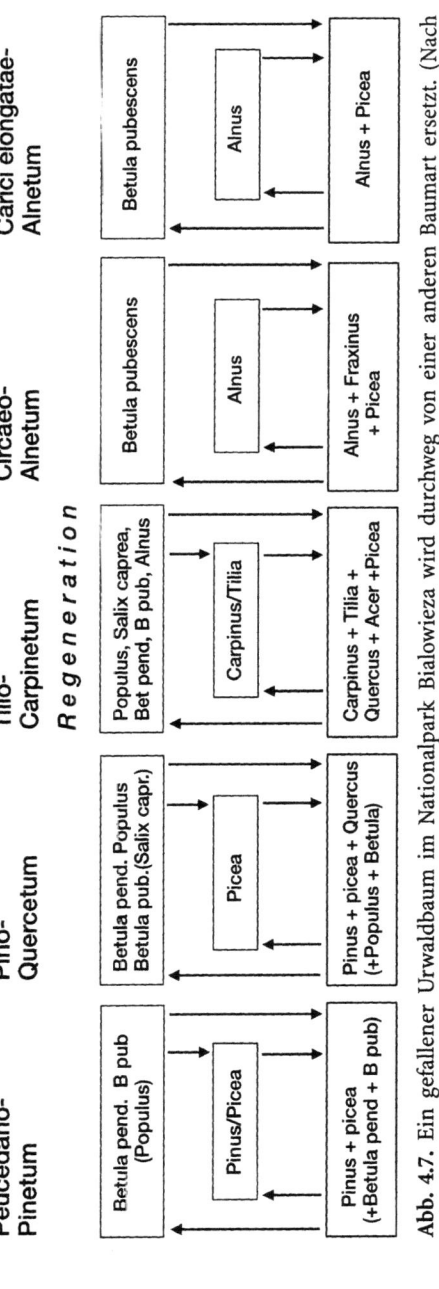

Abb. 4.7. Ein gefallener Urwaldbaum im Nationalpark Bialowieza wird durchweg von einer anderen Baumart ersetzt. (Nach Falinski 1986)

Abb. 4.8. Laubwald der gemäßigten Zone (Bialowieza, Polen), am Rand eines Erlenbruches

Falinski (1986), der hier viele Jahre sehr sorgfältig gearbeitet hat, konnte zeigen, daß kaum je ein gefallener Urwaldriese durch einen Vertreter der gleichen Art ersetzt wird (Abb. 4.7). Nur ca. 10% der reifen Bäume des „Urwaldes" von Bialowieza wachsen zu „Urwaldriesen" heran, 90% erreichen nur die Größe der – im forstwirtschaftlichen Sinn – hiebreifen Bestände. Demnach muß zwischen diesen beiden Entwicklungsstadien eine natürliche Mortalität von ca. 90% liegen (Falinski 1986).

Die Mechanismen sind natürlich ganz verschieden; ein besonders interessanter sei hier kurz dargestellt. Es gibt in Bialowieza in großer Zahl sehr nasse Erlenbrüche, wo große Erlen heranwachsen (Abb. 4.8). Wie bei Erlen üblich, sammelt sich um die Stammbasis Material, so daß dort

▶

Abb. 4.9. Ein Erlenbruch im Urwald Bialowieza in Nordpolen. An der Basis der Erlen siedeln sich Fichten an. (Bialowieza ist das südlichste natürliche Vorkommen der Fichte in Polen.) Diese Fichten überwachsen die Erlen und bringen sie zum Absterben. Der Erlenbruch verlandet langsam (V, VI). Die Fichten, die weit über den Wald hinausragen, haben günstige Wachstumsbedingungen, aber keine günstigen Standbedingungen in diesem Bruch. Bei einem Starkwind werden sie irgendwann geworfen. Ihre Wurzelteller schaffen offene Wasserstellen, wo sich Erlen wieder ansiedeln und den Kreislauf von Neuem beginnen lassen

Laubwälder der Nordhalbkugel (nemorale Zone)

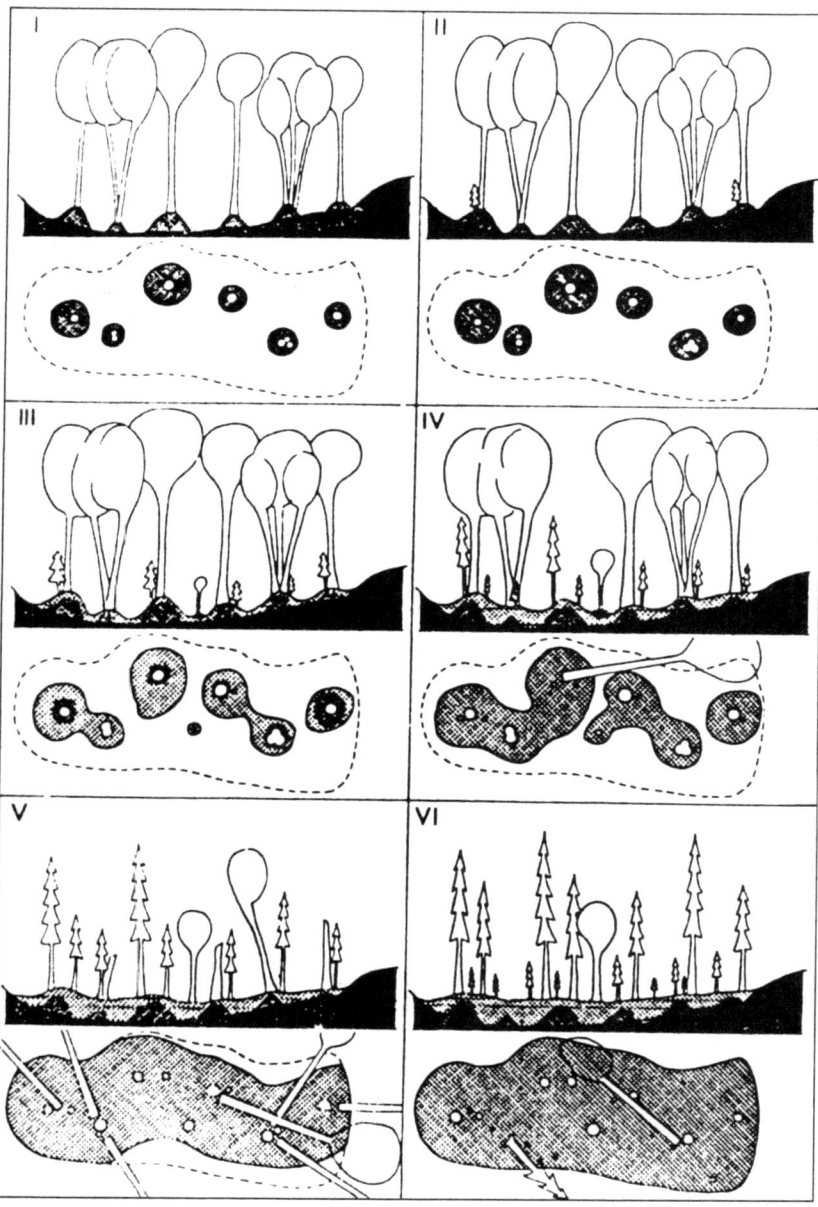

Erhöhungen entstehen, die relativ trocken sind. Dort siedeln sich nun Fichten an, die bei der hervorragenden Wasserversorgung sehr schnell heranwachsen, die Erlen überwachsen und damit zum Absterben bringen. So folgt auf einen Erlenwald ein Fichtenwald. Diese Fichten auf nassem Boden sind aber sehr windwurfgefährdet. Wenn sie bei einem Sturm fallen, reißen sie mit ihren Wurzeltellern ausgedehnte Löcher in den Boden, in denen sich wieder Erlen ansiedeln; der Zyklus beginnt von Neuem (Abb. 4.9).

Das Mosaik der unterschiedlichen Sukzessionsstadien wird auch von **spezifischen Tiergemeinschaften** besiedelt, die sich von der des Wirtschaftswaldes deutlich unterscheiden. Im Urwald von Bialowieza ist der Halsbandfliegenschnäpper einer der häufigsten Vögel, der Zwergfliegenschnäpper ist kaum seltener. Dagegen treten Buchfink und Fitis deutlich zurück. Plötzlich sieht und hört man auch den Weißrückenspecht, der im Nationalpark, im „Urwald", keineswegs selten ist, während man ihn im Wirtschaftswald nahezu vergeblich sucht.

Verläßt man den „Urwald" und geht 50 m weiter in den Wirtschaftswald der Umgebung, so hört man stattdessen dieselben Arten wie in deutschen Wäldern, Buchfink, Fitis, verschiedene Meisenarten und Grasmücken. Ist das Zufall? Scherzinger (1986) hat in seiner Monographie der Vögel des Bayerischen Waldes den Zwergfliegenschnäpper und den Weißrückenspecht als ganz charakteristische Vögel des naturnahen Waldes angegeben (Abb. 4.10). Für den Halsbandfliegenschnäpper sind die Temperaturen in der Höhenlage des Bayerischen Waldes zu niedrig. Wir haben also auf alle Fälle durch das Abschneiden der alten Jahrgänge unserer Bäume in den Wirtschaftswäldern eine sehr charakteristische Vogelwelt verloren. Die Vögel sind hier Indikatoren für eine Situation, die sich auch auf die übrige Fauna auswirken dürfte. Leider weiß man entomologisch darüber bisher sehr wenig.

Klimatisch bedingte regionale Differenzierung der Laubwälder

Die floristische Zusammensetzung der mitteleuropäischen Wälder verändert sich im wesentlichen längs des Klimagradienten ozeanisch-kontinental und mit der Höhenlage vom Tiefland bis in subalpine Lagen. Dieses Bild wird zusätzlich durch die regionalen Niederschlagshöhen und die Temperaturverhältnisse abgewandelt. Aufgrund pollenanalytischer Untersuchungen kann man das Waldbild der Zeit vor Beginn intensiver menschlicher Rodungsaktivität – vor ca. 2000 Jahren – in groben Zügen rekonstruieren (Firbas 1949; 1952; Abb. 4.11).

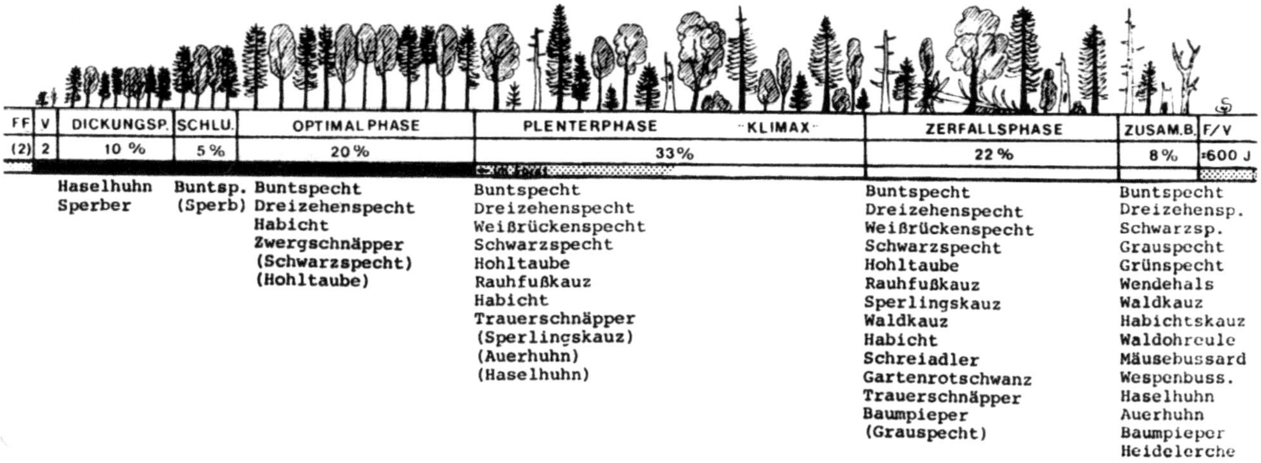

Laubwälder der Nordhalbkugel (nemorale Zone)

FF	V	DICKUNGSP.	SCHLU.	OPTIMALPHASE	PLENTERPHASE "KLIMAX"	ZERFALLSPHASE	ZUSAM.B	F/V
(2)	2	10 %	5 %	20 %	33 %	22 %	8 %	>600 J
		Haselhuhn	Buntsp.	Buntspecht	Buntspecht	Buntspecht	Buntspecht	
		Sperber	(Sperb)	Dreizehenspecht	Dreizehenspecht	Dreizehenspecht	Dreizehensp.	
				Habicht	Weißrückenspecht	Weißrückenspecht	Schwarzsp.	
				Zwergschnäpper	Schwarzspecht	Schwarzspecht	Grauspecht	
				(Schwarzspecht)	Hohltaube	Hohltaube	Grünspecht	
				(Hohltaube)	Rauhfußkauz	Rauhfußkauz	Wendehals	
					Habicht	Sperlingskauz	Waldkauz	
					Trauerschnäpper	Waldkauz	Habichtskauz	
					(Sperlingskauz)	Habicht	Waldohreule	
					(Auerhuhn)	Schreiadler	Mäusebussard	
					(Haselhuhn)	Gartenrotschwanz	Wespenbuss.	
						Trauerschnäpper	Haselhuhn	
						Baumpieper	Auerhuhn	
						(Grauspecht)	Baumpieper	
							Heidelerche	

Abb. 4.10. Die Vogelgemeinschaften in den verschiedenen Altersklassen des Waldes am Beispiel des Bayrischen Waldes. (Nach Scherzinger 1991)

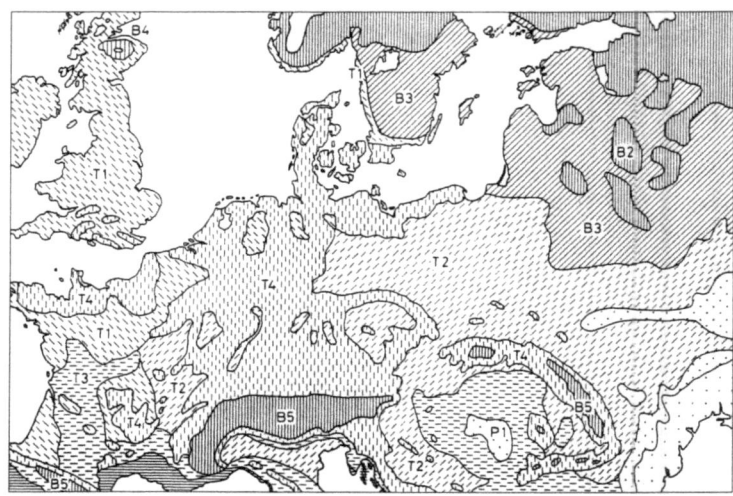

Abb. 4.11. Heutige natürliche Vegetation Mittel- und Westeuropas. *B*, Boreale und hemiboreale, montane und subalpine Nadel- und Mischwälder. *T*, Temperate Vegetationszone mit sommergrünen Laubwäldern: *T1*, Eichenmischwälder in atlantisch-subatlantischen, *T2*, in kontinental-subkontinentalen Tieflagen, *T3*, submediterran-thermophiler Typ; *T4*, Rotbuchen- und Rotbuchen-Tannenwälder in Tieflagen, im südlichen Europa in montanen Lagen; *P*, pannonisch-pontische Vegetation. (Nach Lang, 1994, verändert)

Danach herrschte im ozeanisch geprägten Westen und in der Mitte Europas, aber auch längs der südlichen Ostseeküste, die Rotbuche vor. Im äußersten Westen und Nordwesten konnte die Rotbuche ganz fehlen, und Eichen-Hainbuchenwälder traten an ihre Stelle. In den ausgedehnten Sandgebieten der Urstromtäler der Tieflandsgebiete etwa östlich der Elbe war der Anteil der Kiefern und Eichen höher, und in den niederschlagsärmsten Landschaften, wie der Magdeburger Börde, dominierten die Eichen. Im nördlichen Polen erreichte die Buche ihre klimatisch bedingte Verbreitungsgrenze. In der montanen Region waren zunehmend Tannen und Fichten untergemischt. Im kontinentalen Gebiet Osteuropas herrschte die Stieleiche (*Quercus robur*) vor, meist mit der Linde in der zweiten Baumschicht (Walter u. Breckle 1994). Eine differenzierte Darstellung der Waldtypen und ihrer Verbreitung findet sich bei Mayer (1984).

Erst vor etwa 7500 Jahren hat die Rotbuche die Alpen überquert (Küster 1995), dann vor etwa 2000 Jahren die Norddeutsche Tiefebene erreicht und Deutschland bis zur Küste besiedelt, danach auch die dänischen Inseln und Südschweden. Der Buchenwald ist also ein an sich recht junger Lebensraum, der wahrscheinlich durch den damals praktizierten Wanderfeldbau der Menschen in seiner Ausbreitung gefördert wurde. Hauptursache für dieses neue Erobern eines Lebensraumes war offenbar ein Klima, das ozeanischer wurde. Da Buchen durch Vögel relativ rasch verbreitet werden, war dieser Baumart die Besiedlung neuer Räume leicht möglich, zumal dort, wo durch zeitweilige menschliche Bewirtschaftung freie Flächen zur Erstansiedlung enstanden. Konkurrierende Baumarten werden durch die Buche übergipfelt und so aufgrund des unzureichenden Lichtangebots unterdrückt. Die Buche wird für unsere Breiten vergleichsweise hoch, und sie wirft einen starken Schatten, unter dem andere Arten – und Jungpflanzen der eigenen Art – nicht hochkommen (Beck 1988). So kommt es bei einem gewissen Alter des Bestandes zum sogenannten „Hallenwald" mit wenig Vegetation am Boden – die Optimalphase im Sinne der Forstwirtschaft.

Daß eine Pflanze der ozeanisch geprägten Zone recht unterschiedliche Stellungen im Ökosystem einnehmen kann, sei am Beispiel des Efeus gezeigt: Er ist eine in atlantischen Gebieten sehr häufig vorkommende Waldpflanze und klimmt hier – auch außerhalb der Wälder, z. B. an Ruinen – sehr weit in die Höhe. Mit zunehmend kontinentaler werdendem Klima wird Efeu immer weniger auffällig und erreicht schließlich in dem berühmten Urwaldgebiet von Bialowieza in Nordostpolen im Unterwuchs nur noch eine Höhe von 15–20 cm. In außereuropäischen Gebieten temperierter Breiten aber wird unser Efeu zu einem Wald- und Forstschädling, der Bäume völlig überwächst und erdrückt. Das ist etwa in den südchilenischen *Nothofagus*-Urwäldern der Fall.

Im Osten Europas werden die Wälder durch Eichen und Kiefern dominiert, untermischt mit Hainbuchen. Nach Nordosten finden sich im Eichenwald auch Fichten, und noch weiter östlich beherrscht ein Birkenwald das Bild. Die Stieleiche (*Quercus robur*) dringt weiter nach Osten vor als die Traubeneiche (*Quercus petraea*). Natürlicherweise würden die geschlossenen Wälder weiter im Osten in eine Art Eichensavanne übergehen, die dann schließlich einer Steppe Platz machte. Aber diese Eichensavanne ist weitgehend vernichtet, und auch die angrenzende Steppe ist ganz in landwirtschaftliche Nutzfläche umgewandelt worden. (vgl. Kap. 4.4)

Im Prinzip die gleiche Abfolge in umgekehrter Richtung haben wir in **Nordamerika**: Buchen-Ahorn-Birkenwälder im Nordosten mit eingemischten Kiefern verschiedener Arten, die an den großen Seen zunehmend mit Fichten untermischt sind und westlich des Mississippi in Eichensavanne übergehen (Abb. 4.12). Diese Eichensavanne geht schließlich in die Prärie über. Sie ist ein „Feuersystem" und kann sich nur erhalten, wenn regelmäßig Feuer durch das System gehen. Nach Untersu-

Abb. 4.12 Laubwald der gemäßigten Zone, auf Sandboden mit mosaik-artig eingestreuten Kiefern (Nordamerika, Lake Itasca)

chungen von Nicolai (1991) muß angenommen werden, daß ein Feuer etwa alle 4–5 Jahre die optimale Erhaltung der Eichensavanne sichert. Früher verhinderten zudem die riesigen Herden des amerikanischen Büffels, daß sich der Wald auf Kosten der Prärie ausbreiten konnte. Die Niederschläge in den östlichen Prärien sind hoch genug für die Ausbildung von Wald.

Die klimatisch bedingte zonale Großgliederung der nemoralen Biome wird lokal aufgrund der kleinklimatischen und edaphischen Bedingungen weiter differenziert. Insbesondere das Wasserangebot im Boden spielt für die Ausprägung eine wichtige Rolle. So weichen die wasserreichen, vielfach baumlosen Moore, die Bruch- und die Auwälder schon physiognomisch stark von den Zonen-typischen Wäldern ab. Für die **Auwälder** wirkt der Wechsel zwischen Überschwemmungs- und Trockenperioden prägend. Die mangelnde Durchlüftung des Bodens wird – anders als in Bruchwäldern – nur während der Überschwemmung wirksam, die außerdem durch Sedimentablagerung zur Nährstoffanreicherung führen kann. Für ausreichend überschwemmungsresistente Pflanzen entstehen so die Voraussetzungen für üppiges Wachstum. Die Überlebensmöglichkeiten werden außerdem durch die direkten und indirekten mechanischen

Wirkungen des strömenden Wassers bestimmt. An den großen Flüssen entsteht eine deutliche Zonierung der Vegetationszusammensetzung in Abhängigkeit von der Überschwemmungsdauer: Es bilden sich weidenreiche tiefer gelegene Weichholzauen und höher gelegene Hartholzauen mit einem hohen Anteil an Eschen, Ulmen und Eichen. An kleineren Fließgewässern mit kürzerer Überschwemmungszeit dominieren Erlen (vgl. Kap. 5). Die Auwälder als amphibischer Bereich sind abwechselnd Lebensraum der limnischen und der terrestrischen Fauna und können auch auf der trophischen Ebene der Konsumenten sehr produktiv sein. Heute sind sie durch die Nutzung des Menschen bis auf geringe Reste zerstört. An den stauregulierten Strömen fehlt oft die natürliche Abflußdynamik, so daß auch nur noch begrenzte Regenerationsmöglichkeiten bestehen (Dister 1980; Gerken 1988).

In den nördlichen USA und im südlichen Kanada ist heute der **Biber** wieder ein wichtiges landschaftsbeherrschendes Element geworden, nachdem er durch Trapper nahezu ausgerottet war. Nach seiner Unterschutzstellung hat er in den überwiegend hügeligen Gebieten wieder Fuß gefaßt und lebt heute an den großen Strömen (z. B. Mississippi) ebenso wie an kleinen Bachläufen, die er aufstaut, sobald der Wasserstand nicht mehr ausreicht, um die Eingänge der Burgen unter Wasser zu halten. Hierdurch ergibt sich wiederum ein Zyklus: Ein aufgestauter See im Wald tötet natürlich die dort vorhandenen Bäume, so daß diese fallen; der See verlandet, und Schlammablagerungen und Niedermoorbildung breiten sich aus. Der verlandete und nicht selten vom Biber verlassene See wird zur „Biberwiese", an der sich große Säugetiere konzentrieren und auch Insekten in großer Arten- und Individuendichte ansiedeln. In diese Biberwiese rückt vom Rand her Weichholzvegetation vor, die dann der an sich „standortgemäßen" Waldvegetation Platz machen kann. Die Förderung der Weichhölzer beschert dem Biber ein erhöhtes Angebot seiner bevorzugten Winternahrung. In den sterbenden Bäumen eines frisch aufgestauten Sees finden sich ziemlich regelmäßig Reiherkolonien und Fischadler- bzw. Seeadlerhorste. Heute sind die Biber in Nordamerika vielfach eine Plage, da sie mit Vorliebe Straßenbrücken verstopfen, so daß das rückgestaute Wasser über die Straße abfließt.

Ökosystemeigenschaften des Laubwaldes

Der vorherrschende Waldtyp Mittel- und Westeuropas, der Rotbuchenwald, ist Objekt einer groß angelegten mehrjährigen Ökosystemstudie im Rahmen eines internationalen biologischen Programmes. Sie wurde von

Göttingen aus zunächst im Solling – auf Buntsandstein – durchgeführt und schließt mittlerweile einen Göttinger Kalkbuchenwald mit ein (Ellenberg 1986; Ellenberg et al. 1986).

Hinzu kommen ausgedehnte Untersuchungen im nördlichen Schwarzwald über die Bodenfauna des Buchenwaldes auf Lehmboden sowie in Belgien, England und Dänemark. Damit ist der Buchenwald während der Optimalphase heute das am besten untersuchte Waldökosystem der Welt (Abb. 4.13). Man muß dabei jedoch immer betonen, daß es sich um Untersuchungen bewirtschafteter Wälder in der Optimalphase handelt; handelte es sich um ein ungestörtes Ökosystem, so würde in der Altersphase sehr viel Totholz auf den Boden gelangen, das remineralisiert werden müßte; in der Jugendphase und in der Verjüngungsphase dagegen muß die Produktion sehr viel höher sein, die Entnahme von Nährstoffen aus dem Boden also stärker als während und nach der Optimalphase. Um das Ökosystem Buchenwald also wirklich verstehen zu können, müßten diese Untersuchungen viel längerfristig weitergeführt werden.

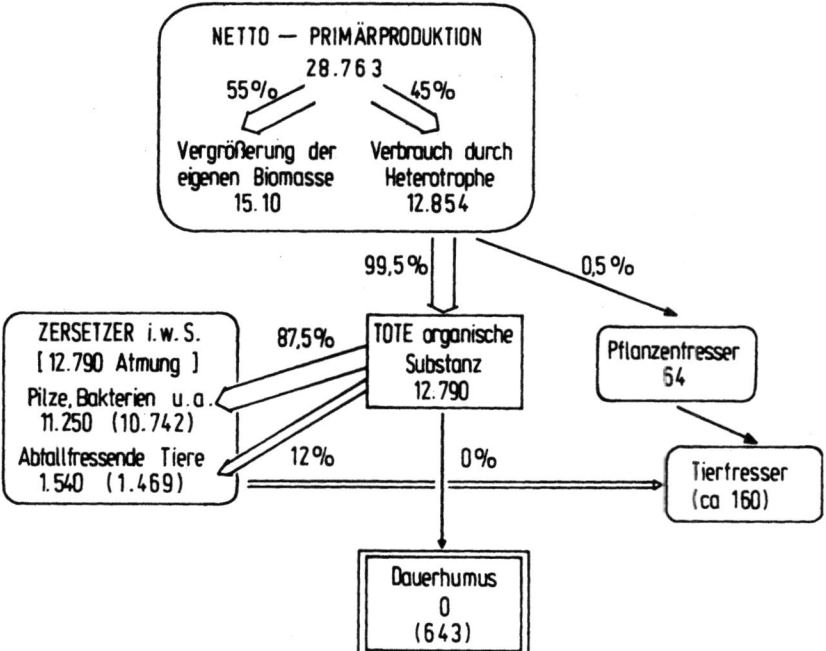

Abb. 4.13. Energiefluß durch einen Buchenwald während der Optimalphase. Angaben in $KJ \cdot m^{-2} \cdot a^{-1}$. In Klammern: Unter der Annahme, daß 5% organische Substanz als Humus gespeichert werden. (Nach Ellenberg, Mayer u. Schauermann 1986)

Laubwälder der Nordhalbkugel (nemorale Zone)

Neben den Buchen nehmen heute Kiefern und Fichten große Gebiete Deutschlands ein, mit deren Pflanzung man um 1800 begonnen hat, um der Waldzerstörung zu begegnen. Kiefer und Fichte waren damals die einzigen Bäume, die auf den degradierten Böden raschen Ertrag brachten, und man muß die Leistung der Forstwirtschaft anerkennen, die damals wieder Wald geschaffen hat. Es war vorgesehen, im Anschluß an die Nadelwaldpflanzung auch wieder Laubbäume zu pflanzen; infolge der verschiedensten Kriegswirren blieb es dann aber beim Nadelwald, der bis heute großenteils an Standorten steht, wo er an sich nicht hingehört; vielfach hat er so den Boden mit zerstört.

Kehren wir jedoch zum Buchenwald zurück und versuchen, einen ganz kurzen Einblick in sein Funktionieren zu geben. Sich kurz zu fassen, ist angesichts der hervorragenden, umfangreichen Monographie von Ellenberg, Mayer u. Schauermann (1986) und auch wegen der Komplexität der Ergebnisse schwierig; so muß immer wieder auf diese Monographie verwiesen werden. Der Buchenhallenwald ist aufgrund des sehr schattigen Milieus floristisch und faunistisch ärmer als die meisten anderen Lebensräume Mitteleuropas. Dies gilt umso mehr, wenn er auf magerem Untergrund – z. B. auf Silikatböden – steht, während sich auf Kalk eine reichere Variante entwickeln kann. Natürlich ist die Zahl der hier regelmäßig anzutreffenden Arten auf den ersten Blick hoch – man muß mit mindestens 1500 Pflanzenarten rechnen – aber in den lichteren Eichenwäldern liegt diese Zahl noch viel höher.

Im Hallenwald bleiben **pflanzenfressende große Säuger** für die Bäume praktisch ohne Bedeutung, weil die Kronen sich außerhalb ihres Aktionsradius befinden. Während in den Tropen Säugetiere wie Faultiere, zahlreiche Affenarten und auch Vögel, z. B. der südamerikanische Hoatzin (*Opisthocomus hoazin*), als Laubfresser oft in großer Zahl die Baumkronen bewohnen, ist dieser Lebensformtyp in den laubabwerfenden Wäldern der gemäßigten Zone ohne Bedeutung. Das dürfte seine Ursache in dem zu geringen Nahrungsangebot während des laublosen Winters haben. Eine Ausnahme ist anscheinend der nordamerikanische Baumstachler (*Erethizon dorsatum*), ein geschickter Kletterer mit Greifschwanz, der im Frühjahr und Sommer von Blättern, Knospen und dünnen Zweigen lebt. Er bleibt im Winter aktiv, frißt dann allerdings Nadeln von Coniferen und Baumrinde. Der Schaden durch das Entrinden der Bäume soll relativ gering bleiben.

Es bleiben also nur einige **pflanzenfressende Insekten**, die als Herbivoren für die Bäume eine gewisse Bedeutung haben. Unter den Blattfressern sind einige häufige Arten; weiter zu nennen sind vor allem der Rüsselkäfer *Rhynchaenus fagi* als Minierer (Larve) und Blattfresser (Imago) sowie die

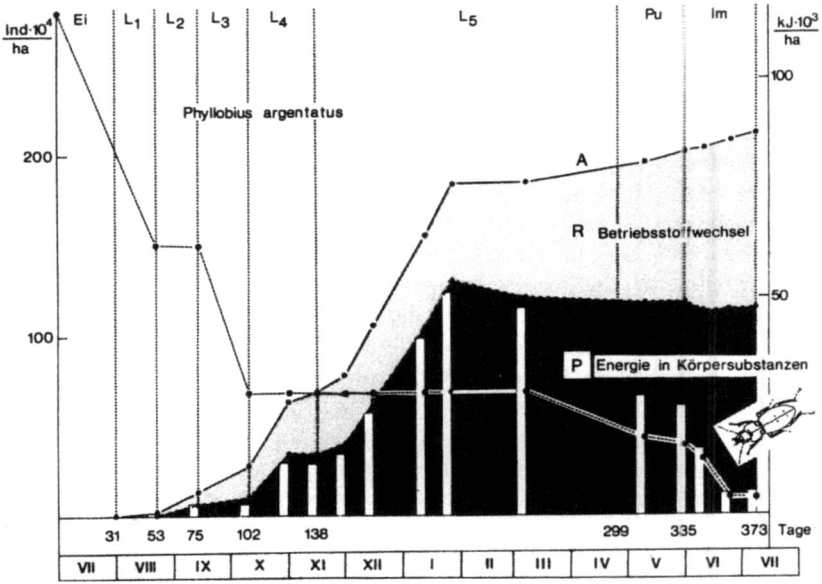

Abb. 4.14. Kumulative Energiebilanz in der Ontogenese einer Population des Rüsselkäfers *Phyllobius argentatus* im Solling, dessen Larven Pflanzenwurzeln fressen. *Gestrichelte Kurve*, Zahl der überlebenden Tiere (Individuen, 10^4 pro ha); *weiße Säulen*, Biomasse; *A*, Assimilation; *R*, Respiration, *P,* Produktion (KJ, 10^3 pro ha); L_1-L_5, Larvenstadien; *Pu*, Puppe; *Im*, Imago. (Nach Schauermann 1973)

Gallmücke *Mikiola fagi* als Gallenbildner. Abb. 4.14 zeigt das Beispiel eines wurzelfressenden Rüsselkäfers. Die Herbivorenkette scheint wenig effektiv. Fast alles Laub geht im Herbst zu Boden und muß hier durch Bodenbewohner remineralisiert werden (s. Abb. 4.13). Über die ökosystemare Bedeutung der Wurzelfresser an den Waldbäumen ist wenig bekannt.

Direkte oder indirekte Schädigungen können jedoch auf andere Weise entstehen. Die Buchenwollaus *Cryptococcus fagisuga* beispielsweise saugt am Stamm und überträgt dabei häufig Pilzerkrankungen. Durch die Pilzinfektion können die Buchen kränkeln und schließlich sterben. Diese Art tritt häufig ohne nachhaltige Schädigung des Baumes auf, weil dieser erfolgreich in der Rinde eine Abwehrnekrose bildet (Schwerdtfeger 1970). Auch im Solling wurden während zwanzigjähriger Untersuchungen im Rahmen des Forschungsprojektes keine auffälligen Schäden beobachtet. Dies änderte sich seit 1989. Die Ursache für diese Veränderung ist nicht bekannt. Auch der rindenbrütende kleine Buchenborkenkäfer *Taphrorychus bicolor* kann unter besonderen Umständen schädlich werden; normalerweise wird er durch einen sehr spezifischen Feind, den Käfer *Nemosoma elongatum* (Temnochilidae) kurz gehalten, der ihm in die Gänge folgt. Dieser *Nemosoma* reagiert auf den gleichen Duftstoff wie der Buchdrucker *Ips typographus* und wird daher in Massen in Pheromonfallen weggefangen. Ob dies wiederum die Massenvermehrungen des kleinen Buchenborkenkäfers begünstigt, läßt sich bisher nicht sagen (Abb. 4.15; Dippel 1994; 1996). Möglicherweise ist die Dauer der Untersuchungen im Solling selbst für eine Analyse des Ökosystems des Buchenhallenwaldes noch zu kurz. Es ist auch möglich, daß diese Arten eigentlich Spezialisten für die Altersphase des Buchenwaldes sind und erst hier eine Rolle spielen würden.

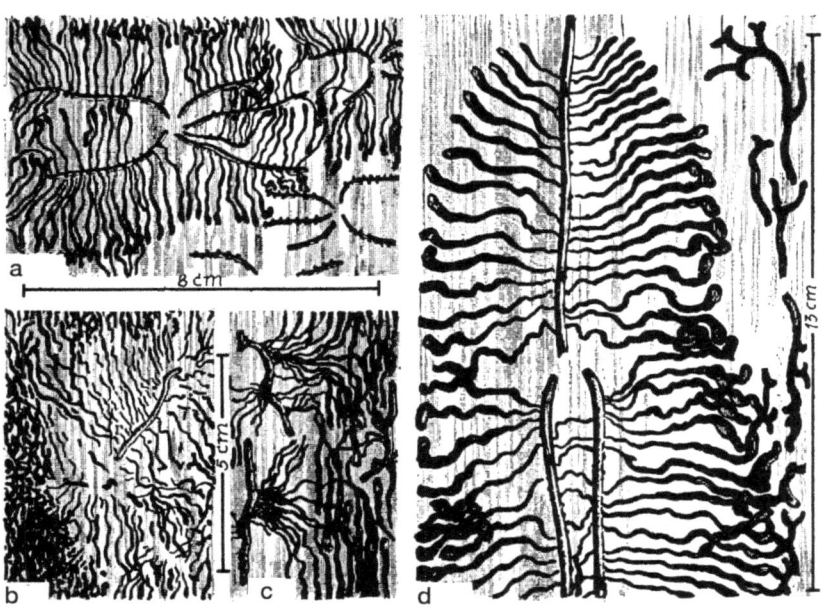

Abb. 4.15 a-d. Fraßbilder von rindenbrütenden Borkenkäfern (Ipidae) an Fichte. **a** *Pityogenes chalcographus*, Kupferstecher. Brutfraß in einem Fichtenbaststück. *Rechts unten*, Sterngang im Anfangsstadium mit Ei-Nischen. **b** *Polygraphus polygraphus*, Städteschreiber. Der sternförmige Brutfraß ist schwach sichtbar. Rammelkammer verborgen; Fraßfigur insgesamt verworren. **c** *Hylurgops palliatus*, gelbrauner Fichtenbastkäfer. Beachtenswert der stiefelartige Anfang im einarmigen Längsgang. Larvengänge wirr durcheinander. **d** *Ips typographus*, Buchdrucker. Vollendeter Brutfraß (Bastseite der Rinde; Rammelkammer verborgen). *Rechts* in der Fraßfigur gehäuft die Puppenwiegen und daneben der hirschgeweihförmige Reifungsfraß der Jungkäfer. (Nach Brauns 1964)

Offenbar sind Bestände während der Optimalphase auf günstigem Boden mit günstiger Wasserversorgung kaum von Feinden angreifbar. Erst wenn die Wasserversorgung nicht mehr optimal funktioniert, z. B. wenn die Bäume zu groß und zu alt werden, nimmt der Befall durch zerstörende Organismen zu. Krankheitserreger befallen die Bäume, sie sterben ab, brechen zusammen und werden remineralisiert. In diesem Stadium also sind Krankheitserreger und ihre Vektoren im Gesamtprozeß des Ökosystems ungemein wichtig (Buchner 1953). Ebenso wie sich ein biozönotisches Beziehungsgefüge der Ernährung konstruieren läßt, ließe sich auf diesem Stadium ein biozönotisches Beziehungsgefüge des spezifischen Transports von Erregern von Pflanzenkrankheiten zeichnen.

In den Alters- und **Zusammenbruchsphasen des Waldes** steigt auch die Individuenzahl der Konsumenten, die ihre Nahrung direkt oder indirekt von den Bäumen erhalten. Groß ist beispielsweise die Zahl Totholzbewohnender Arthropoden. Da ihre Zahl steigt, steigt auch die Anzahl der Vögel pro Flächeneinheit. Im Gegensatz zu dem sehr arten- und individuenarmen Zustand in der Optimalphase erhalten wir jetzt ein hochdiverses System. Insofern haben wir also mit dem Wirtschaftswald die höchste Diversität des Waldes abgeschnitten.

Eichenwälder unterliegen viel mehr als Buchenwälder einem Fraßdruck durch pflanzenfressende Insekten. Häufig wird der erste Frühjahrstrieb komplett abgefressen. Das kann durch Maikäfer geschehen, durch Raupen der Nonne (*Lymantria monacha*), durch Raupen des Eichenwicklers (*Tortrix viridana*) und andere. Die Eichen können jedoch ein zweites Mal austreiben und überstehen eine solche Entlaubung fast ohne meßbaren Schaden (Schwenke 1978). Weiden und Pappeln werden als Jungbäume viel stärker von Säugetieren befressen als andere. An Birken- und Erlensamen fressen andere Vogelarten als an Eicheln und Bucheckern oder den Flugfrüchten der Ahornarten. Eine Verbreitung über größere Strecken, wie das bei Eicheln und Bucheckern üblich ist, kommt dabei nicht in Betracht.

Während bei der Eiche 1000 Samen 3-5 kg wiegen, bei der Buche etwa 200-250 g, wiegt die gleiche Anzahl Fichten- oder Kiefernsamen nur etwa 4-8 g, Birkensamen sogar nur 0,1-0,5 g und Weiden- und Pappelsamen noch weniger. Die Häufigkeit der Samenjahre steht in deutlicher Beziehung zur Samengröße. Aus der Zeit, als noch regelmäßig Schweine in Eichen- und Buchenwälder getrieben wurden, haben sich die Bezeichnungen Vollmast für ein reiches Samenjahr bzw. Fehlmast bei geringer oder fehlender Samenbildung dieser Baumarten erhalten. Die leichtsamigen Laubbäume fruchten regelmäßig in kürzeren Zeitabständen, gewichtigere Samen werden dagegen nur in größeren Abständen gebildet. Der jährliche Samenertrag eines Einzelbaumes kann bei der Eiche 50 kg oder 15 000 Samen erreichen, bei der Kiefer vielleicht 100 000 Samen und bei einer starken Birke nahezu 30 Millionen. In einem guten Samenjahr fallen auf einen m^2 des Waldbodens unter älteren Beständen der Eiche etwa 200 Eicheln, bei der Kiefer etwa 300 Samenkörner, bei der Buche 400–600 und bei der Fichte 600–800. Während die Blätter nur zu ca. 10% Herbivoren zum Opfer fallen, sind das bei den Samen etwa 95%.

Remineralisierung. Sehr verschieden dürfte auch die Remineralisierung des Bestandesabfalls erfolgen. So braucht Buchenlaub auf kühlen, feuchten Sand- und Granitböden in Mitteleuropa ca. sieben Jahre zur Remineralisierung, während der gleiche Prozeß auf kalkigem Untergrund häufig schon nach einem halben Jahr abgeschlossen ist. Daher haben wir in Buchenwäldern auf Sand oder Granit immer eine dicke Schicht abgeworfenes Fallaub, welches keimende Pflanzen am Aufwachsen hindert und so zusammen mit der Wurzelkonkurrenz durch die alten Bäume und dem Schatten der großen Buchen die Vegetationsarmut am Boden dieses Waldtyps bedingt. In Buchenwäldern auf Kalk aber begegnet uns eine reiche Flora – und damit eine reiche Tierwelt –, die vor allem im Frühjahr, wenn die Bäume noch keinen Schatten werfen, deutlich ist. Da diese Pflanzen nur da gedeihen können, wo keine dicke Fallaubschicht vorhanden ist, die Remineralisierung also rasch erfolgt, haben die Destruenten unter den Tieren eine weit größere Arten- und Individuenzahl im Kalkbuchenwald als im Sandbuchenwald. Man kann zwar auch bei genügendem Fleiß im Sandbuchenwald destruierende Schnecken, Regenwürmer, Asseln und Diplopoden nachweisen, doch sind sie nicht entfernt so zahlreich wie im Kalkbuchenwald.

Diese generellen Hinweise sagen jedoch vergleichsweise wenig aus. Wir müssen bedenken, daß unsere Waldböden besiedelt werden von Einzellern, von Nematoden, von Milben, von Collembolen, von Dipterenlarven und vielen anderen Tieren. Diese fressen keineswegs, wie es so gern angenommen wird, nur pflanzlichen Bestandesabfall, sondern sie arbeiten auf höchst komplexe Weise zusammen mit Mikroorganismen und Pilzen diesen Bestandesabfall auf. Durch vielfaches Recyceln des eigenen Kotes oder des Kotes anderer Tiere, welcher inzwischen durch Mikroorganismen und Pilze besiedelt wurde, findet eine Remineralisierung statt. Man muß davon ausgehen, daß die Nahrungsverwertung im Boden mindestens genauso kompliziert ist wie die der verschiedenen Lebewesen über der Erde. Dabei denke man nur an die vielen sekundären Pflanzenstoffe in Pilzen, die ja in den einzelnen Pilzarten ganz unterschiedlich sind (z. B. Penicillin). Man wird also im Boden ein mindestens ebenso kompliziertes Bild der biozönotischen Beziehungen zeichnen müssen wie in dem uns so leicht zugänglichen Bereich des Waldes über der Erde (Beck 1987; Franke et al. 1988; Heynen 1988; Zell 1988a, b).

Der Einfluß der Großsäuger

In Mittel-, Nord- und Osteuropa waren zu Beginn der Nacheiszeit die herbivoren Großsäuger durch Reh, Rothirsch, Elch, Wildschwein sowie die beiden Rinderarten Ur (*Bos primigenius*) und Wisent (*Bison bonasus*) vertreten. Während Elche ihre Nahrung bevorzugt in Sümpfen und Bruchwäldern suchen und vor allem Weichhölzer fressen, sind die übrigen Tierarten ursprünglich in der Waldlandschaft weit verbreitet gewesen. Die beiden Rinderarten sind heute für die Waldökosysteme ohne Bedeutung. Das Ur – ursprünglich in Mittel- und Osteuropa und im Mittelmeergebiet weit verbreitet – wurde im 16./17. Jahrhundert endgültig ausgerottet. Die Bestände des Wisent, ebenfalls früh dezimiert, überlebten allerdings bis ins 20. Jahrhundert in Osteuropa in der Wildnis und wurden durch Nachzucht von Zootieren bis in die Gegenwart gerettet. Der typische Lebensraum des Ur waren wahrscheinlich lichte Wälder, Tal- und Flußauen, reichte aber auch in offene, steppenartige Landschaften hinein. Die Nahrung dürfte ähnlich wie beim Wisent aus Gräsern, Weichhölzern und dergleichen bestanden haben. Möglicherweise waren Biberwiesen, wie sie nach dem Ablaufen der Stauteiche entstanden, wichtige Weidegründe des Ur, für den eine stärkere Bevorzugung offener Flächen als beim Wisent vermutet wird. Von Wisent ist bekannt, daß Kräuter im Sommer einen großen Anteil der Nahrung ausgemacht haben. Die Beweidung wird dadurch so auf verschiedene Flächen verteilt, daß die Regeneration der Pflanzenbestände wenig beeinträchtigt ist. Es gibt allerdings zahlreiche Hinweise darauf, daß diese Rinder zusammen mit anderen Herbivoren – vor ihrer Dezimierung durch den Menschen – die **Struktur des Waldes und die Verteilung von Offenland und Wald** in der Landschaft erheblich beeinflußt haben. Möglicherweise boten im Urwald die Lichtungen und Flächen mit Jungwuchs zu Beginn der Sukzession die meiste Nahrung (Krasinska et al. 1987). Vom Rothirsch wissen wir, daß er im Winter aus dem Gebirge in die Flußtäler herunterwanderte und dort im Auwald das leicht aufschließbare Weiden- und Pappelholz fraß.

Ein gewisses Problem stellt das Reh dar, welches auch auf die Jugendphase von Urwäldern und auf die Auengebiete beschränkt war, aber zweifellos auch unter sehr viel stärkerem Jagddruck als heute zu leiden hatte (Wolf, Luchs, Bär). Die Ausbreitung des Rehes in Skandinavien und die Vermehrung des Bestandes bei uns sind zweifellos Folgen der Umstellung auf Wirtschaftswälder und der Reduktion von Raubtieren. Im trockenen Wald sind Rehe früher sicher kaum vorgekommen.

Rehe als Selektierer sind im Wirtschaftswald besonders deswegen unangenehm, weil sie sommers wie winters Knospen von Jungbäumen fressen und weil sie in relativ kurzen Abständen fressen müssen. Da die Forste heute stark von Menschen frequentiert werden, müssen sich die Tiere in den tiefen Wald zurückziehen, wo ihre Fraßtätigkeit besonders ins Gewicht fällt. Das gilt unter Umständen noch mehr für den Rothirsch, der mindestens dreimal pro Tag Nahrung aufnehmen muß, dem aber nur die Nacht als ruhige Äsungszeit bleibt. So kommt es, daß die Hirsche den Tag über im dichten Wald verbringen müssen, wo für sie kaum etwas Freßbares erreichbar ist, und daß sie dort die Bäume schälen und sehr große Schäden hervorrufen. In völlig ungestörten Waldgebieten treten die Hirsche auch tagsüber an den Waldrand und nehmen hier Nahrung auf; ihr Fraß hat dann kaum eine schädigende Wirkung.

Ganz anders ist das Wildschwein zu beurteilen; es hat sich sicher einmal großenteils von Eicheln, Bucheckern und anderen Früchten und Samen der Waldbäume ernährt. Es ist kein Laubfresser wie Rinder und Hirsche, sondern viel mehr auch Fleischfresser; zu einem nicht unerheblichen Teil ernährt es sich von Mäusen und Wirbellosen und hält diese Tiere dadurch an Stellen kurz, wo Jungwuchs hochkommt. Bei diesem Wühlen wird der Waldboden für Samen geöffnet, und die Rolle der Wildschweine bei der Förderung des Jungwuchses ist daher unbestritten. Der Forstmann sieht Wildschweine gerne im Wald, während er Rehe und Hirsche wegen ihrer Verbißschäden notgedrungen nur begrenzt dulden kann.

Wir haben hier an einer Reihe bekannter Tiere dargestellt, wie sehr sich die heutige Situation im Wirtschaftswald von der im ursprünglichen Urwald unterscheidet und daß diese Situation durch die große Zahl von Menschen noch wesentlich verschärft wird. Dieses Phänomen würde man bei nahezu allen Tieren – ganz deutlich bei Insekten – darstellen können.

Fallbeispiel Ulmensterben

Nur in ganz wenigen Fällen können wir heute mit einiger Wahrscheinlichkeit das komplizierte Gefüge aus Pflanzen, ihren Schädlingen und deren Antagonisten im Wald wirklich einschätzen. Ein Beispiel: In Mitteleuropa trat das „Ulmensterben" erstmals um die Jahrhundertwende auf.

Alle Versuche es einzudämmen, schlugen fehl. Die damals in großer Zahl als Park- und Alleebäume gepflanzten Ulmen (*Ulmus minor*, *U. laevis* und *U. glabra*) starben überwiegend ab; es blieben einzelnstehende Ulmen in einigen Mischwäldern übrig. Das gleiche Schicksal erlitten Ulmen in England und in den Niederlanden, wo der Baum noch viel stärker als dekorativer Parkbaum angepflanzt worden war als in Deutschland. Inzwischen ist die Krankheit auch nach Nordamerika übergesprungen und hat dort nicht nur aus Europa eingeführte Ulmen weitgehend vernichtet, sondern auch die dort einheimischen Arten. Die europäischen Ulmen waren auch in Nordamerika vor allen Dingen als Park- und Alleebäume eingeführt worden. Als relativ widerstandsfähig gilt nur *Ulmus parvifolia*.

Inzwischen ist klar, daß das Ulmensterben durch ein Toxin verursacht wird, welches von einem Pilz (*Ceratocystis ulmi*) produziert wird, der unter der Rinde des Baumes lebt. Dieses Toxin induziert die Ausbildung von Verschlüssen im Xylem; dadurch wird die Wasserversorgung der Krone behindert und schließlich gänzlich unterbrochen; der Baum stirbt ab. Wenn die Wasserversorgung des Baumes sehr gut ist, kann er den Angriff des Pilzes überstehen, wird aber nicht immun. Der Pilz kann im Labor auf totem Ulmenholz gezogen werden, auf Kulturmedien, die aus Pflanzenextrakten hergestellt wurden und auf rein synthetischen Kulturmedien. In anderen Pflanzen gedeiht der Pilz allerdings nicht, und selbst einige asiatische Ulmenarten sind immun gegen ihn. Er wird verbreitet durch die Ulmensplintkäfer *Scolytus multistriatus* und *S. scolytus*, aber auch durch andere Borkenkäfer, die an Ulmen leben. Deren Fraßgänge werden vom Pilz besiedelt und von dort verschleppen die Käfer die Pilzsporen zu weiteren Bäumen. Damit ist klar, daß dicht beieinanderstehende Ulmen besonders gefährdet sind und Baumindividuen, die isoliert im Wald stehen, weniger.

Die Infektion erfolgt beim Reifefraß an jungen Trieben in der Kronenperipherie; von dort gelangt der Pilz mit dem Wasserstrom in die übrigen Teile der Krone. In der Regel sind Bäume mit etwas gestörtem Wasserhaushalt betroffen. Der Käfer selbst schadet den Ulmen kaum; erst wenn er den Pilz mit sich trägt, wird er für die Ulme zur Gefahr. Nach Amerika eingeschleppt wurde zunächst nicht der Pilz, sondern allein der Käfer, und dieser hat sich über mindestens ein Jahrzehnt dort ausgebreitet, ohne ernsthafte Schäden anzurichten. Erst später folgte der Pilz.

Gelegentlich – aber sehr selten – gibt es Ulmen, die offenbar dem Angriff des Pilzes widerstehen können. Es stellt sich auch die Frage, wieso die ostasiatischen Ulmen nicht von dem Pilz geschädigt werden. Bei den Untersuchungen stellte sich heraus, daß ein Bakterium (*Pseudomonas*) die Pilze weitestgehend vernichtet und Krankheitssymptome oder gar das

Sterben von Ulmen trotz Infektion verhindern kann. Heute kann man offenbar Ulmen retten, solange sie nur wenig geschädigt sind, wenn ihnen das Bakterium im Frühjahr bei guter Wasserversorgung appliziert wird. Die Bakterien ernähren sich dann von den Pilzen und räumen mit ihnen auf. Nicht klar scheint bisher zu sein, auf welchem Weg das Bakterium weiterverbreitet wird und warum es nicht weiter verbreitet ist. Auch ist nicht klar, warum die Seuche so plötzlich auftrat und warum sich der Antagonist des Pilzes bisher nicht auch selbständig mit dem Pilz verbreitet hat. Dieses Beispiel zeigt ferner, daß wir mit dem Bestreben, Monokulturen anzulegen, gleichzeitig auch schwer erkennbare Krankheiten fördern.

4.2 Laubwälder der gemäßigten Zone der Südhalbkugel

Die Laubwälder der gemäßigten Zone der Südhalbkugel beschränken sich auf vergleichsweise kleine Gebiete im Süden von Chile und Argentinien sowie auf Tasmanien. Tasmanien ist historisch eigentlich ein eigener kleiner Kontinent – vergleichbar mit Madagaskar vor der Ostküste Afrikas. Ein weiteres Gebiet sind die Waldungen an der Küste der Südinsel von Neuseeland. Diese vergleichsweise kleinen Gebiete stammen alle aus Bruchstücken des alten Gondwanalandes und besitzen daher alle Wälder aus Südbuchen (*Nothofagus*), die große eintönige Flächen einnehmen und im ursprünglichen Zustand typische Merkmale des Mosaik-Zyklus-Geschehens aufweisen, mit Überalterung, Lichtungen, gleichzeitigem Jungwuchs und Optimalphase. Damit hören die Gemeinsamkeiten aber weitgehend auf, da diese Gebiete eben schon sehr früh voneinander getrennt worden sind. In Neuseeland lebten ursprünglich keinerlei Säugetiere in den Wäldern; Tasmanien hatte eine sehr spezifische Beuteltierfauna – mit dem heute wahrscheinlich ausgestorbenen Beutelwolf – und Südamerika hat kleine, sehr spezifische Hirsche. Inzwischen wurden in Lateinamerika und Neuseeland mit großem Erfolg Säugetiere und Vögel aus Europa und Asien eingebürgert, die dem Wald erheblich zusetzen und ihn z. T. erheblich verändert haben (Rothirsch, Elch, Biber, Thar (*Hemitragus jemlahicus* aus dem Himalaja), Axishirsch, Sambarhirsch, Gemse, Damhirsch, Wildschwein – um nur einige zu nennen). In Neuseeland versucht man nun, sich von einigen dieser Tiere zu befreien; dies gelingt leider nicht.

Auch die Vogelwelt in diesen Gebieten ist sehr stark durch Importe verändert. Allerdings sind die eingeführten Vögel überwiegend in der Nähe menschlicher Siedlungen geblieben.

4.3 Nadel- und Mischwälder der gemäßigten Zone

In der Laubwaldzone Mitteleuropas waren auch vor der Phase der modernen Forstwirtschaft Nadelgehölze verbreitet, zum einen in Laub-Nadelholz-Mischbeständen, zum anderen auch in Wäldern, die von Nadelbäumen dominiert waren. Wegen ihrer bescheidenen Lebensansprüche fehlt die Kiefer (*Pinus sylvestris*) in keiner Landschaft. Typische von Kiefern beherrschte Gesellschaften kommen vor

- in subkontinentalen Gebieten des östlichen Mitteleuropa in Form der Eichen-Kiefernwälder; in sandigen, mineralarmen Moränen- und Sandgebieten und auf verfestigten Dünen,
- in den Alpen in trocken-warmen inneralpinen Tälern und in montanen bis hochmontanen Lagen in Form der Schneeheide-Föhrenwälder,
- auf trockenen Hochmooren.

Die Fichte (*Picea abies*) ist besonders resistent gegen niedrige Wintertemperaturen, sie meidet jedoch allzu trockene Standorte. Dies hat zur Folge, daß das natürliche Verbreitungsgebiet in Mitteleuropa vor allem in der montanen und subalpinen Stufe der Gebirge liegt. So gehören auch die höheren Lagen einiger Mittelgebirge dazu, wie der Harz in Höhen über 800 m. Im norddeutschen Tiefland kam die Fichte in Reinbeständen wohl nur in einzelnen Kältelöchern der Lüneburger Heide vor (Schmidt-Voigt 1977).

An einigen der montanen und submontanen Stellen tritt statt der Fichte **die Tanne** (*Abies alba*) in den Vordergrund, beispielsweise in Teilen der Alpen und des Alpenvorlandes sowie in höher gelegenen Gebieten des Schwarzwaldes. Nach Ellenberg (1986) tritt die Tanne in montanen Gebieten häufig mit oder an Stelle der Buche auf. In der Kontinentalität steht sie zwischen der Buche und der Fichte. In den kontinentalen Tälern der Zentralalpen bilden schließlich Lärchen (*Larix decidua*) zusammen mit Arven (*Pinus cembra*) in der subalpinen Stufe ausgedehnte Wälder. Diese Verbreitung erklärt sich aus der außerordentlichen Frosthärte dieser Arten verbunden mit einer Resistenz gegen starke sommerliche Erwärmung bei relativ geringen Niederschlägen.

Das ökologische Potential dieser Arten der Nadelbäume ist größer als es die natürliche Verbreitung vermuten läßt. Dies wird durch die forstwirtschaftlich erfolgreiche Ausbreitung durch Anpflanzung deutlich.

Fichten und Kiefern sind nach der Entdeckung der Möglichkeit, neue Wälder durch Aussaat zu begründen, sehr stark verbreitet worden. Diese

Entdeckung von Nürnberger Kaufleuten (Stromeier, um 1370) hatte für ganz Europa einen ungeheuren Effekt; man säte Wälder von Kiefern und Fichten – vermutlich Nürnberger Herkunft – in den devastierten Regionen Mitteleuropas und Spaniens ebenso an wie in den ihrer Wälder beraubten Gebiete der Ukraine. Für Deutschland bekam die Ausbreitung beider Arten besondere Bedeutung, als sich nach 1800 die Möglichkeit ergab, auf den verbreiteten verarmten Böden an Stelle von *Calluna*-Heiden im Rahmen systematischer Bewirtschaftung aufzuforsten. Die vorhergehende jahrhundertelange Übernutzung durch Waldweide, Streunutzung oder Plaggenwirtschaft ließen in vielen Fällen eine Waldbegründung mit anspruchsvolleren Baumarten nicht zu.

So entstanden große Nadelwälder auf Standorten, die keineswegs dem natürlichen Lebensraum dieser Arten entsprachen. Besonders der Anbau von Fichten im Mittelgebirge und im Tiefland sowie von Kiefern auf nährstoffarmen, trockenen Standorten breitete sich rapide aus, da die Holzerträge hoch und qualitativ gut waren. Ferner wurde diese Anbaumethode durch die forstliche Reinertragslehre und den steigenden Holzbedarf infolge der Industrialisierung und des Bevölkerungswachstums unterstützt. Bald führte dies – schon vor den sauren Niederschlägen – zu einer Versauerung von vielen Böden und zu Insektenkalamitäten, da die Insekten in diesen Monokulturen viel besser gediehen als an den natürlichen Standorten der beiden Baumarten. Die Insekten übertrugen dazu Krankheitserreger, und schließlich erwies sich die Fichte im monoton angelegten Bestand als ganz besonders empfindlich gegenüber Stürmen. Die Folge waren und sind bis heute sehr große Schäden durch Windbrüche, die im natürlichen Verbreitungsgebiet und in natürlicher Waldzusammensetzung in dieser Weise nicht auftreten. Zur Abwehr der Schädlinge wurden zunächst andere Nadelbäume wie Lärche und Douglasie (*Pseudotsuga menziesii*) eingeführt und z. T. mit großem wirschaftlichen Erfolg angebaut. Doch traten auch bei ihnen zunehmend später eingeschleppte Schädlinge, Empfindlichkeit gegenüber Windbruch und gegenüber Wildverbiß und die Neigung zur Versauerung der Standorte auf.

An Kiefern und Fichten können beträchtliche **Schädigungen durch Massenbefall verschiedener Insektenarten** auftreten. Diese Schädigungen werden wegen ihrer wirtschaftlichen Bedeutung für den Holzertrag der Forsten, aber auch aus ökologischen Gründen bereits seit langer Zeit dokumentiert, ihre Ursachen und die Möglichkeiten der Schadensminderung untersucht und diskutiert. Aus ökologischer Sicht interessiert besonders die Frage, ob große Insektenkalamitäten auch in standortstypischen Wäldern vorkommen und damit in Forsten mit naturgemäßer und standortgerechter Bewirtschaftung vermeidbar sind (Schwenke 1994; Zuber 1994). Die natürlichen Vorkommen der Kiefer im Tiefland waren wohl immer gemischt mit Eichen. Im Westen Deutschlands haben sie durch ihre meist kleinräumige Verbreitung faktisch nie Kalamitäten erlebt. Auch im Osten Deutschlands und im angrenzenden Polen scheinen früher keine wesentlichen Massenvermehrungen von Insekten an natürlichen Standorten aufgetreten zu sein.

Die wichtigsten Schadinsekten mit der Tendenz zu Massenbefall an Fichte und Kiefer sind unter den **Schmetterlingen** die Nonne (*Lymantria monacha*), der Schwammspinner (*Lymantria dispar*), der Kiefernspinner (*Dendrolimus pini*), die Forleule (*Panolis flammea*) und ausnahmsweise der Kiefernschwärmer *(Hyloicus pinastri)*. Als Beispiel für den Verlauf und die Wirkung einer Kalamität sei die Biologie der Nonne näher erläutert. Die Raupe ist polyphag, sie frißt an Fichte, Kiefer, anderen Nadelhölzern sowie an Eiche, Hainbuche und Buche. Die Eier überwintern, so daß die Raupen nach ihrem Schlüpfen sofort den ersten Austrieb abfressen können. Während Laubbäume nach dem Kahlfraß und der Verpuppung der Raupen neu austreiben, besteht für die Nadelbäume diese Möglichkeit der Erholung nicht. Die Schädigung der Kiefer bleibt in der Regel trotzdem begrenzt, weil ein Teil der Mai-Triebe erhalten bleibt und zur Regeneration ausreicht. Die Fichte dagegen wird meist bevorzugt befressen und stirbt nach Kahlfraß ab. Massenvermehrungen der Nonne treten aber nur in relativ warmen und niederschlagsarmen Gebieten auf, die nicht dem natürlichen Wuchsort der Fichte entsprechen (Schwerdtfeger 1970).

Nicht völlig geklärt ist bis heute, warum die auf devastierten Standorten im 19. Jahrhundert in großen Arealen in Monokulturen dicht gepflanzten Kiefern durch Nonne, Schwammspinner und Kiefernspanner (sowie in geringerem Maß durch andere Arten wie z. B. Kiefernschwärmer) befallen wurden und riesige Flächen gut herangewachsener Kiefern durch diese Tiere zerstört wurden (z. B. um 1895/1896 der Reichswald bei Nürnberg). Heute hat man den Eindruck, daß die gleichen Insektenarten in den gleichen Wäldern keine Kalamität dieser Art hervorrufen. Zwar kommen all diese Insektenarten in den künstlichen Kiefernwäldern häufig vor, aber wirtschaftlich sind sie ohne Bedeutung. Eine Begründung läßt sich derzeit nicht geben; es scheint, als ob die Kiefern auf den damaligen devastierten Böden besonders empfindlich waren. Dies würde mit allen theoretischen Überlegungen im Einklang stehen, ist aber in keiner Weise bewiesen.

Die zweite in Mitteleuropa wichtige Gruppe der Schadinsekten an Waldbäumen sind die **Borkenkäfer** (Scolytidae). Von den über 200 Arten dieser Familie in der westlichen Paläarktis treten ca. 10 Arten als wirtschaftlich bedeutende Schädlinge hervor. Die meisten Borkenkäferarten haben ein eng begrenztes Wirtsbaumspektrum und sind darüber hinaus weiter spezialisiert auf begrenzte Teile des Baumes, die Wurzelregion, den unteren oder oberen Stammbereich oder die Äste. Alle Arten dringen durch die Rinde ein und fressen entweder zwischen Rinde und Holz – die Rindenbrüter – oder treiben ihre Gänge tiefer in den Stamm – die Holzbrüter. Die Rindenbrüter unterbrechen den Saftstrom und können den Baum bei starkem Befall am Stamm zum Absterben bringen. Die Holzbrüter betreiben Pilzzucht als Nahrungsgrundlage in den Fraßgängen (s. Abb. 4.15). Das ergibt Schädigungen am Holz. Die Pilze („Ambrosia") werden von den erwachsenen Käfern in speziellen Organen auf dem sich der Imaginalhäutung anschließenden Flug zu weiterer Verbreitung mitgenommen. Verschiedene *Ips*-Arten sind als Rindenbrüter an Kiefern zu nennen. Man muß sich jedoch darüber im klaren sein, daß diese Tiere im Regelfall nur Bäume befallen, deren Saftstrom ohnehin nicht mehr voll intakt ist. Kiefern, die ja an trockenen Standorten gedeihen, sind gegenüber Wassermangel recht widerstandsfähig, und eigentlich sind es nur alte Kiefern im Altersstadium des Waldes, die an ihrem natürlichen Standort von den Käfern angegriffen werden.

Die forstwirtschaftlich begründeten ausgedehnten Fichtenwälder im Mittelgebirge und im Tiefland wachsen häufig auf Standorten, die gegenüber den Bedingungen im natürlichen Verbreitungsgebiet zu warm und zu trocken sind. Verringerter Saft- und Harzdruck während trockener Sommermonate erhöhen demzufolge die Gefahr des massiven Befalls. Unzureichende Wasserversorgung erhöht auch das Risiko des Befalls durch andere Parasiten, beispielsweise durch Pilze (Schwerdtfeger 1970).

Zudem können Borkenkäfer in warmen Gebieten zwei oder drei Vermehrungsphasen pro Jahr haben, während sie am natürlichen Standort der Fichte nur eine Generation pro Jahr entwickeln. So kommt es zu Massenbefall vor allem durch den Buchdrucker (*Ips typographus*), der auch heute noch eine echte Gefahr für diese künstlichen Forste darstellt. Die Borkenkäfer fliegen im Frühjahr durch den Wald und suchen Bäume mit geschädigtem Saftstrom; bei Massenbefall können auch völlig gesunde Bäume angegriffen werden. Nachdem sie einen günstigen Baum gefunden haben, senden sie ein „Aggregationspheromon" aus, welches nun weitere Borkenkäfer zu diesem Baum lockt. Ist ihre Anzahl groß genug, gelingt auch der Befall eines gesunden Baumes. Man versucht heute, durch Pheromonfallen die Borkenkäfer aus dem Bestand wegzufangen. Dabei hat man übersehen, daß eine Reihe spezifischer Borkenkäferfeinde sich dieses Pheromon zunutze macht und genauso wie die Borkenkäfer vom Pheromon geleitet an die für sie günstigen Bäume kommen. So werden auch spezifische Borkenkäferfeinde durch Pheromonfallen weggefangen. Über den Effekt auf das Ökosystem ist bisher wenig bekannt (Schwenke 1994; Zuber 1994).

Am natürlichen Wuchsort sind Fichtenwälder durchweg viel feuchter als Kiefernwälder, eine dicke Schicht Rohhumus bildet sich am Boden. Diese Rohhumuspackung ist sehr dicht und daher unter normalen Standortsbedingungen kaum brennbar. Anders ist es in Kiefernwäldern. Durch sie geht unter natürlichen Bedingungen regelmäßig ein Feuer, welches die Kiefern normalerweise nicht schädigt. Erst wenn diese Feuer lange Zeit ausbleiben, entstehen in trockenen Sommern sehr heiße Brände, die auch alte Kiefern töten.

Die weiteren Nadelbäume Mitteleuropas, der **Wacholder und die Eibe**, sind Sonderfälle. Der Wacholder ist eine Pionierpflanze auf abgebrannten Heide- oder Waldgebieten. Bei dem zunehmenden Brachfallen von nicht mehr rentablen Feldern tritt er sehr bald in großer Zahl auf. Im dichten Wald kann er sich nicht halten; im Mosaik-Zyklus-Geschehen natürlicher Wälder kommt er nur an den Lichtungen vor. Die Eibe wurde schon im Mittelalter für die Herstellung von Armbrüsten und Bogen weitgehend ausgerottet, diente aber auch bereits den altsteinzeitlichen Jägern vor ca. 400 000 Jahren zur Herstellung von Stoßlanzen, die bei der Großwildjagd verwendet wurden (Probst 1991). Die Eibe ist ein Schatten ertragender Baum oder Strauch des Unterholzes, der sich in der Altersphase des Urwaldes in den vermehrt auftretenden Lichtungen ausbreitet. Da sie giftig ist, wird sie von den Herbivoren gemieden. Wie die Samen des Wacholder werden auch die Samen der Eibe durch Vögel transportiert.

Typisch für die **Vogelfauna der Nadelwälder** unserer Region sind zwei Meisenarten, die nur an Nadelbäumen vorkommen, Tannenmeise und Haubenmeise. Dazu kommen die Goldhähnchen und der Dreizehenspecht. Alle übrigen Spechte kommen sowohl im Nadel- wie auch im Laubwald vor, nur der Mittelspecht ist auf Eichen beschränkt. Die Kreuzschnäbel sind wegen ihrer morphologischen Anpassung an das Öffnen von Koniferenzapfen besonders interessant, und noch bemerkenswerter ist ihre Anpassung an das unregelmäßige Fruchten der Bäume. Wie andere Bäume auch fruchten die Koniferen nicht in jedem Jahr in nennenswertem Maße. Wir unterscheiden sogenannte Mastjahre mit reichem Samenertrag von Halb-, Viertelmasten und Fehlmasten. Kreuzschnäbel – in Mitteleuropa meist der Fichtenkreuzschnabel – sind nun Vagabunden, die irgendwie durch das Land ziehen und sich in einem Areal mit reicher Zapfenernte niederlassen, sich dort fortpflanzen und wieder weiterfliegen. Sie zeigen die typischen Verhaltensmerkmale, die für australische

Wüstenvögel in Gebieten mit sehr unregelmäßigem Niederschlag beschrieben worden sind; sie leben in kleinen Trupps, die Paare halten dauernd zusammen, Männchen und Weibchen singen, und sie haben keine wirkliche Nistplatztreue. Mit dem zunehmenden Anbau von Koniferen in Villengegenden können sie heute auch in Vorstädten plötzlich auftauchen, zur Brut schreiten und wieder verschwinden. Wie groß der Lebensraum eines solchen Trupps tatsächlich ist, läßt sich bis heute nicht sagen.

4.4 Steppen der Nordhalbkugel

Geht man von Mitteleuropa – der ozeanischen Buchenzone – in die kontinentale Eichenzone und von dort weiter nach Osten in die Eichensteppe (Waldsteppe), so kommt man schließlich in die kontinentale Steppe. In Nordamerika hat man das gleiche Bild, wenn man vom Osten der Vereinigten Staaten oder Kanadas nach Westen fährt und schließlich in der Prärie ankommt. Die Steppen (Prärien) ähneln physiognomisch den tropisch-subtropischen Savannen, sind in der typischen Ausbildung aber wirklich weitgehend baumfreie Gräsländer. Wohl kein Lebensraum dieser Erde ist so stark vom Menschen genutzt und zerstört worden wie die Steppen der gemäßigten Breiten. Aufgrund der Tatsache, daß sich hier hervorragende, tiefgründige Böden gebildet hatten und man kaum Bäume zu entfernen brauchte, konnte eine intensive, großzügige Landwirtschaft betrieben werden, die große Erträge abwarf, zumindest solange die Niederschläge ausreichten. So sind nur noch unbedeutende Reste der ursprünglichen Steppen oder Präriegebiete in der Nähe der Waldzone übriggeblieben. Erst im weiteren kontinentalen Raum, dort, wo die Steppe sich bereits der Wüste nähert, sind einige wenige naturnahe Inseln erhalten geblieben. Berühmte Beispiele sind auf der Krim die „Askania nova" und in den USA die „National Graslands" sowie die Schutzgebiete bzw. Nationalparks in der Nähe der „Black Hills" und „Badlands". Auch ist wohl in keinem anderen Lebensraum die natürliche Großtierfauna so stark dezimiert worden. Das Beispiel des nordamerikanischen Bisons (*Bison bison*) ist bekannt, weniger spricht man darüber, daß in der russischen Steppe ja viel früher – während der letzten Eiszeit (Würm) und der frühen Nacheiszeit – das gleiche mit dem europäischen Steppenwisent (*Bison priscus*) geschehen ist (Beutler 1996; Martin u. Klein 1984)

Steppen sind die typische **Vegetationsformation semiarider Klimate** der gemäßigten Zone (Tabelle 4.2). Sie erreichen ihre größte Ausdehnung in den kontinentalen Gebieten Nordamerikas und Eurasiens, die durch

Tabelle 4.2. Steppen der Nordhalbkugel (nach French 1979; Walter u. Breckle 1994 und Whittaker 1975)

Bestand an oberirdischen Pflanzen:	0,2–5 kg/m^2
Primärproduktion:	ca. 40–300 g/m^2 im Jahr, bzw. 200–1500 g/m^2 für „temperate grasland", das nach Whittaker auch niederschlagsreichere Formationen umfaßt. Wichtigste Produzenten sind Gräser, verbreitet ist der C$_4$-Weg der Photosynthese. Im Übergang zur Halbwüste Kräuter und Halbsträucher (z. B. Gattung *Artemisia*)
Bestäubung:	Gräser, Windbestäubung. Kräuter oft durch Tierbestäubung
Samenverbreitung:	durch Wind und Tiere, Autochorie
Primärkonsumenten:	Insekten, Säugetiere (Nagetiere und ursprünglich auch Huftiere)
Remineralisation:	durch Mikroorganismen, beschleunigt durch grabende Tiere
Niederschlag:	300–500 mm/Jahr, zum kontinentalen Bereich hin weiter abnehmend
Jahresmitteltemperatur:	3–12°C (Julimittel: 21–23°C, Januarmittel: –3 bis –15°C), zum kontinentalen Bereich zunehmende Sommer-Winter-Extreme
Vegetationsperiode:	2–4 Monate, begrenzt durch Winterkälte und Trockenheit im Hochsommer

kalte Winter und heiße Sommer charakterisiert werden. Der altweltliche Steppengürtel erstreckt sich vom Gebiet der Donaumündung im Westen bis in das mittlere China im Osten (s. Abb. 2.22). In diesem riesigen Areal lassen sich je nach Niederschlags- und Bodenverhältnissen sowie nach Höhenlage und Exposition mehrere Typen dieser Vegetationsformation unterscheiden. Wir werden im folgenden den südosteuropäischen Typ in den Mittelpunkt der Betrachtungen stellen.

Aufgrund ökologischer Ähnlichkeiten fassen einige Autoren Savannen und Steppen als „Grasländer" zusammen. Vergleichbar sind sowohl der saisonale Wechsel produktiver und unproduktiver Phasen in einem Klima, das Baumwuchs nicht zuläßt, als auch das Spektrum der Lebensformtypen bei den dominanten Organismen.

Klima, Vegetation und Boden

Im südrussisch-ukrainischen Übergangsgebiet zwischen der humiden Waldzone und der semiariden Waldsteppe finden wir mittlere Jahresniederschläge zwischen 400 und 500 mm, eine mittlere Jahrestemperatur von 3-7°C - mit einem Juli-Mittel von 21-23°C und einem Januar-Mittel von -3 bis -15°C - bei einer Dauer der Vegetationszeit von ca. 170 Tagen. Nach Ostsüdost nimmt die Aridität zu, begleitet von einem Landschaftswandel über Trockensteppe und Halbwüste zur Wüste. Die Niederschläge fallen zu allen Jahreszeiten, die aride Phase beschränkt sich in der Regel auf den Sommer und entsteht durch die hohe Evapotranspiration. Mit dem Jahreszeitenwechsel verändert sich der Vegetationsaspekt, dargestellt am Beispiel der südrussischen Steppe: Nach der Schneeschmelze ist der Boden durchfeuchtet, und mit den ersten warmen Tagen Anfang April erblühen zwischen den verdorrten vorjährigen Pflanzenresten die Kuhschellen (*Pulsatilla sp.*), gefolgt von Frühlings-Adonisröschen (*Adonis vernalis*) und *Hyacinthus leucophaeus*. Im Mai erscheinen zwischen den jetzt ergrünenden Gräsern weitere Geophyten und Hemikryptophyten wie das große Windröschen (*Anemone silvestris*) und die nackt-stengelige Schwertlinie (*Iris aphylla*). Zwischen Anfang Juni und Ende Juli blühen und reifen die Gräser, darunter verschiedene Federgrasarten (*Stipa*). Andere Staudenarten treten mit ihren Blüten zwischen den Gräsern hervor, auffallend sind beispielsweise verschiedene Korbblütler und Salbei-Arten. Ab Mitte Juli setzt sich die Bodentrockenheit durch, und die Pflanzen verdorren nach und nach. In diesem Zustand überwintert die Steppe (Mayer 1984; Walter u. Breckle 1994).

Die Bestäubung der Blüten erfolgt durchweg durch Insekten, wobei die Spezifität gering zu sein scheint. Bei den vorherrschenden Gräsern ist dagegen Windbestäubung die Regel. Die Früchte (Karyopsen) des Federgrases (*Stipa*) sind von den lang begrannten Spelzen eingehüllt. So kann sie der Wind leicht und über weite Strecken transportieren. Landet der Samen schließlich, so dient die Granne als Anker, der sich schon bei geringer Befeuchtung spiralig dreht und die spitze Frucht selbst in einen harten, trockenen Boden bohrt. Bei manchen Pflanzenarten haben wir eine präformierte Bruchstelle, die den kugelig gewachsenen Busch vom Wurzelsystem abbrechen läßt. Die Buschkugel wird dann vom Wind über die Steppe geblasen. Sie verhakt sich mit anderen Kugeln, und so können „Steppenhexen", „Steppenläufer" oder „Tumble-weeds" von mehreren Metern Durchmesser entstehen, die weit und mit hoher Geschwindigkeit über die Steppe rollen. Dabei werden die Samen abgerissen und auf diese Weise verbreitet. In der Hitze eines Herbsttages flimmert und flirrt die

Luft ohnehin, und manch einer traut seinen Augen nicht mehr, wenn dann die Steppenhexen über die Prärie rollen.

In den osteuropäischen Steppen sind **Schwarzerden** (Chernozem oder Tschernosem) als Bodentyp verbreitet. Sie entstanden auf Löß, der sich vor dem Südrand der pleistozänen Vereisung ablagerte und ein feinkörniges, kalkreiches Ausgangsgestein darstellt. Unter semiariden Klimabedingungen werden die löslichen mineralischen Bestandteile bei der Bodenbildung nicht in tiefere Horizonte verlagert, es findet keine Podsolierung statt. Der Bestandsabfall der Steppenvegetation wird rasch humifiziert, gefördert durch die Aktivität der Bodentiere, insbesondere der zahlreichen Regenwürmer, Ameisen und wühlenden Nagetiere, die auch für eine intensive Umlagerung und Durchlüftung sorgen. Bewohnte und verlassene Gänge der zahlreichen Ziesel durchziehen den Boden vielfach bis in 1–2 m Tiefe als Spuren rezenter oder auch subfossiler Aktivität dieser Tiere.

Die Schwarzerden unterscheiden sich nach der Tiefe, die sie im Bodenprofil erreichen und nach der Höhe des Humusgehalts. Unter Grassteppen in der Ukraine findet man Humusgehalte von 7–13%, in den pannonischen Steppenwaldgebieten Ungarns nur 3–6%. Die Schwarzerdebildung ist im Gebiet lockerer Eichenwälder also deutlich geringer als in den Grassteppen. Auch nach einer Umwandlung des Waldes in Weideland durch den Menschen vergrößert sich der Humusanteil (Horvat et al. 1974). Die Gräser der Steppe bilden ein sehr weitreichendes, reich verzweigtes Wurzelsystem aus, so daß sich ein großer Teil der pflanzlichen Biomasse von vornherein im Boden befindet. Ohne Beweidung häuft sich im Laufe der Jahre allerdings auf der Bodenoberfläche ein dichter Filz abgestorbener Pflanzenteile an, der anscheinend das Austreiben der Knospen im Frühjahr behindert und zu einem Rückgang der Gräser führt. Demnach konnte die Steppe in ihrer natürlichen Ausprägung nur unter der Beteiligung weidender Großtiere entstehen.

Im ariden Klima kommt es bei hohem Grundwasserstand besonders bei brackigem Grundwasser in den oberen Bodenschichten zur **Salzanreicherung**, ähnlich wie in den Tropen. Diese salzhaltigen, alkalischen Böden werden in Südosteuropa als Solonez, bzw., verbunden mit Vergleyung, als Solonchak bezeichnet. Soloneze entstehen oft am Rande, nicht inmitten von Geländemulden, wo die Bodenoberfläche 1,5–2 m über dem Grundwasserspiegel liegt, so daß das Wasser kapillar aufsteigen und verdunsten kann. Durch Absenken des Grundwasserspiegels bei Entwässerungsmaßnahmen dehnen sich die Versalzungsgebiete daher häufig aus. An ihrer Oberfläche können sich weiße Salzkrusten ausbilden, und im Untergrund treten häufig Gipsablagerungen auf. Die Vegetation auf diesen Böden ist durch Halophyten oder halo-tolerante Pflanzenarten charakterisiert, auf Solonez mit Wermut-Arten als Leitpflanzen.

In den **Waldsteppen**, im Übergangsbereich von der humiden zur ariden Zone, löst sich der geschlossene Wald zu Waldinseln auf. Seine Standorte beschränken sich auf Stellen mit günstiger Bodenwasserversorgung oder geringerer Verdunstung, z. B. an Nordhängen. Der Wasserbedarf der Bäume ist größer als jener der Kräuter und Gräser und steigt mit dem Höhenwachstum. Daher überleben in echten Steppengebieten zwar angepflanzte Hecken, Bäume aber vertrocknen nach anfänglichem Wachstum oder bleiben niedrig. Wenn in den Steppen aber auch niedrige Gehölze natürlicherweise weitgehend fehlen, ist das nicht auf Wassermangel zurückzuführen, sondern auf die Schwierigkeit, sich in dem dichten Wurzelfilz der Gräser durchzusetzen, und vielleicht auch auf den Weidedruck der Herbivoren. Außerdem wird, ähnlich wie in den Savannen, die Vegetationsform vom Feuer beeinflußt. Die wenigen natürlichen Gebüschinseln bilden sich dort aus, wo frische Erde durch wühlende Tiere auf die Oberfläche gelangt und ein geeignetes Keimbett bildet.

Steppenartige Vegetationsformen haben sich unter dem Einfluß weidender Großsäugerherden auch in Gebieten ausgebreitet, in denen aufgrund des Klimas zumindest ein lichter Wald wachsen könnte. Dabei kann es sich sowohl um Herden wilder als auch domestizierter Tiere handeln. So haben im russisch-ukrainischen Steppengebiet, aber auch in der Tiefebene an der unteren Donau über viele Jahrhunderte Hirtennomaden gelebt, deren Nutzungsweise die Ausdehnung von Grasland förderte. Vegetationskundliche Untersuchungen lassen erkennen, daß beispielsweise im pannonischen Raum – dem Gebiet der Donauniederung auf dem nördlichen Balkan –, wo der Steppencharakter das Landschaftsbild seit undenklichen Zeiten prägte, ein wärmeliebender, lichter Eichenwald typisch sein müßte. Charakteristische Baumarten dieses Waldes sind Flaum- und Zerreiche (*Quercus pubescens*, *Q. cerris*), Mannaesche (*Fraxinus ornus*) und Kornelkirsche (*Cornus mas*). Der westlichste Ausläufer dieser „Pußta" wäre das Gebiet um den Neusiedler See. Dort finden wir sogar noch eine typische Erscheinung vieler Steppengebiete, eine Versalzung von Boden und Wasser, die ihrerseits den Baumwuchs zusätzlich beeinträchtigt oder verhindert (Horvat et al. 1974).

Produktion und Nahrungsketten in Steppen

Anhand der Untersuchungsergebnisse aus nordamerikanischen Prärien im Rahmen des „Internationalen Biologischen Programmes" sollen wichtige Aspekte zur Steuerung der Produktion in Steppenbiomen geschildert werden. Unter natürlichen Bedingungen limitiert in semiariden und ariden Gebieten an erster Stelle die Niederschlagsmenge die Höhe der Primärproduktion (Tabelle 4.2). Erhöht sich das Wasserangebot, wirken andere Faktoren begrenzend, insbesondere Stickstoffmangel. Physiognomisch unterscheiden sich die niederschlagsreicheren Zonen als Hochgrasprärien von den niederschlagsarmen Kurzgrasprärien. In den sommerheißen Kurzgrasprärien ist der Anteil der C_4-Gräser an der Produktion hoch; im Untersuchungsgebiet war *Bouteloua gracilis* die dominante Art. Schätzungsweise 85% des photosynthetisch gebundenen C werden in unterirdische Pflanzenteile verlagert, so daß sich dort auch der überwiegende Teil der Biomasse befindet. Auch der Schwerpunkt der Konsumtion liegt dementsprechend unter der Erdoberfläche, mit 7-26% der Primärproduktion dieser Zone gegenüber 2-7% in oberirdischen Pflanzenteilen.

Diese Schwerpunktbildung der Biomasseverteilung im unterirdischen Raum ist überall dort ausgeprägt, wo Speicherung in Überdauerungsorganen für klimatisch ungünstige Perioden wichtig ist. Sie herrscht naturgemäß in Vegetationsformen vor, die durch krautige Pflanzen dominiert werden. Unter den Konsumenten der Bodenfauna überwiegen kleine Formen: Nematoden und Arthropoden sind die wichtigsten Gruppen. Es wird vermutet, daß diese Konsumenten durch Wurzelfraß neben den abiotischen Komponenten produktionslimitierend wirken können. Bei der Hochgrasprärie steigt der oberirdische Anteil der Produktion und Konsumption. Der regulierende Einfluß von Prädatoren scheint vor allem oberirdisch wichtig zu sein (French 1979).

Die Tierwelt der Steppen

Ähnlich wie für die Savannen sind auch für die Steppen ursprünglich drei Lebensformtypen der Säuger besonders charakteristisch: Die großen Herbivoren, die meist in Trupps oder Herden ihre Weidegebiete durchstreifen, die grabenden Nagetiere und einige Caniden und Feliden als große Prädatoren. Nach dem Pleistozän waren die großen Herbivoren in Nordamerika noch bis weit in das 19. Jahrhundert durch den Bison (*Bison bison*) und die riesigen Herden des Gabelbocks (*Antilocapra americana*) eindrucksvoll vertreten. In Eurasien traten Steppenwisent (*Bison priscus*) und Saigaantilope (*Saiga tatarica*) an ihre Stelle. Der Steppenwisent wurde schon frühzeitig ausgerottet, die Saigaantilope überlebte in geringer Zahl, vermehrt sich allerdings mittlerweile wieder infolge von

Schutzmaßnahmen. Hinzu kamen Wildpferde (Steppentarpan und Przewalski-Pferd), Halbesel (*Equus homionus*) in mehreren Rassen, sowie in den Hochlagen der Gebirge Wildyak (*Bos mutus*) und Weißlippenhirsch (*Cervus albirostris*), die noch bis in die 20-er Jahre dieses Jahrhunderts die innerasiatischen Steppen in großer Zahl durchzogen. Seitdem wurden sie durch bewaffnete, räuberische Banden bis in ihre abgelegenen Rückzugsgebiete verfolgt und so stark dezimiert, daß heute nicht einmal mehr klar ist, ob der Wildyak überhaupt noch existiert.

Die grabenden Nager sind zahlreich, sie gestalten durch die von ihnen geschaffenen Erdhügel das Oberflächenprofil der Steppe und beeinflussen durch ihre Grabtätigkeit die Bodenstruktur und dadurch die Vegetation. In den eurasiatischen Gebieten sind neben Hamstern (*Cricetus cricetus*) mehrere Zwerghamsterarten, Ziesel (*Citellus*-Arten), Mull-Lemminge (*Ellobius talpinus*), Wühlmäuse (*Microtus*-Arten), Pferdespringer (*Allactaga jaculus*), Steppenmurmeltiere oder Bobak (*Marmota bobak*) und Blindmäuse (Spalacidae) zu nennen. Viele dieser Arten bauen ausgedehnte unterirdische Gangsysteme und Höhlen, besonders wenn sie in Kolonien leben wie die Ziesel und die Murmeltiere. Als Nahrung dienen ihnen neben den oberirdischen Pflanzenteilen vielfach auch Rhizome und Zwiebeln.

Einige Beispiele sollen die Lebensweise und die Umweltwirkung dieser Nager verdeutlichen. Die Blindmäuse graben besonders effektiv und verlassen ihre unterirdischen Bauten nur selten. Sie graben vorwiegend mit den großen Nagezähnen und dem walzenförmigen Kopf. Mit den Füßen wird lediglich die gelockerte Erde hinter den Körper transportiert. Gefressen werden fast ausschließlich unterirdische Pflanzenteile. Die von Einzeltieren angelegten Winterbauten sind besonders groß, haben Gänge und Kammern verschiedener Funktion und reichen teilweise bis 4 m in die Tiefe bei einer horizontalen Ausdehnung von ca. 30 m. Oberirdisch kennzeichnen zahlreiche Erdhügel den Bereich. Im Gegensatz zu den Blindmäusen leben nahe Verwandte unserer Feldmaus (*Microtus arvalis*), die Steppenwühlmäuse (*Microtus brandtii*) in der mongolischen Steppe in großen Kolonien. Polnische Ökologen konnten zeigen, daß durch die Wühltätigkeit dieser Nagetiere der Boden immer gut durchlüftet wird und frisches Material aus tieferen Bodenschichten wieder an die Oberfläche gelangt, so daß die Fruchtbarkeit der Steppe erhalten bleibt. Außerdem tragen sie viel Heu als Winternahrung in ihre Baue und reichern auf diese Weise den Boden mit organischem Material an. Es läßt sich extrapolieren, daß eine Kolonie von *Microtus brandtii* in etwa 40 Jahren jeden Quadratmeter ihres Areals der Steppe durchwühlt. Dieser Effekt läßt sich sehr deutlich an den Vegetationsveränderungen im Einflußbereich der Baue erkennen; dort wachsen meist gehäuft aromatisch riechende Kräuter. Die Kolonien sind räumlich nicht festgelegt und wandern langsam durch die Steppe, genauso bleiben in der afrikanischen Savanne und Wüste die Nagetierkolonien nicht an gleichen Standorten (Weiner et al. 1982).

Unter den Nagetieren der Steppe sind viele **Winterschläfer**, wie auch in der afrikanischen Savanne Sommerschläfer vorkommen. In der Steppe oder Prärie, wo sich die Tiere in Tiefen zurückziehen können, in denen die Temperatur knapp über 0°C liegt, haben wir das Zentrum der Winterschläfer überhaupt. Die Perlziesel (*Citellus suslicus*) legen sich vor Beginn des Winterschlafs reichlich Fettreserven zu, die im Laufe der fünf- bis siebenmonatigen Ruhe verbraucht werden. Die Körpertemperatur beginnt ab Januar vom Minimum bei ca. 1,8°C langsam wieder anzusteigen. Es gibt allerdings auch eine Reihe von Arten unter diesen Nagetieren, die auch hier keinen Winterschlaf halten, so etwa den Dsungarischen Zwerghamster (*Phodopus sungorus*), der auch im strengen Winter in der sibirischen Steppe an der Oberfläche nach Nahrung sucht. Der kleine Hamster hat im Winter ein sehr helles Fell, das ihn vor Räubern schützt. Es fällt auf, daß in den kältesten Steppen Zentralasiens, insbesondere in Gebieten mit Dauerfrostboden und dünner winterlicher Schneedecke, Winterschlaf höchstens noch bei relativ großen Nagetieren wie den Murmeltieren auftritt. Die kleineren Nagerarten bleiben unter den extremen Bedingungen aktiv (Weiner 1987; Weiner u. Gorecki 1982).

Es läßt sich heute nicht mehr abschätzen, wie stark der Einfluß der großen warmblütigen Pflanzenfresser früher auf den Abbau der Primärproduktion war. Man muß zudem annehmen, daß zumindest die Menschen der ausklingenden Eiszeit und der früheren Nacheiszeit, die in die Steppen Asiens und Europas sowie in die Prärien Nordamerikas vordrangen, eine gewaltige Reduktion der großen Pflanzenfresser verursachten. In Europa scheint die Ausrottung der „Megaherbivoren" mit der Ausbreitung des modernen, des Cro-Magnon-Menschen, einhergegangen zu sein (Martin u. Klein 1984). Man muß bedenken, daß sie auf eine völlig unvorbereitete Tierwelt stießen, die den Menschen mit seinen weitreichenden Waffen und mit seinen Fallen – die ihn auch bei körperlicher Abwesenheit gefährlich machten – nichts entgegenzusetzen hatten, und wir wissen, daß das Anpassen an die Eigenschaften eines neuen Feindes viele Generationen braucht. Heute sind für den phytophagen Abbau der Pflanzensubstanz neben den Nagetieren überwiegend Heuschrecken verantwortlich; im Boden sorgt die übliche Bodentierwelt, zusammen mit Mikroorganismen, für die weitere Umsetzung.

Die Vogelfauna enthält viele Arten, die wir in Mitteleuropa als Besiedler offener, manchmal auch steppenartiger Landschaften kennen oder deren nahe Verwandte hier heimisch sind. Manche bevorzugen bei uns die „Kultursteppe", weite Ackerflächen, extensiv genutzte Grünländer oder dergleichen; Ammern und Lerchenarten, Wachtel und Rebhuhn wären als Beispiele zu nennen. Nicht wenige Arten haben ein Verbreitungsgebiet, das Teile der Mediterraneis und die subtropischen Savannen und Halbwüsten mit einschließt, wie die Groß- und Zwergtrappe oder Steppenadler und Rotfußfalke. Vögel haben die Möglichkeit zu raschem und weit reichendem Ortswechsel. Sie besitzen somit besonders günstige Voraussetzungen für das Leben in den Steppen mit ihrem stark ausgeprägten jahreszeitlichen und räumlichen Wechsel der Lebensbedingungen. Dementsprechend gehören Wanderungen – meist außerhalb der Brutzeit – zum typischen Verhalten der meisten Steppenvögel. Neben Fernziehern, die dem ungünstigen winterlichen Klima in wärmere Gebiete ausweichen, gibt es nicht wenige, für die ein opportunistisches, nomadisierendes Umherziehen typisch ist. Solche Arten können von Zeit zu Zeit invasionsartig außerhalb ihres engeren Verbreitungsgebiets auftauchen. Auslöser für solche Wanderungen kann das wechselnde Nahrungsangebot sein. Der Rosenstar (*Sturnus roseus*) richtet sich bei der Wahl des Brutortes und der Größe der Brutkolonien nach dem Angebot an Insektennahrung, die für die Jungenaufzucht benötigt wird. Besonders die lokale Massenvermehrung von Heuschrecken kann zu rascher Ansiedlung führen, die nach Abklingen der Gradation wieder verschwindet. Kolonien mit über 5000 Brutpaaren sind im zentralen Verbreitungsgebiet der Art beobachtet worden. Wichtige Nahrungstiere sind Feldheuschreckenarten mit der Tendenz zu periodischem Massenwechsel, oft verbunden mit Wanderungen. Im Verbreitungsareal des Rosenstars sind dies häufig die italienische Schönschrecke (*Calliptamus italicus*) und die marokkanische Wanderheuschrecke (*Dociostaurus maroccanus*).

Die in der Steppe auffallend häufigen phytophagen Insekten und die kleineren Nager sind ein sehr wichtiger Bestandteil der Nahrung vieler Vogelarten. Trappen (*Otis tarda, Tetrax tetrax, Chlamydotis undulata*) fressen neben pflanzlicher Nahrung an Tieren fast alles, was sie aufgrund der Größe noch bewältigen können. Für die kleineren Greifvögel, Rotfußfalke und Rötelfalke (*Falco vespertinus* und *F. naumanni*), stehen Heuschrecken im Vordergrund, bei den größeren, unter ihnen die Steppenweihe (*Circus macrourus*), dagegen die Kleinsäuger. Der Steppenadler (*Aquila rapax*) gilt sogar als Ziesel-Spezialist, der im Brutgebiet eintrifft, wenn die Ziesel aus dem Winterschlaf erwachen, und wegzieht, wenn diese sich zur Winterruhe begeben.

Aufgrund der Winterkälte des Steppenklimas können sich nach der Schneeschmelze im Frühjahr in flachen Geländemulden, vor allem auf gefrorenem Boden, sehr große **flache Seen und Feuchtgebiete** ausbreiten, die sich stellenweise lange in das Jahr hinein halten und erst im Sommer austrocknen oder sogar in Teilen den Sommer überdauern. Dort, wo Flüsse durch die flache Steppe fließen, überfluten auch sie im Frühjahr mit ihren Schmelzwässern weite Gebiete. Steppen sind also nicht von vornherein trocken, sondern sie sind mancherorts geprägt durch Pflanzen und Tiere, die typisch für Feuchtgebiete sind. Eine populäre Beschreibung stellt dem verdutzten Leser die Prärien Kanadas mit Kranichen, Wasserläufern, Tauchern, Gänsen und Enten als typischen Tierarten vor.

In Nordamerika kommen im Binnenland große Kolonien weißer Pelikane (*Pelecanus erythrorhynchos*) vor, entgegen der Erwartung mitteleuropäischer Ornithologen aber nicht an den großen Seen, sondern westlich davon im Gebiet der flachen Prärieseen, die sich im Frühjahr während der Schneeschmelze im Überschwemmungsbereich der Flüsse bilden. In den eurasiatischen Gebieten leben die Rostgans (*Tadorna ferruginea*) und auch die Brachschwalben (*Glareola nordmanni*) an solchen Gewässern, auch wenn es sich um Stellen mit Halophyten handelt.

Viele Vogelarten, die nicht unmittelbar an das Wasser gebunden sind, brüten in der Steppe bevorzugt in der Nähe offener Wasserflächen. In den altweltlichen Steppen gilt dies beispielsweise für den Jungfernkranich (*Anthropoides virgo*) und den Steppenkiebitz (*Chettusia gregaria*). Die Höhlenbrüter, Uferschwalbe, Bienenfresser, Blauracke und Steinkauz, nutzen meist Erdhöhlen in den lehmigen Steilufern längs der Flüsse. Die Flughühner (Pteroclidae) – hier mit dem Steppenhuhn (*Syrrhaptes paradoxus*) in den Trockensteppen und Halbwüsten vertreten – beginnen jeden Tag in der Morgenkühle mit einem Flug zur Wasserstelle. Die Männchen transportieren auf dem Rückweg Wasser in ihrem Brustgefieder, mit dem sie ihre Küken und die brütenden Weibchen tränken.

4.5 Steppen der Südhalbkugel

Die einzigen Steppen auf der Südhalbkugel, welche denen der Nordhalbkugel physiognomisch ähneln, sind die Steppen in Argentinien – im Norden angefangen von der Mündung des Rio de la Plata, im Süden etwa begrenzt von der Nordgrenze Patagoniens bei Bahia Blanca (Abb. 4.16). Dieses Gebiet, bekannt als die **Pampa**, hat die Wissenschaftler seit Jahrzehnten vor Probleme gestellt. Nach den Klimadiagrammen – die ja langjährige Mittelwerte angeben – ist es ein warmtemperiertes Gebiet mit

Abb. 4.16. Pampas in Argentinien (normalerweise ist die Pampa völlig eben, deshalb aber völlig durch Landwirtschaft zerstört; nur an weniger ebenen Stellen ist sie erhalten)

ausreichenden Niederschlägen. Da auf der Südhemisphäre die Landmassen gegenüber den Ozeanen stark zurücktreten, ist das Klima ozeanisch mild, es fehlen insbesondere die für die Nordhemisphäre typischen kalten kontinentalen Winter. Es handelt sich aber trotzdem um ein arides Klima, was leicht an der verbreiteten Verbrackung der Böden mit den Merkmalen des Solonez erkennbar ist.

Anscheinend hat es in der Pampa auf den meisten Flächen nie natürlichen Baumbewuchs gegeben. Baumbewuchs ist natürlicherweise nur an gut drainierten schmalen Säumen, z. B. auf hohen Uferböschungen über Flußtälern möglich. An anderen Stellen vorgefundene Bäume sind erst durch den Menschen angepflanzt worden. Angepflanzte Bäume können gedeihen, weil die um das Niederschlagswasser konkurrierenden Gräser entfernt wurden und die Anwachsphase durch künstliche Bewässerung unterstützt wird. Eine eigenständige Vermehrung und Ausbreitung gibt es nicht. Wenn tiefreichende Wurzeln ausgebildet werden, können sie vielfach den Grundwasserhorizont erreichen, der sich offenbar in mäßiger Tiefe von den Anden nach Osten zum Atlantischen Ozean ausdehnt. Die Pampa scheint immer ein natürliches Grasland gewesen zu sein;

hierfür gibt es viele Erklärungsversuche. Wahrscheinlich liegt die Ursache in einer Kombination aus den aktuellen Wetterlagen und der Bodenbeschaffenheit. Die Pampa unterliegt nämlich sehr raschen und starken Temperaturwechseln. Weht der Wind von Norden, ist er feucht und heiß, weht er von Süden, kann er sehr trocken und kalt sein. Die Temperaturen können im Winter innerhalb kurzer Zeit bis auf -10°C fallen. Die Regen im Sommer gehen meist wie tropische Regen nieder; eine ungeheure Wasserflut stürzt vom Himmel auf den Boden und macht nach kurzer Zeit wieder strahlendem, austrocknendem Sonnenschein Platz.

Die Pampa hat Lößböden. Löß quillt bei Befeuchtung stark auf und bewirkt auf diese Weise, daß der Oberboden wasserundurchlässig wird. So entsteht eine extrem glitschige Matschschicht an der Oberfläche, die auf den sonst hartgefahrenen und ausgetrockneten Wegen jedes Gehen oder Autofahren unmöglich macht. Scheint dann die Sonne wieder, verdunstet das Wasser sehr rasch, und der Boden wird hart und trocken. So gelangt das Wasser nicht an die tief liegenden Wurzeln der Pflanzen, die dadurch einen extrem ariden Sommer haben. Es gibt in der Pampa also Feuchtigkeit genug, und es gibt viele kleine, abflußlose Seen, aber Bäume können nicht gedeihen.

Heute ist die Pampa ein landwirtschaftlich intensiv genutztes Gebiet, in der Hauptsache für Weizen- und Maisanbau, und auch als Viehweide zur Produktion der berühmten argentinischen Steaks. Die Weidegräser und zahlreichen Unkräuter sind ebenfalls Importe. Die relativ harten indigenen Gräser wären für das Weidevieh nicht geeignet. Früher war dieses Land die Domäne des heute fast ausgerotteten argentinischen Pampahirsches (*Odocoileus bezoarticus*), für den man heute versucht, einen winzigen Nationalpark zu schaffen. Dieser Hirsch muß damals in sehr großen Herden über die Pampa gezogen sein. Weiterhin haben Nandus (Rheidae, *Rhea americana* und *Pterocnemia pennata*) als Pflanzenfresser eine große Rolle gespielt. Guanakos (*Lama guanicoë*), die Grasland weniger lieben als Gebüsch – und sei es noch so stachelig –, haben vermutlich hauptsächlich an den wenigen Stellen gelebt, an denen steiniger Untergrund an die Oberfläche kam, so bei der Sierra Ventada.

Heute findet man auf den Straßen überfahrene Gürteltiere und auf den Weideflächen extrem zahlreich europäische Hasen, die hier eingebürgert wurden. Natürliche Vegetation der Pampa gibt es nur noch an wenigen Stellen, meist in den Übergangszonen zu den benachbarten patagonischen Halbwüsten im Gebirge (Sierra Ventada). Es gibt verschiedene Bussarde, Erdspechte, entlang der Flüsse Eisvögel und ein reiches Singvogelleben. Tauben haben sich extrem vermehrt und sind zur Zeit der Weizen- und Maisernte zu ernsthaften Schädlingen geworden.

5 Natürliche waldfreie Areale in Mitteleuropa

Mitteleuropa ist aufgrund seiner großklimatischen Situation ein Waldland (vgl. Kap. 4). Bevor der Mensch in der nacheiszeitlichen Periode massiv eingriff, beherrschten Wälder als Vegetationsformation die Landschaft. Auch heute würde sich ohne die menschliche Bewirtschaftung auf den meisten offenen Flächen Wald als potentiell natürliche Vegetation ausbreiten. Es gibt allerdings auch relativ großflächige, primär baumlose Areale wie die vorwiegend an den Meeresküsten vorkommenden Salzwiesen und Sanddünen, manche Formen der Moore und die Höhenlagen der Gebirge oberhalb der Baumgrenze. Schwieriger ist die Situation in den Auen der Flüsse und großen Ströme, sowie für die sogenannten Trockenrasen zu beurteilen. Hier dürfte ein zeitlich-räumlicher Wechsel bewaldeter und offener Vegetationstypen verbreitet gewesen sein. Da jedoch in beiden Landschaften die anthropogene Veränderung oft frühzeitig begann, wird eine Rekonstruktion des ursprünglichen Zustandes schwierig. Schwer abschätzbar ist auch der Einfluß der großen herbivoren Huftiere, insbesondere der Wildrinder (vgl. Kap. 4.1). Die Frage nach der ursprünglichen Struktur und Verbreitung der Wälder in der gemäßigten Klimazone stellt sich grundsätzlich überall, soll aber am Beispiel Mitteleuropas behandelt werden. Seitenblicke auf weniger durch den Menschen veränderte Gebiete außerhalb dieser Region können als Erklärungshilfe dienen.

5.1 Salzwiesen des Meeresstrandes

Im Einflußbereich der regelmäßigen Tiden der Nordsee und – in nur geringer Ausdehnung – auch an der Ostsee gibt es Salzwiesen. Man findet sie in flachen, geschützten Küstenabschnitten, in den höher gelegenen Bereichen des Watts sowie nahe der mittleren Tidenhochwasserlinie (MThw). Grundlage ist die regelmäßige Sedimentation eines feinkörnigen Schlicks, der reich an Mineralien und partikulärem organischen Material ist. Die Vegetation der Salzwiesen fördert die Sedimentation, so daß man in günstigen Fällen jährliche Ablagerungen von 5–10 mm Dicke erhält. Mit zunehmender Transportkraft des Wassers erhöht sich der Sandanteil des Sediments. Der Boden wird bei jeder Überflutung mit Salzwasser getränkt. Durch den Wechsel von Regen und Austrocknung schwankt der jeweils aktuelle Salzgehalt.

Die Salzwiesen sind ein extremer Lebensraum mit harten abiotischen Selektionsbedingungen (Adam 1990; Dijkema 1984). Dementsprechend ist die Anzahl der hier auf Dauer existierenden Pflanzen- und Tierarten relativ niedrig. Andererseits ist die Produktivität aufgrund des günstigen Nährstoff- und Lichtangebotes hoch. Die Nettoprimärproduktion und die eingeschwemmte organische Substanz erreichen im Durchschnitt 2000 g Trockengewicht pro m^2 und Jahr, Werte wie sie sonst für tropische Mangroven gelten. Die Landhalophyten sind extreme Lichtpflanzen, die keine Beschattung vertragen. Bäume oder Sträucher – vergleichbar jenen in den tropisch-subtropischen Mangroven – wachsen hier nicht, sondern nur Therophyten und Stauden, von denen einige am Grunde verholzen.

Die Vegetation zeigt eine Zonierung, die die Lage zum mittleren Tidenhochwasser bzw. die Häufigkeit und Dauer der Wasserbedeckung widerspiegelt. In der untersten Zone, bis ca. 40 cm unter dem MThw dominiert der Queller (Gattung *Salicornia*) in verschiedenen Ökotypen, eine sukkulente einjährige Pflanze, deren Bestände höchstens noch sporadisch von Horsten des Schlickgrases (*Spartina*-Arten) unterbrochen werden. Weitere Spermatoyphyten gibt es in dieser Zone nicht. Mit der mittleren Hochwasserlinie beginnt der Bereich der Andelwiesen mit dem Andelgras (*Puccinellia maritima*), das dichte niedrige Rasen und bei Beweidung fast reine Bestände bildet. Die Andelwiesen werden 150 bis 220 mal im Jahr vom Meer überflutet. Der Salzgehalt des Bodens liegt hier zwischen 26 und 30‰. Empfindlich gegen Beweidung sind einige Begleitpflanzen, wie der Stranddreizack (*Triglochin maritima*), der Strandwegerich (*Plantago maritima*), die Strandaster (*Aster tripolium*) und einige weitere Arten. Die Strandaster schmückt diesen Bereich im Hochsommer mit ihren blauen Blüten. Auf noch höher gelegenen Bereichen, die nur 30 bis 70 mal im Jahr überflutet werden (>25 cm über MThw), breitet sich der Rotschwingelrasen aus, charakterisiert durch das namengebende Gras (*Festuca rubra* ssp. *littoralis*) und die auffallend rosa blühenden Strandnelken (*Armeria maritima*). Der Salzgehalt des Bodens sinkt gegenüber dem Andelrasen, liegt aber meistens noch über 10 ‰. Ohne Beweidung wird auch diese Vegetation vielfältiger, mit Strandflieder (*Limonium vulgare*) und dem Silbergrau des Strandbeifußes (*Artemisia maritima*); Pflanzen, die vor allem längs der Priele – die das Tidenwasser ab- und zuleitenden Erosionsrinnen – dichte, hohe Bestände bilden können.

Salzwiesen des Meeresstrandes

Die **Halophyten der Salzwiesen** stammen von Landpflanzen ab. Sie sind eigentlich halotolerante Pflanzen, die überwiegend ohne erhöhten Salzgehalt des Boden und ohne regelmäßige Überschwemmung mit Meerwasser gut gedeihen. Von Art zu Art unterschiedliche Mechanismen ermöglichen es ihnen, trotz des hohen Salzgehaltes zu überleben und eine genügend hohe Saugkraft zu entwickeln. Verbreitet ist die sukkulente Wuchsform, die es beispielsweise dem Queller ermöglicht, im Laufe der Vegetationsperiode zunehmend Wasser und Salz in den Zellen zu speichern, bis die Pflanze im Herbst schließlich abstirbt. Einige Arten verfügen über Möglichkeiten, überschüssiges Salz durch Salzdrüsen oder durch das Abwerfen von Salzspeicherorganen zu entfernen. Das gilt für den Strandflieder (*Limonium vulgare*) beziehungsweise für Salzmelden wie *Halimione portulacoides* und die Strandbinse (*Juncus gerardi*).

Unter den **wirbellosen Tieren** ist ein großer Anteil mariner Herkunft. Sie dringen in und auf dem Boden vom Meer her ein. Im Boden sind es hauptsächlich Harpacticiden und Turbellarien, auf dem Boden vor allem Schnecken mariner Abstammung. Unter den Schnecken dominieren Arten der Gattungen *Hydrobia* und *Littorina*. Dazu kommt als die vielleicht am besten an diesen Lebensraum angepaßte Art *Assiminea grayana*. Diese Schnecke legt ihre Eiballen in kleine, flache Vertiefungen auf dem Schlick, wo diese viele Monate lang auf eine Überflutung warten können. In dem Augenblick, in dem eine Überflutung erfolgt, schlüpfen wie bei marinen Bodentieren Planktonlarven, die eine Zeit lang im freien Wasser leben und sich erst mit der Metamorphose zur Schneckengestalt wieder auf der Salzwiese festsetzen. Bei den übrigen aus dem Meer stammenden Schnecken ist das planktische Larvenstadium nicht mehr gegeben; höchstens im Ei kann man ein solches Larvenstadium beobachten. An der Ostsee (wie auch im Mittelmeer) kommt weiter die kleine Lungenschnecke *Ovatella myosotis* vor, die sich wie die übrigen Schnecken von dem Diatomeenbelag des Schlickbodens ernährt. Auch sie bildet im Eistadium eine gut erkennbare Planktonlarve aus. Wie die anderen Schnecken auch, erträgt sie einen relativ hohen Salzgehalt im Boden.

Marine Vorfahren haben auch einige ökologisch wichtige Crustaceen des Strand- und Salzwiesenbereichs, z. B. die Strandflöhe – Amphipoden der Gattung *Orchestia* – und Asseln der Gattungen *Sphaeroma* und *Ligia*. Aus terrestrischer Herkunft stammen die zahlreichen Insekten- und Spinnenarten. Insgesamt besiedeln knapp 1600 Wirbellose terrestrischer und ca. 350 Arten mariner Herkunft die Salzwiesen Schleswig-Holsteins; unter ihnen sind ca. 50% auf diesen Lebensraum spezialisiert, ca. 420 Arten sind phytophag an Salzpflanzen, ca. 500 gelten als detritophag und ca. 350 als Prädatoren.

Die Wirbellosen besiedeln die Flächen in hoher Dichte und dürften eine entsprechend hohe Produktion erreichen. Unter den ca. 60 000 Tieren (Länge >1 mm) pro m^2 am Boden sind Milben, Spinnen – vor allem die Zwergspinnen (Micryphantidae) –, Collembolen, Käfer – viele Carabiden und Staphyliniden – und die Larven zahlreicher Dipterenarten am häufigsten. Am Abbau des toten organischen Materials beteiligen sich als Zerkleinerer oder Detritusfresser – neben den überwiegend winzigen Hornmilben (Oribatidae) und Collembolen – die Larven zahlreicher Arten der Dipteren und Käfer sowie vorrangig die Flohkrebse *Orchestia platensis* und *O. gammarellus*.

Die kritische Phase der Überschwemmungen wird von den meisten angepaßten Besiedlern der Salzwiesen unbeschadet überstanden. Für die in Bodenhöhlen oder minierend im Innern von Pflanzen lebenden Arten ist die Situation unproblematisch. Unbenetzbare Arten, beispielsweise manche Spinnen, klammern sich an Pflanzen fest und überleben die submerse Phase in einer Luftglocke. Abgeschwemmte Tiere kommen nicht selten mit Schwemmgut im Strandanwurf an (Heydemann u. Müller-Karch 1980).

Einige Beispiele von **Anpassungsmechanismen terrestrischer Bewohner der Salzwiesen** sollen der Erläuterung der Strategien dienen. Die Kurzflügelkäfer der Gattung *Bledius* sind in diesem Lebensraum mit zwei Arten vertreten. Sie fressen als Larven und Adulte den Algenbelag von der Substratoberfläche. *Bledius bicornis* besiedelt sandige Substrate der oberen Salzwiesenzone und gräbt dort horizontale Gänge dicht unter der Oberfläche. In den Gängen reichen Licht und Feuchtigkeit für das Wachstum von Algen, die von den Käfern und ihren Larven abgeweidet werden können, ohne daß sie den schützenden Raum verlassen müssen. *Bledius spectabilis* baut seine Röhren in stabilerem, bindigem Substrat im Übergangsbereich zum Watt. Die Röhren liegen senkrecht, die Nahrung wird außerhalb auf der Wattoberfläche gefressen oder mit den Sandkörnern eingetragen. Das Wasser dringt während der Überschwemmung in die luftgefüllten Hohlräume nicht ein (Abb. 5.1). Zur Überwinterung suchen die Käfer überschwemmungssichere, hoch gelegene Gebiete auf.

Der erwachsene Spitzmaulrüßler (*Apion limonii*) frißt an den Blättern des Strandflieders. Die Eier werden jedoch in die Wurzeloberfläche abgelegt, in deren Inneren die Larve miniert. Dort überwintert sie auch. Voraussetzung für eine erfolgreiche Eiablage sind frei liegende Stellen an der Wurzelbasis der Wirtspflanze, wie sie vor allem an Abbruchkanten des Bodens auftreten (Abb. 5.2; Zucchi et al. 1989).

Die Rasenameise *Lasius flavus* (Abb. 5.3) bildet über ihren unterirdischen Bauten Nesthügel, die von einer etwas schütteren Vegetation be-

Salzwiesen des Meeresstrandes

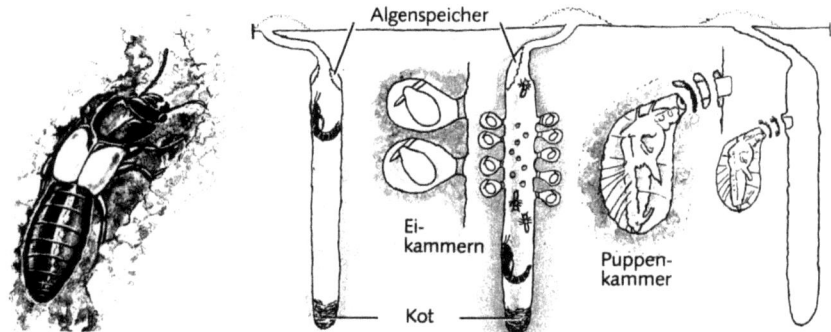

Abb. 5.1. Der Staphylinide *Bledius* legt seine Eier in hochwassergeschützten Gängen unter der Erde ab. (Aus Zucchi et al. 1989)

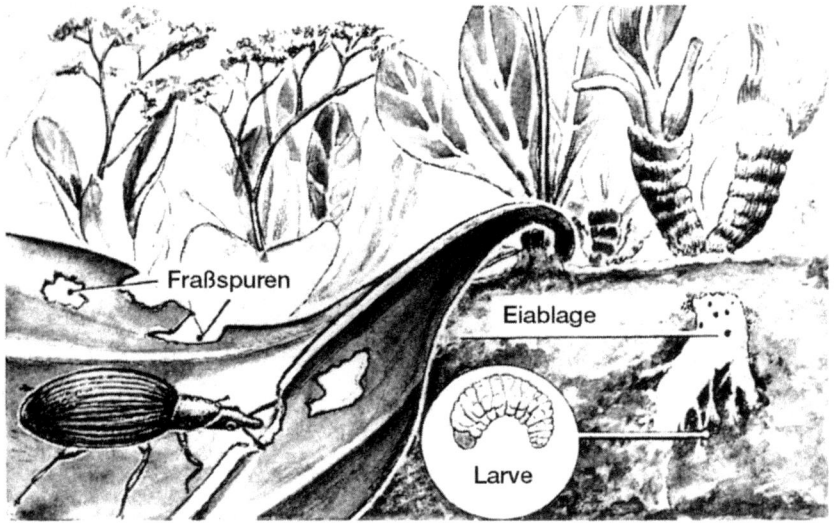

Abb. 5.2. Pflanzenfressende Rüsselkäfer (*Apion limonii*) an *Limonium vulgare* vermeiden die Gefahr von Überflutungen durch Fressen an der Wurzelbasis. (Aus Zucchi et al. 1989)

deckt und von vielen Wurzeln durchzogen sind. Nach außen sind die Hügel so gut abgedichtet, daß das Wasser während der Überschwemmung nicht eindringt. Durch Symbiose (Trophobiose) mit Blattläusen der Fam. Pemphigidae, die an den Wurzeln der Pflanzen saugen, werden die Ameisen innerhalb ihres Nestbaus durch den ausgeschiedenen „Honigtau" mit Nahrung versorgt.

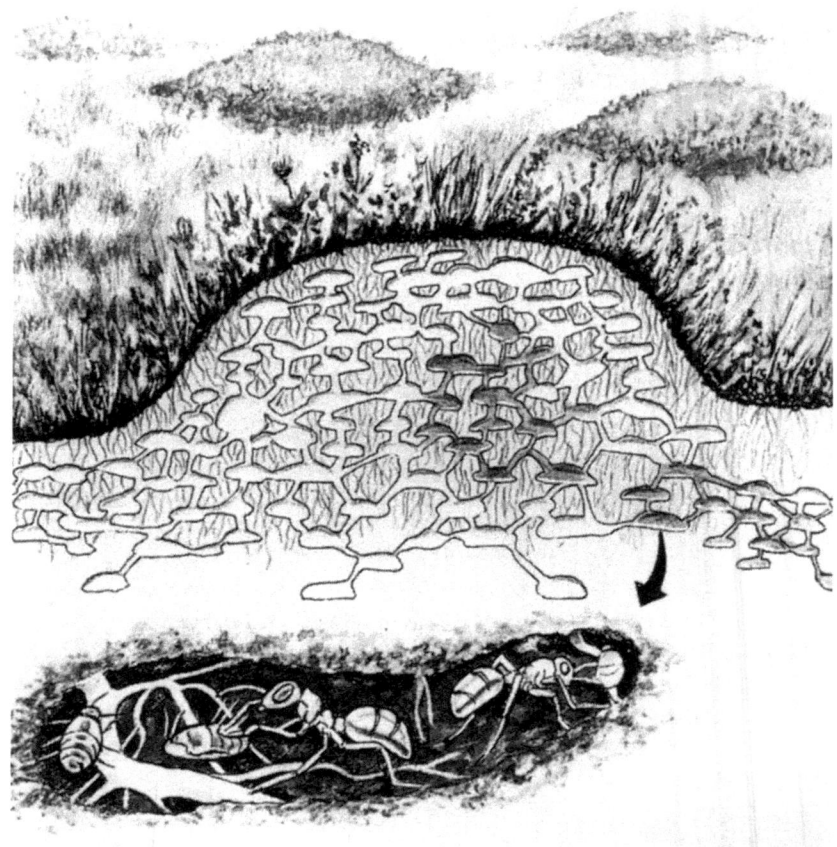

Abb. 5.3. In der Gezeitenzone bauen Ameisen der Art *Lasius flavus* überschwemmungssichere Baue. (Aus Zucchi et al. 1989)

Die waldlose, küstennahe Zone, bestehend aus dem Watt, den Vordeichswiesen, den Dünen und den binnendeichs gelegenen Flächen, haben für die **Vogelfauna** eine wichtige Funktion als Brut-, Nahrungs-, Rast- oder Mauserplatz. Es sind insbesondere Gänse- und Entenarten sowie zahlreiche Arten der Limikolen und Möwen, die zum Teil als Brutvögel, in viel stärkerem Maße aber als Durchzügler diese Gebiete nutzen. Längs der Schleswig-Holsteinischen Westküste sollen sich zur Hauptzugzeit im September bis zu einer Million rastender Vögel aufhalten, überwiegend Limikolen, von denen bis zu 90 % zwischen Mitte und Ende Oktober das Gebiet wieder verlassen. Die Zahlen für das Frühjahr bleiben wegen des schnellen Zugverlaufs und der kürzeren Rastzeiten niedriger (Heydemann u. Müller-Karch 1980).

Während der Niedrigwasserzeit zieht das Watt wegen seines reichen Nahrungsangebotes an Muscheln, Krebsen und Polychaeten zeitweilig riesige Scharen von Limikolen an, die während des Hochwassers auf den Wiesen rasten. Einige Arten, wie die Kiebitze und Goldregenpfeifer, suchen auch in den Wiesen vor und hinter dem Deich tierische Nahrung.

Da diese Salzwiesen vergleichsweise extensiv bewirtschaftet werden, sind sie heute eigentlich die einzigen Zufluchtstätten für überwinternde Wildgänse (Graugans, Saatgans, Bleßgans, Ringelgans, Nonnengans) an den Küsten Deutschlands und seiner Nachbarländer. Hier haben sie einen weiten Ausblick, können Gefahren unter Kontrolle halten und haben als weidende Vögel im allgemeinen eine ausreichende Ernährungsbasis. Die Gänse als Pflanzenfresser halten sich auch zur Nahrungsaufnahme überwiegend auf den Wiesen auf. Eine Ausnahme bilden Arten der Gattung *Branta*, insbesondere die Ringelgänse (*B. bernicla*), die im Winterquartier primär die pflanzliche Produktion der Watten nutzen und sich häufig auch zur Ruhe im küstennahen, flachen Wasser aufhalten. Wichtigste Nahrung sind zunächst die Seegräser (*Zostera* div. spec.), deren Rhizome auch freigelegt werden können, daneben die großen thallösen bzw. fädigen Grünalgen *Enteromorpha*, *Ulva lactuca* und *Cladophora*. Nur im Frühjahr werden bevorzugt die Salzwiesen beweidet. Der Zug führt die Ringelgänse aus ihren küstennahen Brutgebieten am Eismeer in die Überwinterungsgebiete an der südlichen Nordsee. Im Brutgebiet halten sie sich nur ca. 3 Monate auf, so daß die Lebensbedingungen in den Rastgebieten für die Populationsentwicklung dieser, wie auch anderer Zugvogelarten, sehr wichtig werden können.

Salzwiesen mit einer artenreichen Flora, wie die eben geschilderten, sind heute selten geworden, weil sie als idealer Weidegrund für Schafe gelten und diese zu einem gründlichen Abfressen aller nicht grasartigen Pflanzen neigen. So kommt es zu einem sehr kurzen Verbiß und zu einer Weide, die praktisch nur noch aus *Puccinellia*-Rasen besteht. Strandwiesen ohne Schafverbiß dagegen wachsen sehr hoch heran; im Winter kippen die alten Pflanzen dann um, und auf Dauer lichtet sich die Vegetationsdecke darunter. Hier können Fluten wieder angreifen, und so entsteht ein System aus Aufbau und Abbau der Strandwiese mit kleinen natürlichen Gräben, die immer mehr zu Prielen heranwachsen. Mit Schafen dagegen, die heute besonders geschätzt werden, weil ihr Tritt den Boden verfestigt, entstehen sehr feste Weiden, wie sie heute für die Landwirtschaft und für den Küstenschutz erwünscht sind.

5.2 Wiesen in Flußauen

In den Auen, dem Bereich regelmäßiger Überschwemmungen der Fließgewässer, wächst in den meisten Gebieten der Erde Auwald, weil Wassermangel hier nicht zum begrenzenden Faktor für Baumwuchs wird. Das gilt auch für Mitteleuropa, wo die heutige Waldlosigkeit der meisten Flußauen anthropogen ist (Abb. 5.4). Andererseits gibt es viele Indizien für die Existenz natürlicher Auenwiesen, zum Beispiel das Vorhandensein einer artenreichen Flora, die nur in Wiesen oder Weiden gedeihen kann. Baumwuchs wird verhindert, wenn die Überschwemmungen lange andauern und die Vegetationsperiode zu kurz wird, denn das Wachstum setzt während der Überstauung aus. Außerdem kann die mechanische Wirkung des fließenden Wassers, insbesondere durch Erosion und Umlagerung des Substrats, offene Flächen schaffen, die mindestens vorübergehend von krautigen Pflanzen besiedelt werden.

Der Einfluß von Tieren bei der Auflichtung von Wäldern wird uns heute noch durch die Dammbauten des Bibers und die Entstehung der Biberwiesen vor Augen geführt. In einem Nationalpark der Tiefland-Moränenlandschaft Minnesotas mit ungestörten Ausbreitungsmöglichkeiten

Abb. 5.4. Flußniederung (oberes Altmühltal)

für Biber erreichte die überstaute Fläche 13%. Um den bestehenden Biberteich bildete sich eine Vegetationszonierung vom Wasser aus, beginnend mit flutenden Wiesen, gefolgt von einer Seggen- und Gräserzone, in der *Calamagrostis canadensis* vorherrschte. Dieses Gebiet war von feuchtigkeitstolerantem Gehölz umsäumt, an das sich der ortstypische Nadelwald anschloß. Die nassen und feuchten Wiesen hatten mit 34% den größten Anteil an der vom Aufstau beeinflußten Fläche (Johnston u. Naiman 1990). Da in tiefen oder breiten Flüssen keine Dämme gebaut werden, beschränkt sich die Einwirkung der Biber dort auf die Veränderung der Vegetationsstruktur, die durch das selektive Fällen bestimmter Baumarten entsteht.

Die Baumlosigkeit durch lokalen Aufstau des Fließgewässers, wie sie unter dem Einfluß der Biberteiche entsteht, konnte in der Naturlandschaft in ähnlicher Form durch **Dammbildung aus Treibholz** entstehen (Harmon et al. 1986; Naiman et al. 1986; Maser u. Sedell 1994). Große herbivore Säuger können auf Weideflächen das Aufkommen von Bäumen und Büschen verhindern und durch Verbiß und Schälen der Rinde größere Bäume schädigen. Das Ausmaß ihres Einflusses bei der Strukturierung der Auenlandschaft ist heute allerdings schwer abzuschätzen (Beutler 1996; Schott 1934).

Für die Gestaltung der Auenlandschaft sind die geomorphologischen, die hydraulischen und – durch diese beeinflußt – die **Sedimentationsbedingungen** entscheidend. Die aus den Alpen nach Norden gerichteten Flüsse sind bis in die flachen Täler des Vorlandes durch ihre stark wechselnde Wasserführung, die damit verbundene mindestens zeitweilig hohe Transportkraft und die reiche Geschiebeführung gekennzeichnet. Das Flußbett ist breit, wenig eingetieft und in eine große Zahl von Teilgerinnen aufgezweigt, zwischen denen sich Kies und Sandbänke ausbreiten. Das Überwiegen grobkörniger Substrate und die häufige Umlagerung lassen weite, offene, meist nur schütter bewachsene Rohbodenflächen entstehen. Auf stabileren, höher gelegenen Stellen können sich auf dem durchlässigen Untergrund Magerrasen entwickeln, auf denen sich mit dem Fortschreiten der Bodenbildung ein Gebüsch mit Weiden, speziell der Lavendelweide (*Salix elaeagnos*), Sanddorn (*Hippophae rhamnoides*) oder Deutscher Tamariske (*Myricaria germanica*) ausbreitet, deren silbergraue Blätter dieser Gesellschaft ihr charakteristisches Aussehen verleihen. Darüber, in der allenfalls im Abstand von Jahrzehnten überschwemmten Zone, schließt sich mancherorts ein lichter Schneeheide-Kiefernwald an. Überflutungen der tiefer gelegenen Teile der Aue außerhalb des Flußbettes kommen zwar alljährlich vor, dauern aber aufgrund des starken Gefälles in der Regel nicht lange.

Die **gefällearmen, großen Tieflandflüsse** transportieren wenig Geschiebe und viel feinkörniges Material, überwiegend Grob- und Feinsande sowie Schluff und Ton. Die Hochwasser laufen langsam auf und klingen langsam ab, die Überschwemmungen dauern häufig einen Monat und länger. Strömungsgeschwindigkeit und Transportkraft des Wassers nehmen außerhalb des Flußbettes im relativ flach überstauten Bereich rasch ab. Infolgedessen werden ufernah große Mengen sandigen Sediments abgelagert, es entstehen die sogenannten Uferwälle, während uferfern feines Sediment geringer Mächtigkeit zurückbleibt. Durch Wind können die vom Fluß abgelagerten und abgetrockneten Sande abtransportiert und bei ausreichend großem Nachschub zu Dünen aufgehäuft werden. Solche Binnenlanddünen längs großer Flüsse entstanden während der Eiszeiten häufig im Periglazialbereich, sie bilden sich aber auch heute noch dort, wo weite, offene Umlagerungsflächen genügend Angriffsmöglichkeiten für den Wind bieten. Nach archäologischen Befunden in Mitteleuropa und Vergleichen mit naturnah erhaltenen Flüssen Osteuropas beschränkten sich die Vorkommen des Auwaldes auf die Uferwälle. Die relativ hoch gelegenen Uferwälle waren auch die Orte früher menschlicher Siedlungen. Zwischen dieser ufernahen Zone und den Talhängen breitete sich ein feuchtes Gebiet aus, das aus einem Mosaik von Altwässern, Röhrichten, Seggenriedern, Mooren und Bruchwäldern bestand, das aber auch trockenere, sandige Stellen umfaßte. Am Fuß der Talhänge austretendes Grundwasser förderte die Entstehung von Hangmooren. Die zwischen den Flußufern und den Talhängen gelegene Zone der Auen war demnach weitgehend waldfrei. Der Unterlauf der großen nordwestdeutschen Ströme wurde von ca. 1 km breiten Galeriewäldern gesäumt, die in Weichholz- und Hartholzauen gegliedert waren, auf ihrer Rückseite dehnten sich meist baumfreie Moore bis zum Geestrand (Behre 1994; M. Flade pers. Mitteilung; Beutler 1996; Walter u. Breckle 1994). Diese Bestandteile der Auenlandschaft gab es in anderer Verteilung aber beispielsweise auch am Oberrhein – bis zu dessen Regulierung im vorigen Jahrhundert. In den schmäleren, steileren Tälern des Mittelgebirges dürfte der Waldanteil allerdings größer gewesen sein. Zu den Auen gehörten demnach auch vor ihrer nachhaltigen Veränderung durch den Menschen offene, baumfreie Flächen in regional unterschiedlichem Anteil und von unterschiedlicher Ausprägung. In Bereichen regelmäßiger Ablagerungen von Feinsedimenten konnten fruchtbare Böden entstehen, die eine hohe pflanzliche Produktion ermöglichten. In Biberteichen wird über mehrere Jahre organisches Material akkumuliert. Werden sie aufgegeben, so entstehen auch an ihrer Stelle, mosaikartig längs der Bachtäler verteilt, nährstoffreiche, produktive Wiesen (Pinay u. Naiman 1991; Schott 1934).

Wiesen in Flußauen

Die **Verbreitung der Tiergemeinschaften** folgt ungefähr dem Muster, das durch die Bodenstruktur, die mikroklimatischen Bedingungen und Vegetationsausprägung vorgegeben ist. Auf den relativ hoch gelegenen trockenen Flächen auf sandig-kiesigem Untergrund mit schütterer Vegetation siedeln sich wärmeliebende Arten an, deren Verbreitungsschwerpunkte einerseits im Mediterrangebiet, andererseits in steppenartigen Lebensräumen im kontinentalen osteuropäisch-sibirischen Gebiet liegen. Unter den Primärkonsumenten beherrschen einige Heuschreckenarten das Bild, als Prädatoren sind es Ameisen und Spinnen, besonders die Lycosiden. Zu den Heuschrecken der sandigen Auenbiotope gehören einige Arten, die durch ihre Schauflüge mit signalfarbenen Hinterflügeln auffallen. Dieser Eindruck wird bei einigen durch schnarrende Fluggeräusche verstärkt. Blauflügelige Ödlandschrecke (*Oedipoda caerulescens*), Blauflügelige Sandschrecke (*Sphingonotus coerulans*), Rotflügelige Schnarrschrecke (*Psophus stridulans*) und Gefleckte Schnarrschrecke (*Bryodema tuberculata*) werden in entsprechenden Faunenlisten genannt. Auf lockerem Untergrund, insbesondere auf den Dünen und Uferwällen, gehören grabende Hymenopteren – Grabwespen, Wildbienen, Goldwespen – zu den typischen Erscheinungen. Steppentiere sind auch zwei charakterische Vogelarten der sandigen Auenbiotope, der Triel (*Burrhinus oedicnemus*) und der Brachpieper (*Anthus campestris*), die aufgrund der Zerstörung ihrer Lebensräume in Mittel- und Westeuropa selten geworden sind (Lauterborn 1917, 1918; Reich 1991). Auf den Kiesbänken im Fluß brüten Flußregenpfeifer (*Charadrius dubius*) und Flußuferläufer (*Actitis hypoleucos*).

Die faunistische Charakteristik der feuchten Wiesen und wiesenähnlichen offenen Flächen in den Flußauen ergibt sich aus der Einbettung dieses Lebensraums in eine reich gegliederte, vielfältige Umgebung. Wichtig ist die Nachbarschaft zum Wald und zu den Gewässern verschiedenen Typs. Aus diesem spezifischen Lebensraum-Mosaik ergeben sich auch die faunistischen Unterschiede zu den Wiesenlandschaften längs der Meeresküste (vgl. Kap. 5.1.). Das läßt sich bei der Betrachtung des Ressourcenangebots für die großen, **herbivoren Säuger** erkennen, die Weidemöglichkeiten in den Wiesen, im Wald und in den Sümpfen vorfanden, aber auch Deckungsmöglichkeiten für den Tageseinstand im Wald oder im Schilf. Elche fressen sowohl Weichholz als auch Gräser und krautige Sumpfpflanzen. In den gebirgigen Gegenden wanderte das Rotwild im Winter aus den Hochlagen in die Auwälder, die Wildrinder fraßen im Sommer wahrscheinlich vorwiegend Gras und Kräuter, im Winter aber einen hohen Anteil Zweige und Knospen von den Bäumen (vgl. Kap. 4.1).

Die **Vogelfauna** verteilt sich habitatspezifisch zwischen den Röhrichten und den Wiesen. Bodenbrütende Limikolen, Rallen, Gänse, einige Seeschwalben und Möwenarten stellen die charakteristischen Wiesenvögel. Unter ihnen sind viele, die ebenso in den küstennahen Gebieten brüten und auf nicht zu intensiv bewirtschafteten Grünlandflächen bis heute vorkommen. Zu nennen wären Uferschnepfe (*Limosa limosa*), Rotschenkel (*Tringa totanus*), Kiebitz (*Vanellus vanellus*) und Kampfläufer (*Philomachus pugnax*), die kurzrasigen Bewuchs benötigen, wie er durch Beweidung entsteht, und weite Flächen ohne Sichthindernisse bevorzugen. Demgegenüber bevorzugt der Wachtelkönig (*Crex crex*) hochgrasige, wechselfeuchte Stellen, wie sie für die Überschwemmungsgebiete typisch sind. Ähnliches gilt für die Doppelschnepfe (*Gallinago media*), die ihre Brutplätze auch in lockeren Bruchwäldern wählt, aber zumindest für die auffallende Gruppenbalz offene Arenen wählt. Sie gehörte bis zum Ende des 19. Jahrhunderts auch in Westeuropa zu den gewöhnlichen Erscheinungen. Die Gänse, manche Limikolen, aber auch Baumbrüter wie der Weißstorch, finden auch ihre Nahrung auf den Wiesen, andere, wie die Seeschwalben, suchen dafür die nahe gelegenen Gewässer auf.

In großflächigen Seggenmooren brütet als stark spezialisierte Art der Seggenrohrsänger (*Acrocephalus paludicola*), dessen stark geschrumpfte Population nur noch in den osteuropäischen Tieflandern Lebensmöglichkeiten findet. Einen Eindruck vom ursprünglichen Reichtum der Flora und Fauna der Auen großer europäischer Tieflandflüsse kann man heute nur noch in einigen Gebieten Osteuropas gewinnen, für die die Sümpfe des Pripjet in Weißrussland ein eindrucksvolles Beispiel darstellen (M. Flade, pers. Mitteilung).

Schilfröhrichte sind ein artenarmer Vegetationstyp, in dem das Schilf (*Phragmites australis*) dichte Rhizommatten ausbildet, die das Aufkommen anderer Pflanzen sehr erschweren. Die dicht stehenden hohen Halme lassen im Sommer im Innern des Bestandes ein schattiges windarmes Mikroklima mit gedämpfter Amplitude von Luftfeuchtigkeit und Temperatur entstehen. Gleichzeitig wird der Lebensraum gleichförmig vertikal strukturiert, wodurch Drossel- und Schilfrohrsänger als darauf spezialisierte Arten das Baugerüst für ihre an den Halmen aufgehängten Nester finden. Auch die Rohrdommeln (*Botaurus stellaris, Ixobrychus minutus*) erweisen sich in ihrem Verhalten und im Färbungsmuster, beim Klettern und Herumlaufen im Wald der Schilfhalme sowie in ihrer Schreckhaltung, der Pfahlstellung, als gut angepaßt an diese spezifische Struktur ihres Lebensraums.

Trotz seiner floristischen Monotonie wird das Schilf auch von vielen Arten an Wirbellosen besiedelt. Es besitzt für diese Besiedlergruppe vielfältige ökologische Nischenangebote allein schon an der Schilfpflanze selbst. Je nach Standort – im Bestand, randnah oder randfern, im überschwemmten oder nur feuchten Bereich, – nach Region an den oberirdischen Teilen der Pflanze, sowie nach Halmstärke und Bestandsdichte treten unterschiedliche tierische Nutzer auf. Typisch sind einige minierende und gallenbildende Insekten und Milben. Die Schilfeule *Archanara geminpuntata* beginnt die Besiedlung vom Boden her, der nicht unter Wasser liegen darf. Im tiefen Wasser ist das Schilf daher kaum befallen, außerhalb dieser Zone jedoch einem stärkeren Angriff dieser Insekten ausgesetzt.

Die Raupe dieser Eule frißt sich in einen Schilfstengel nahe der Basis ein und klettert in diesem Stengel minierend von Internodium zu Internodium bis an den Vegetationspunkt, den sie zerstört, um dann auf einem Schilfblatt zum nächsten Halm zu klettern, der in der gleichen Weise ausgefressen und zerstört wird. Jede Eulenraupe braucht drei bis sieben relativ dicke Halme für ihre Entwicklung. Eine ausreichende Bestandsdichte ist bei 60–150 Halmen pro m^2 gegeben. Der Mindestdurchmesser eines Verpuppungsinternodiums beträgt knapp 7 mm. Unter solchen Bedingungen können im Schilfwald große „Nester" von ausgefressenen Halmen gefunden werden. Nach 2–3 Jahren eines solchen Befalls werden im nächsten Frühjahr an diesem Standort viele dünne Halme getrieben. Das kann bis zu einer Verdreifachung der Halmzahl führen. Den nun schlüpfenden Junglarven steht nur noch Nahrung für den Beginn ihrer Entwicklung zur Verfügung, so daß die Population der Schilfeule an dieser Stelle zugrunde geht.

Auch die Larven der Chloropiden-Arten *Lipara lucens* und *L. rufitarsis* leben im Innern des Stengels und hemmen das Spitzenwachstum, erzeugen jedoch Gallen, die durch Verdickung und Stauchung der obersten Internodien entstehen. Die Eiablage der Weibchen und das Eindringen der Larve erfolgen von der Halmspitze, der überflutete Boden zwischen den Pflanzen ist bedeutungslos. Wenn durch Minieren oder Gallbildung die Entwicklung der Triebspitze gehemmt und damit die Blütenbildung unterbunden wird, bildet die Pflanze Seitenäste. In diesen werden durch die Larven der Gallmücke *Lasioptera arundinis* Gallen durch Stauchung der Internodien gebildet. Diese Art ist für die Nutzung ihrer Wirtspflanze also vom Befall durch die vorgenannten Arten abhängig. Zu den erwähnten und weiteren, hier nicht erwähnten Phytophagen an Schilf gehört eine große Zahl von Folgebesiedlern, die die Minen in den Halmen nutzen, und von Parasitoiden und Prädatoren, die das Nahrungsnetz vervollständigen. In den trockenen Halmen überwintern zahlreiche Insekten in ihren Ruhestadien. Diese Ressource wird von Vögeln intensiv genutzt und stellt für sie eine wichtige Nahrungsquelle in nahrungsarmer Zeit dar (Vogel 1981; Tscharntke 1992a, b; Frömel 1980).

5.3 Trockenrasen

Steppenähnliche Rasen und Heiden sind heute in Mitteleuropa an lokalklimatisch begünstigten Stellen weit verbreitet. Sie treten in typischer Form dort auf, wo durch die Exposition die Sonneneinstrahlung besonders intensiv sowie der Boden relativ flachgründig oder gut drainiert und daher relativ trocken ist. Die Ausbildung der „Xerotherm"- oder Trockenrasen wird durch geringe Sommerniederschläge und durch Nährstoffarmut des Bodens gefördert. Das bodennahe Temperaturregime zeichnet sich gegenüber der bewaldeten Umgebung durch große Jahres- und Tagesamplituden, besonders hohe Maxima und niedrige Minima, aus. Sommerliche Temperaturen über 50°C (!) sind keine Seltenheit. Da sich hier die Böden im Frühjahr rascher erwärmen, ist auch die Vegetationsentwicklung gegenüber der Umgebung verfrüht, so daß die Trockenrasen wegen ihres blütenreichen Frühlingsaspekts zu auffallenden und anziehenden Blickpunkten in der spätwinterlichen Landschaft werden. Die Flora und die Fauna sind im Vergleich zu den anderen Teilen der Landschaft besonders artenreich, mit einem hohen Anteil wärmeliebender Taxa von submediterraner und südosteuropäischer Herkunft.

Die Zusammensetzung der Pflanzengesellschaften wird wesentlich vom Basenreichtum des Bodens mitbestimmt. Die größte floristische Vielfalt entwickelt sich auf Kalkuntergrund. Pflanzengesellschaften mit hohem Wärmebedürfnis und ausgeprägter Trockenresistenz werden als echte Trockenrasengesellschaften bezeichnet (Xerobromion). Sie erscheinen oberirdisch als lückig und entwickeln ähnlich den Gräsern in der Steppe ein sehr weit reichendes, reich verzweigtes Wurzelwerk. Von den echten Trockenrasen sind die Halbtrockenrasen (Cirsio-Brachypodion, Mesobromion) zu unterscheiden, die wiesenähnliche, dichte und relativ hochwüchsige Bestände ausbilden, in denen der Anteil breitblättriger, mesomorpher Pflanzen höher ist (Ellenberg 1986).

Die Frage nach dem Ursprung dieser azonalen, im großklimatischen Regime fremd wirkenden Biozönosen wurde lange Zeit kontrovers diskutiert. Es stellte sich insbesondere die Frage nach dem **Einfluß der menschlichen Landbewirtschaftung** auf die heutige Verbreitung der Trockenrasen. Die meisten der steppenähnlichen, offenen Vegetationsformationen wurden im Rahmen der früheren landwirtschaftlichen Betriebsformen beweidet, in aller Regel dienten sie als Schafweide. Hört die Beweidung oder Mahd auf, entsteht zunächst eine Anreicherung von Streu, weil die pflanzliche Produktion nicht mehr aus der Fläche entfernt wird. Bereits in dieser Phase verändern sich Bodenauflage und Mikroklima. Danach setzt zumindest in den Halbtrockenrasen die Verbuschung mit Rosen, Schlehen und anderen Arten ein, in deren Schutz sich nach einiger Zeit auch Bäume ansiedeln können, bis sich schließlich Wald ausbreitet. Durch extensive Weidenutzung wird aber nicht nur der Baumwuchs unterdrückt, sondern auch eine Oligotrophierung herbeigeführt, weil die pflanzliche Biomasse verbraucht wird, ohne daß ein Ersatz der Nährstoffverluste durch Düngung erfolgt. Natürlicherweise waldfrei sind wahrscheinlich nur einige relativ kleine, besonders trockenwarme Flächen, die alle zu den Xerobrometen gehören. Allerdings ist mancherorts zu beobachten, daß ehemalige Schaftriften auch Jahrzehnte nach Aufgabe der Beweidung noch frei von Gehölzen sind. Eine derartige Situation kann entstehen, wenn es Keimlingen von Holzgewächsen nicht gelingt, den Wurzelfilz von Gräsern und Hochstauden zu durchdringen.

Viele der **Trockenrasenpflanzen** besitzen eine größere ökologische Amplitude, als es nach ihrer Vergesellschaftung im Freiland zu erwarten wäre, werden aber auf feuchterem, nährstoffreichem Boden auskonkurriert. Andererseits besitzen sie Anpassungen, die es gestatten, die extremen Umweltbedingungen der Trockenheit und Wärme zu tolerieren. Die Stickstoffarmut der Böden wird zum Teil durch Stickstoffassimilation von Leguminosen ausgeglichen. Außerdem ist Nährstoffspeicherung verbreitet. So verlagert die Aufrechte Trespe (*Bromus erectus*) vor dem sommerlichen Abtrocknen der Blätter einen großen Teil des Stickstoffs und Phosphors in die Blattbasen und Knospen. Bei der Fiederzwenke (*Brachypodium pinnatum*), einem anderen typischen Gras der Halbtrockenrasen, werden die Rhizome zur Speicherung der Nährstoffe genutzt. Die oberirdische Lage der Speicherorgane bei *Bromus erectus* ist möglicherweise der Grund für seine selektive Bevorzugung durch weidende Schafe. Dieses Gras dominiert daher zwar in Mähwiesen, wird aber auf beweideten Flächen verdrängt. Dagegen setzen sich unter dem Selektionsdruck der Beweidung Gräser wie *Brachypodium pinnatum*, stachelige oder giftige Kräuter, wie einige Enzianarten (*Gentiana verna, G. cruciata, G. ciliata, G. germanica*) oder niedrige Disteln (*Carlina acaulis, C. vulgaris, Cirsium acaule*) sowie als Gebüsch der Wacholder (*Juniperus communis*) durch (Ellenberg 1986). Wahrscheinlich sind die Diasporen vieler typischer Pflanzen und die Verbreitungsstadien mancher wirbelloser Tiere durch die früher übliche Wanderschäferei mit den Schafen verbreitet worden. Auf diese Weise konnten diese Pflanzen- und Tierarten mit der

Ausweitung dieser Wirtschaftsform im Mittelalter auch die inselartig in der Landschaft verteilten, neu entstehenden Halbtrockenrasen relativ rasch besiedeln (Fischer et al. 1995).

Die Tiergesellschaften der Trockenrasen zeigen einige Charakteristika, wie sie für trockenwarme Biotope der Auen erwähnt wurden (Kap. 5.2). In den besonders warmen Gebieten Süddeutschlands ist die Zahl mediterraner Arten höher als im Norden und Westen. In Deutschland ist die Xerothermfauna beispielsweise im Kaiserstuhl besonders vielfältig. Aus der Klasse der Insekten seien die Gottesanbeterin (*Mantis religiosa*) und die Schmetterlingshafte (*Ascalaphus libelluloides, A. longicornis*) wegen ihrer auffallenden Erscheinung, das Weinhähnchen (*Oecanthus pellucens*: Grylloidea) und die Singzikade (*Cicadetta montana*) wegen ihres südländisch anmutenden Gesangs stellvertretend genannt. An felsigen Stellen finden sich als biotopspezifische Wirbeltiere die Mauer- und die Smaragdeidechse (*Lacerta muralis, L. viridis*). Auf kalkreichem Untergrund treten charakteristische Schneckengesellschaften auf, darunter viele mit kalkweißen Schalen, wie *Zebrina detrita*, *Helicella*-Arten oder die als terrestrische Prosobranchier-Art (Deckelschnecke) erwähnenswerte *Pomatias elegans*. Wie in anderen trockenwarmen Gebieten auch, begeben sich diese Tiere in der Hitze heißer Tage an erhöhte, bodenferne Stellen, um dort inaktiv zu überdauern (Lais 1933). Einige von ihnen sind Zwischenwirte des kleinen Leberegels (*Dicrocoelium dendriticum*), dessen Endwirt unter anderem das Schaf ist.

Bemerkenswerter als die azonalen Vorkommen einzelner anspruchsvoller Tierarten ist die Verbreitung wärmeliebender, synözischer Organismengemeinschaften, in denen einzelne der Partner nur zusammen mit allen anderen existieren können. Zu dieser Gruppe gehören die Bläulinge der Gattung *Maculinea*, deren Raupen im letzten Larvenstadium parasitisch in Nestern von Ameisen der Gattung *Myrmica* leben, und die exemplarisch die Abhängigkeit ihrer Existenz von typischen Lebensraum-Charakteristika der Trockenrasen verdeutlichen. Die *Maculinea*-Weibchen legen ihre Eier an bestimmten Blütenpflanzen ab, *M. arion* an Thymian (*Thymus pulegioides*) und Dost (*Origanum vulgare*), *M. rebeli* an *Gentiana germanica* und *G. cruciata*. Die jungen Raupen fressen zunächst in den Blütenständen dieser Pflanzen, häuten sich dort 2-3 mal und begeben sich danach auf den Boden. Durch Abgabe von spezifischen Drüsensekreten und zum Teil nach einem Adoptionsritual werden sie von Ameisen in ihre Nester eingetragen und dort zur Brut gelegt. *Maculinea arion* muß von *Myrmica sabuleti*, *Maculinea rebeli* von *Myrmica schencki* eingetragen werden, um mit Futter versorgt zu werden und zu überleben. Ernährt werden die Raupen durch Fütterung durch die *Myrmica*-Arbeiterinnen bzw. indem sie die Ameisenbrut fressen. Stehen die Futterpflanzen zu dicht und wird dadurch die Zahl der Raupen pro Ameisennest zu groß, wandern die Völker ab oder sterben aus, und die *Maculinea*-Raupen überleben nicht. Die Futterpflanzen müssen also möglichst verstreut über eine größere Fläche verteilt sein. Die als Wirte geeigneten Ameisenarten sind wärmeliebend, die Futterpflanzen auf kurzrasige oder schüttere Vegetation angewiesen. An vielen Stellen wird die nötige Vegetationsstruktur nur durch Beweidung erhalten. In England konnte beobachtet werden, daß nach Wegfall der Herbivorie durch Kaninchen die Vegetationshöhe zunahm und die *Maculinea arion/Myrmica sabuleti*-Gemeinschaft verschwand. Ein wichtiger abiotischer Faktor, die Bodentemperatur, sank deutlich aufgrund der stärkeren Beschattung und dem sich damit ändernden Mikroklima (Ebert u. Rennwald 1991; Elmes u. Thomas 1987; Settele et al. 1995; Thomas 1984).

Viele Pflanzen und Tierarten aus der Biozönose der Trockenrasen befinden sich in Deutschland nahe der Grenze ihres Verbreitungsgebietes und können nur auf kleinklimatisch begünstigten, inselartigen Sonderstandorten dauerhafte Ansiedlungen bilden. Im Zentrum ihrer Verbreitung, im submediterranen Bereich, besiedeln sie oft anders strukturierte Biotope: *Myrmica sabuleti* verläßt bei uns die Nester, wenn die Vegetation so dicht steht, daß der Boden beschattet und kühl wird, in Südeuropa sind hochgrasige Stellen mit beschatteten Boden ihr geeigneter Lebensraum. Es ergeben sich regional oder zonal unterschiedliche Habitatansprüche.

Außerhalb der optimalen Klimazone der Arten können auch die von Jahr zu Jahr wechselnden klimatischen Bedingungen leicht zu einem kritischen Faktor werden, der sich in stark wechselnden Populationsgrößen auswirkt und im Extremfall zum Auslöschen lokaler Vorkommen führt. Die Feldgrille (*Gryllus campestris*) besiedelt bei uns in der Regel Halbtrocken- oder Trockenrasen. Für sie konnte gezeigt werden, daß ein sehr warmer Sommer zu sehr hohen Individuenzahlen führen kann, daß aber in den folgenden kühlen Sommern die Population abnimmt, bis sich bei einer Wiederholung der günstigen Bedingungen der Bestand erholt. Theoretisch würden Grillen in Mitteldeutschland bei ständigen Durchschnittssommern auf die Dauer aussterben; nur die Tatsache, daß ein heißer Sommer die Individuenzahl exponentiell nach oben treibt und auf diese Weise in den folgenden Jahren von diesem Überschuß gezehrt werden kann, hält die Population am Leben. Das gleiche gilt wahrscheinlich auch für das Vorkommen der Gottesanbeterin im Kaiserstuhl (Remmert 1977).

6 Die boreale und arktische Zone

6.1 Borealer Wald

Die boreale Zone ist durch die großen Nadelwälder der Taiga charakterisiert (Tabelle 6.1; Abb. 6.1). Lediglich in ozeanischen Bereichen, an der Westküste der USA und Kanadas, an der norwegischen Küste und von da bis Finnland ausstrahlend, sowie in kleineren Bereichen in Südgrönland und Island finden wir Laubwälder; diese sind in Nordamerika sehr reiche, hohe nordische Regenwälder, in Europa Birkenwälder (s. Abb. 4.2).

Klima, Böden und Waldvegetation

Während die Laubwaldzone (nemorale Zone) im trocken-kontinentalen Teil Asiens und Nordamerikas durch waldfreie, aride Steppen und Halbwüsten unterbrochen wird, erstreckt sich der boreale Wald wie auch die

Tabelle 6.1. Borealer Wald

Bestandshöhe:	bis 20 m
Bestand an Pflanzenmasse:	20–52 kg/m^2
Blattflächenindex:	7–15 m^2/m^2 Bodenfläche
Primärproduktion:	2–15 kg/m^2/Jahr
Bestäubung:	überwiegend durch Wind
Samenverbreitung:	überwiegend durch Wind
Remineralisation:	durch Mikroorganismen, insbesondere Pilze
Niederschlag:	500–1500 mm/Jahr
Temperatur:	Wintermittel etwa −10°C, in der Vegetationszeit zwischen 5 und 15°C
Vegetationsdauer:	3–5 Monate

Borealer Wald

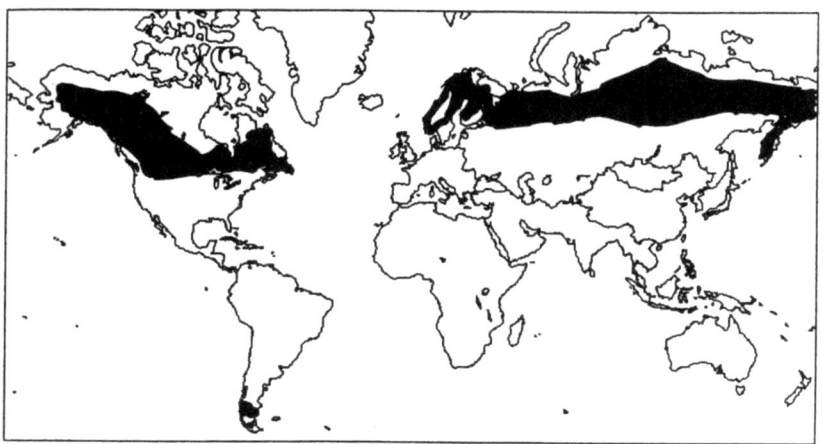

Abb. 6.1. Verbreitung der borealen Taigawälder. (In atlantischen Gebieten wie Nordnorwegen, Nordwestkanada Laubwald, sonst Nadelwald.) Äußerlich ähnliche Waldtypen gibt es bei immergrünen Laubbäumen der Gattung *Nothofagus* an der Südspitze von Südamerika und im äußeren Süden von Neuseeland

Tundra durch Nordamerika und Eurasien rings um den Erdball. Die boreale Waldzone beginnt im Süden dort, wo die kalte Jahreszeit 6 Monate andauert und damit Nadelbäume dominant werden. Die Grenze zur Tundra im Norden wird bei einer Dauer der Kälteperiode von über 8 Monaten erreicht. Die Photosynthese der immergrünen Nadelbäume endet bei $-4°C$, kann aber bei Überschreitung dieser Temperatur sofort wieder aufgenommen werden. Das ermöglicht diesen Baumarten eine optimale Nutzung der kurzen Vegetationsperiode. Auch in der borealen Klimazone läßt sich ein kalt-ozeanisches Klima mit geringer Temperaturamplitude von einem kalt-kontinentalen unterscheiden, bei dem die Temperatur im Extremfall zwischen ca. $+30°C$ im Sommer und $-60°C$ im Winter wechseln kann. Die Südgrenze der Tundren liegt im humiden Klima Norwegens bei $70°N$, im kontinentalen Ostsibirien bei $45°N$.

In den Fichtenwäldern der Taiga bildet sich auf dem Boden die typische Rohhumusschicht aus Nadelstreu. Durch das Auswaschen organischer Säuren aus dieser Schicht und die vertikale Verlagerung der im sauren Milieu löslichen Mineralien und Tonkolloide in den Unterboden entstehen die weit verbreiteten Bleicherden (Podsole), wie man sie auch von norddeutschen Sandböden kennt.

Bei oberflächennahem Grundwasserstand herrschen Gley-, Pseudogley- und Moorböden vor. Das Wurzelsystem der Nadelbäume wird stets durch ein Mykorrhiza-System ergänzt. Die Pilze in diesem System beschleunigen den Aufschluß der organischen Substanzen aus der Humusschicht und erleichtern so den Zugang zu den Nährstoffen. Die Wurzelkonkurrenz ist in ungestörten älteren Baumbeständen stark, sie kann sich als Konkurrenz um das Wasser oder - bei ausreichender Feuchtigkeit - um Nährstoffe auswirken. Deshalb entwickeln sich im Unterwuchs nur anspruchslose Pflanzen, meist Zwergsträucher wie *Calluna*, *Vaccinium* oder *Empetrum* und Moose, und an besonders trockenen oder flachgründigen Stellen nur noch Flechten. Unter Fichten wird dieses Pflanzenspektrum oft durch starke Beschattung weiter eingeschränkt.

Im kontinentalen nördlichen Teil der Waldzone sind **Dauerfrostböden** weit verbreitet. Die Dauer der Schneebedeckung ist im Schutz des geschlossenen Waldes besonders lang. Sie beeinflußt die Dauer der sommerlichen Vegetationszeit und die Auftautiefe des Frostbodens. Die Schneedecke dämpft andererseits die Auswirkung der niedrigen Wintertemperaturen. Das ermöglicht es manchen Warmblütern unter den Tieren im Schutz der Schneedecke relativ hohe, ausgeglichene Temperaturen zu finden und so aktiv zu bleiben.

Die Grenzen zwischen den **Vegetationszonen** sind nicht scharf, sondern werden stark durch lokale klimatische Bedingungen beeinflußt. Insbesondere am Südrand existiert ein breiter Übergangsbereich mit einer Mischung aus Laub- und Nadelhölzern. Vorherrschende Baumart im europäischen Bereich ist die Fichte (*Picea abies*). Sie wird auf trockeneren Standorten, auf felsigem Untergrund oder in Felsschutthalden durch die Kiefer (*Pinus silvestris*) ersetzt, die durch ihr Pfahlwurzelsystem auch tiefer liegendes Grundwasser erreichen kann. Die Fichte ist dagegen ein Flachwurzler, der mit seinem dichten Wurzelgeflecht das Niederschlagswasser bereits nahe der Bodenoberfläche abfängt. In Nordamerika und östlich des Ural treten andere Nadelholzarten an die Stelle der beiden genannten Arten. Die nordamerikanischen borealen Wälder sind sowohl mit ihren Bäumen als auch im Unterwuchs besonders artenreich.

In Sibirien werden die Fichten durch Lärchen verdrängt, die die sogenannte helle Taiga bilden. Sie bestimmt das Bild des größten Teils des mittleren und östlichen Sibirien und umfaßt wegen der besonders hohen Frostresistenz auch die Gebiete mit der größten Winterkälte, der höchsten Kontinentalität. Auf tief reichendem Permafrostboden tauen im Sommer meist nur die oberen 10-50 cm auf, unter günstigen Verhältnissen kann die Auftautiefe 100-150 cm erreichen. Wichtigste Baumart ist *Larix gmelinii*. Es kommen aber auch in diesem Gebiet Taigaformationen aus Fichten, Tannen und Arven vor, die von den Bewohnern als Dunkelnadeltaiga bezeichnet werden (Abb. 6.2).

Borealer Wald

Abb. 6.2. Taigawald nahe der Baumgrenze (Finnland)

Im kontinentalen Bereich sind **Brände in der Taiga** nicht selten. Auf sie folgt eine typische Sukzession, die mit Laubhölzern beginnt und wegen der temperaturbedingt niedrigen Zuwachsraten sehr langsam abläuft. In Nordschweden besiedelt zunächst die Birke die Brandflächen und überdauert dort ca. 150 Jahre, gefolgt von der Kiefer, die etwa 500 Jahre stehen kann, bis sie von Fichten übergipfelt wird, die in ihrem Schatten aufwuchsen. Fällt in diese Zeit ein neuer Brand, wird er von der Kiefer am besten überstanden, weil sie durch eine dicke Borke geschützt ist. Die Zapfen von *Pinus contorta*, einer Kiefer nordamerikanischer Nadelwälder, öffnen sich zum Ausstreuen der Samen nur, wenn sie der Hitze des Waldbrandes ausgesetzt sind. In der südlichen Taiga Osteuropas verläuft die Sukzession erheblich schneller (Walter u. Breckle 1994).

Die Tierwelt der Taiga

Zahlreiche Vogel- und Säugerarten sind in der Taiga beheimatet. Von den Vogelarten verlassen viele im Winter das Gebiet und weichen in wärmere Zonen aus. Andere, speziell die Samenfresser, streifen auf der Suche nach Nahrung weit umher. Unter den kleineren Säugern gibt es einige, die Winterschlaf halten. Andere Säuger sowie auch einige Vogelarten nutzen den Schutz der hohen Schneebedeckung und bleiben im Winter aktiv. Die Lemminge, mit mehreren Arten zirkumpolar in der borealen Wald- und in der Tundrazone verbreitete Wühlmäuse, legen weitreichende Gangsysteme unter der Bodenvegetation oder im Winter unter dem Schnee an. Durch ihre gedrungene Gestalt, den dichten, wasserabstoßenden Pelz und die Ausrüstung mit langen Grabkrallen erweisen sie sich als gut angepaßt an die langen, schneereichen Winter. Wanderungen zwischen verschiedenen Lebensräumen – Mooren, Wäldern, Tundra – sind für manche Lemming-Populationen charakteristisch.

Einige Arten der **Rauhfußhühner** (Tetraonidae) reduzieren den Wärmeverlust, indem sie sich in Ruhephasen in Schneehöhlen zurückziehen. Das Birkhuhn (*Tetrao tetrix*) gräbt einen 30–150 cm langen, horizontalen Gang, dessen Ende sich zu einer Schlafhöhle erweitert. Ähnliche Bauten gibt es bei Hasel- und Auerhuhn (*Bonasia bonasia, Tetrao urogallus*) in Gebieten mit kalten, schneereichen Wintern. Der Übergang vom Ruheaufenthalt auf der Schneeoberfläche zum Rückzug in die Höhle erfolgt bei ca. −4°C. Die Energieverluste werden darüber hinaus durch Verkürzung der täglichen Aktivität auf wenige Stunden verringert. Die Alpenschneehühner (*Lagopus mutus*) nutzen ihre Schutzmulden oder -höhlen im Schnee während des Winters meist in Gruppen (Bergmann et al. 1978). Der Schneehase kann sich auf der Schneedecke bewegen, schwere Huftiere, wie der Elch, sinken dagegen im Schnee ein und werden in ihrer Bewegung erheblich behindert.

Bei manchen Tierarten der Taiga reicht das Areal weit über diese Vegetationszone hinaus. Einige der Arten besiedeln auch bei uns ähnliche Lebensräume, z. B. Nadelwälder oder Moore. So ist das riesige Waldgebiet vom östlichen Finnland über den Norden der ehemaligen Sowjetunion bis Alaska und Kanada die Heimat der Rauhfußhühner. In Europa sind Birkhuhn, Auerhuhn und Haselhuhn besonders bekannt. In Nordamerika ist die Gruppe der Haselhuhnverwandten stark aufgesplittert, und in Sibirien kommen andere Arten der Rauhfußhühner hinzu. Es handelt sich um Arten, die an die Lebensbedingungen der Taiga in verschiedener Weise angepaßt sind und die auch außerhalb ihres ursprünglichen Verbreitungsgebietes ähnliche Waldstrukturen benötigen. Beispielsweise braucht der Auerhahn zum Balzen tote Bäume und in der Nähe dieser toten Bäume offenes Gebiet, wo er nach der morgendlichen Baumbalz am Boden weiter balzen kann. Die Henne benötigt Deckung unter dicht stehenden Bäumen für das Ausbrüten ihres Geleges und außerdem nach Süden exponierte Lichtungen; denn die Küken müssen in ihren ersten Lebenstagen große, rote Waldameisen fressen, und solche Waldameisenhaufen finden sich nur an warmen südexponierten Stellen.

Schließlich brauchen alle diese Vögel Preisel-, Heidel- oder Moosbeeren und im Winter Kiefernnadeln (wenige auch Fichtennadeln) für ihre Ernährung. Solch eine Kombination ist nur in einem System möglich, das durch das Mosaik-Zyklus-Geschehen eines Waldes die verschiedenen Habitate nebeneinander bietet.

Daß sich das Auerhuhn im Winter ausschließlich von Kiefernnadeln ernähren kann, setzt eine besonders effektive Verdauung und einen relativ geringen Energieverbrauch voraus; wie z. B. beim Überwintern in Schneehöhlen. Störungen, wie sie etwa durch Skiläufer in der Nähe menschlicher Siedlungen häufig entstehen, zwingen Auerhühner zu einem Energieverbrauch, der durch diese Nahrung nicht mehr gedeckt werden kann (Claus et al. 1989).

Ähnlich liegen die Dinge beim Birkhuhn, das jedoch für die Balz größere offene Flächen und für seine Ernährung Birkenknospen benötigt, die beispielsweise an Moorrändern wachsen. Alle diese Arten sind auf ruhige Gebiete ohne menschliche Störungen angewiesen. Beim Haselhuhn finden wir schließlich einen lebenslangen, sehr engen Familienzusammenhalt, der eine Verständigung mittels außerordentlich leiser Töne voraussetzt. Diese ist durch den dauernden Motorenlärmpegel in Mitteleuropa sicherlich stark gefährdet.

Kreuzschnäbel ernähren sich überwiegend von Coniferensamen und sind deshalb für diese riesigen Nadelwälder charakteristisch. Sie können hier über sehr weite Strecken vagabundieren und an einem Platz, wo es zufällig eine große Zapfenernte gibt, zu allen Jahreszeiten in Kolonien zur Brut schreiten. Die drei europäischen Arten, Fichtenkreuzschnabel (*Loxia curvirostra*), Kiefernkreuzschnabel (*L. pytyopsittacus*) und Bindenkreuzschnabel (*L. leucoptera*) sind in den Gebieten gemeinsamen Vorkommens streng an spezifische Nadelbäume gebunden, Fichtenkreuzschnabel an Fichten, Kiefernkreuzschnabel an Kiefern und Bindenkreuzschnabel an Lärchen. In Mitteleuropa ist die Festlegung bei der Nahrung weniger deutlich ausgeprägt.

Die Unregelmäßigkeit des Samenertrages der Nadelbäume scheint ein Auslöser für zum Teil sehr weite Wanderbewegungen samenfressender Vögel zu sein. So beispielsweise für eine östliche Rasse des Tannenhähers (*Nucifraga caryocatactes macrorhynchos*), die in unregelmäßigen Abständen invasionsartig bis Mitteleuropa vordringt, ohne daß dies zu einer permanenten Erweiterung des Brutgebietes führt. Meist wandern diese Tiere auch nicht in ihr Herkunftsgebiet zurück.

Die Waldbrände verändern die Nahrungssituation für die Herbivoren. Das größere Angebot an Weichhölzern, Weiden und Birken, das sich nach dem Feuer entwickelt, zieht Elche, Hirsche und Hasen an, während die Rentiere durch die Vernichtung der Baumflechten ihr Winterfutter verlieren. Im Sommer verlassen Rentiere ohnehin die Wälder und suchen die Weidegründe in der Tundra auf.

Ökologie phytophager Tiere der borealen Wälder

Aufgrund der Massierung großer Holzvorräte, die offenbar auch langfristig genutzt werden können, sind die forstschädlichen Insekten relativ gut untersucht worden. Die kanadische Forstverwaltung bringt alljährlich einen Bericht über die wichtigsten Schadinsekten und die Gebiete heraus, in denen ein Massenauftreten mit wirtschaftlichen Folgen beobachtet wurde.

Insekten als Blattfresser und auch Borkenkäfer als Rinden- und Holzfresser sind wichtige **Phytophage an Gehölzen der Taiga**. Die höchste Diversität an Phytophagen beherbergen nach Untersuchungen aus Alaska die Arten der frühen Sukzessionsstadien, wie die Weiden (*Salix* div. spec.), Zitterpappeln (*Populus tremuloides*), Birken (*Betula papyrifera*) und Balsampappeln (*Populus balsamifera*). Reguliert werden die Bestände meist durch Parasiten und Prädatoren, ebenfalls überwiegend Insekten. Die Phytophagen und der Komplex ihrer Antagonisten sind weniger spezialisiert, als das in der gemäßigten Zone der Fall ist (s. Kap. 4.1). Das dürfte in der ausgeprägten Mosaikstruktur dieser Wälder begründet sein, in der große, einheitliche Komplexe selten sind. Kahlfraß im Zuge von Massenentwicklungen tritt zwar gelegentlich auf, beschränkt sich aber entsprechend der Waldstruktur meist auf relativ kleine Flächen (Werner 1986). Die Parasiten und Prädatoren erreichen meist hohe Wirkungsgrade und verhindern in der Regel eine Ausbreitung von Kalamitäten über große Flächen.

Allerdings treten regional in der kanadischen Taiga auch großflächige Fraßschäden auf. Besonders gefährliche Schädlinge sind einige solche Arten, die aus Europa eingeführt wurden, so der Schwammspinner *Lymantria dispar*. Als schlimmster ursprünglich in den kanadischen Forsten heimischer Schädling werden der Spruce budworm (*Choristoneura fumiferana*, ein Kleinschmetterling, Fam. Tortricidae) und einige nahe Verwandte angesehen. Die Raupen fressen vor allem Balsamtannen (*Abies balsamifera*) kahl, in normalen Jahren zwischen 10 und 40 Millionen ha Wald. In den letzten Jahren konnte durch intensives Sprühen mit Pestiziden vom Flugzeug aus die befallene Fläche auf etwa 6 Millionen ha reduziert werden. Bei hohen Befallsdichten gehen die Raupen auch an verschiedene Fichtenarten und sogar an Lärchen und Hemlocktannen (Gattung *Tsuga*). Die Balsamtanne gehört zu den rasch wachsenden, toxinarmen und häufig auch von Säugern, wie dem Schneeschuhhasen (*Lepus americanus*) und dem Elch gefressenen Bäumen (Bryant u. Chapin 1986).

In den großen Birkenwäldern im ozeanischen Teil des borealen, europäischen Waldes kommt es natürlicherweise regelmäßig zu ganz charakteristischen, katastrophalen Massenvermehrungen dort lebender Schmetterlinge; in den am wenigsten ozeanischen Gebieten mit sehr warmen Sommern können die Raupen dieser Schmetterlinge (z. B. *Oporinia autumnata*, gelegentlich auch andere) über weite Flächen die Birken kahlfressen, während das in den rein ozeanischen Gebieten mit ihren vergleichsweise kühlen Sommern selten vorkommt.

Die Blätter der nächsten Generation enthalten höhere Konzentrationen an Phenolen und geringere an Stickstoff als ihre Vorgänger. Dies verzögert das Wachstum der Raupen und verringert die Fertilität und Vitalität der nächsten Faltergeneration: Die Massenvermehrung kommt an ein Ende. Der Aufbau einer neuen, großen Schmetterlingspopulation dauert mehrere Jahre (Haukioja 1980). In für die Birke weniger günstigen Jahren kann eine solche Massenvermehrung aber auch längere Zeit anhalten. Der gesamte Birkenwald stirbt dann ab, und es dauert Jahrzehnte, bis er sich regeneriert. Dann aber ist unter Umständen schon wieder die nächste Massenvermehrung in Sicht. So kommt es an für Schmetterlinge günstigen Stellen zu einem Zurückweichen der Baumgrenze und einer Ausbreitung der Tundra, die also nicht allein klimatisch zu begründen ist.

Charakteristisch für den borealen Wald ist schließlich das Auftreten von Populationszyklen von Tieren in mehrjährigen Abständen. Während in der Tundra die Massenentwicklung oft einem vierjährigen Zyklus folgt, sind in der borealen Waldzone neun- bis zehnjährige Abstände häufiger beobachtet worden, z. B. bei Schneehühnern und Schneeschuhhasen in Nordamerika oder beim Waldlemming in Finnland. Den **zyklischen Bestandsschwankungen** von Schneehühnern und Schneehasen folgt mit gleicher Periodik der Wechsel der Populationsdichten der zugehörigen Raubtiere, etwa des Luchses.

Wie diese regelmäßigen Massenvermehrungen gesteuert werden, ist trotz vieler Untersuchungen nicht vollständig geklärt. Schon das Phänomen an sich ist nicht immer zuverlässig beschrieben. Man muß sich darüber im klaren sein, daß der Nachweis eines regelmäßigen, neunjährigen Zyklus mindestens 40 Jahre braucht, und so lange müßten am gleichen Ort mit der gleichen Methodik Zählungen durchgeführt werden. So lange Zeitspannen sind in der Ökologie zwar notwendig, aber praktisch nicht finanzierbar. Die Zyklen scheinen in der Regel durch lokale Übernutzung der Ressourcen zu entstehen. Dadurch verringert sich die Populationsdichte entweder durch Regulierungsmechanismen am Ort oder durch Abwanderungen in günstigere Gebiete (Andreev 1988). Die erste Möglichkeit trifft wohl für den Lemming, die zweite für das Moorschneehuhn (*Lagopus lagopus*) in Ostsibirien, zu.

Während einer 9-10jährigen Phase steigt dort die Populationsdichte des Moorschneehuhnes an. Verbunden damit ist eine zunehmende Besiedlung schlecht geeigneter, nahrungsarmer Habitate und eine drastische Erhöhung des Anteils unverpaarter Tiere. Auf das Maximum der Siedlungsdichte folgt in der nächsten Saison eine massive Reduktion des Bestandes in diesem Gebiet, während 50-70 km entfernt die Bestandsdichte ansteigt. Diese räumliche Verlagerung des Besiedlungsschwerpunktes setzt sich Jahr um Jahr weiter fort.

Ein weiterer Grund für die Entstehung der Zyklen könnte eine Steuerung über die Qualität des Nahrungsangebotes sein. Unter dem Fraßdruck der Pflanzenfresser wird zunächst ein verstärktes Wachstum zur Regeneration der Pflanzen ausgelöst. In dem Maße, in dem sich die Nährstoffreserven erschöpfen, kommen nährstoffarme, langsam wachsende und an Toxinen reiche Arten zur Vorherrschaft. Eine ausreichende Nahrungsgrundlage fehlt infolgedessen, und die Population der Herbivoren bricht zusammen.

6.2 Moore der borealen Wälder

Ebenso wie die Rauhfußhühner sind auch Hochmoore charakteristisch für den borealen Wald. Im Norden des europäischen Teils dieser Vegetationszone können Moore zwischen 10 und 30% der Landfläche bedecken, für Westsibirien werden sogar 50 bis 85% angegeben. In Mooren ist die Produktion pflanzlicher Substanz über lange Zeit höher als die Mineralisierung. Es entstehen wachsende Lagerstätten von Torfen, also mehr oder weniger unzersetzten Pflanzenresten. Voraussetzung für die Moorbildung ist eine reichliche Wasserversorgung, so daß in dem wassergesättigten Bereich unterhalb der Zone der lebenden Vegetationsdecke ein sauerstofffreies Milieu entsteht, in dem die Abbauprozesse weitgehend zum Stillstand kommen. Mineralarme Böden und niedrige Temperaturen begünstigen diesen Ablauf. Die wasserspeichernden Eigenschaften der anwachsenden organischen Ablagerungen lassen bei ausreichender Wasserzufuhr ein stabiles, langlebiges Ökosystem entstehen. Lebende Moore können bis über 95% aus Wasser bestehen. Die nur von Regenwasser gespeisten, „ombrogenen" Moore (Regenmoore) sind in den borealen Wäldern besonders weit verbreitet. Haupttorfbildner sind Moose der Gattung *Sphagnum*. Auf der Oberfläche, besonders auf den Bulten, wachsen zahlreiche Blütenpflanzen, vor allem viele Zwergsträucher, *Empetrum*, verschiedene Ericaceen, darunter im kontinentaleren Bereich der Sumpfporst (Gattung *Ledum*). Die Früchte der verschiedenen Arten der Gattung *Vaccinium* bilden eine wichtige herbstliche Nahrungsgrundlage für manche Waldvögel.

„Hochmoore" sind im typischen Fall gleichmäßig uhrglasförmig gewölbt. Zur Peripherie bilden sie die relativ trockenen Randgehänge und im Übergangsbereich zum Mineralboden der umgebenden Landschaft eine vernäßte Randvertiefung, das Lagg. Die Oberfläche ist oft charakterisiert durch den Wechsel zwischen den tief gelegenen, nassen Schlenken und den herausgehobenen Bulten. Der höchste Teil ist meist der trockenste und trägt im kontinentaleren Klima oft Bäume, vor allem Kiefern oder Birken.

Im Gebiet der Taiga sind zwei Sonderformen der Regenmoore verbreitet, **Kermi- und Palsamoore**. Die schildförmig aufgewölbten Kermimoore bilden auf den flach geneigten Hängen lang gestreckte Bulten und dazwischen wannenartige Schlenken aus, die parallel zu den Höhenlinien angeordnet sind. Im Zentrum der Kermimoore bilden sich besonders große Kolke aus, die im osteuropäischen und westsibirischen Gebiet in den weit ausgedehnten Moorkomplexen die Größe kleiner Seen erreichen können.

An der Formbildung der Moore im subarktischen Bereich ist oft auch die Bodeneisbildung beteiligt. Besonders auffällig ist dies in der Form der Palsamoore, in denen sich der Torf über einem wachsenden Eiskern ausbreitet. Es entstehen Torfhügel über einem Dauerfrostkern, die bei einem Durchmesser von ca. 10 bis 35 m mehrere Meter hoch werden können. Eine ausführliche Schilderung der Moortypen und ihrer Verbreitung findet sich bei Succow und Jeschke (1990). Waldzerstörung, z. B. durch Feuer, fördert die Neubildung von Mooren, weil der verringerte Wasserverbrauch zur Vernässung führt und damit günstige Voraussetzungen für die Torfbildung schafft.

Entwässerte Moore tragen Pflanzenbestände, die keinen Torf bilden und nur noch teilweise oder gar nicht mehr an die natürliche Moorflora erinnern. Da die meisten Moore Mitteleuropas kultiviert oder doch zumindest vom Menschen beeinflußt sind, ist ihr ursprünglicher Zustand nur noch an Hand von Bodenprofilen zu rekonstruieren. Für die Betrachtung der borealen Waldgebiete sind die Hochmoore besonders wichtig. Die Tierwelt der Moore ist auf Arten beschränkt, die sehr mineralarmes, huminstoffreiches „Braunwasser" ertragen, und auf Arten, die spezielle Ericaceenfresser sind, wie eine Reihe von Tag- und Nachtschmetterlingen. Die Moore sind typische Brutplätze einiger Vogelarten. Zahlreiche Limicolen bevorzugen solche Plätze, z. B. die Zwergschnepfe (*Lymnocryptes minimus*), Schnepfen der Gattung *Gallinago* und der Bruchwasserläufer (*Tringa glareola*). Da das Zentrum der Hochmoore relativ trokken ist, stellen diese Zentren eigentlich Inseln dar. Vermutlich ist dieses der Grund für das bevorzugte Vorkommen vieler Tierarten im Zentrum der Moore. Das ist beispielsweise beim Kranich der Fall, der am Brutplatz anscheinend Schutz vor Raubsäugern, wie z. B. dem Fuchs, findet.

6.3 Polare Tundren

Der borale Wald geht nach Norden über eine Wald-Tundrazone in die Tundra über (Tabelle 6.2, Abb. 6.3). Einzelne Bäume, die durchaus mehrere Meter Höhe erreichen können, stehen noch an günstigen Standorten. Es können sich sogar Galeriewälder entlang der Flüsse relativ weit nach Norden erstrecken. Dann aber folgt die baumlose Tundra, die ziemlich einheitlich die Nordkappe der Erde umzieht. Auf der Südhalbkugel ist Tundra-Vegetation im Südzipfel Südamerikas zu finden, teilweise sekundär durch intensive Schafhaltung erweitert, ferner auf den subantarktischen Inseln. Der antarktische Kontinent ist fast vollständig vereist; die

Abb. 6.3. Verbreitung der polaren Tundra

Tabelle 6.2. Polare Tundra

Bestand an Pflanzenmasse:	0,1–3 kg/m^2
Blattflächenindex:	0,5–1,3 m^2 assimilierende Blattfläche pro m^2 Boden
Primärproduktion:	1–4 kg/m^2 im Jahr
Bestäubung:	in trockener Tundra überwiegend durch Insekten; bleibt diese Tierbestäubung aus, so können wohl alle Tundrapflanzen auch auf andere Weise (Parthenogenese, Autogamie usw.) fertile Samen bilden; in feuchter Tundra mehr Windbestäubung
Samenverbreitung:	überwiegend durch Wind, selten durch Insekten
Niederschlag:	zwischen 50 und 2000 mm/Jahr
Temperatur:	knapp über 0°C in der Vegetationszeit
Vegetationszeit:	14 Tage bis drei Monate
Artenzahl:	günstige Tundra: etwa 500 Samenpflanzenarten, 600 Insektenarten; ungünstige Tundra: etwa 120 Samenpflanzenarten, 120 Arthropodenarten; antarktische Tundra auf den subantarktischen Inseln: 30–50 Samenpflanzenarten, etwa 50 Arthropodenarten, keine artspezifisch spezialisierte Pflanzen-Insekten-Beziehung bei der Bestäubung und bei der Samenverbreitung; (die merkwürdige Übereinstimmung der Zahl der Samenpflanzenarten und der Zahl der Arthropodenarten gilt nur für diesen Bereich; schon im borealen Wald nimmt die Arthropodenzahl stark zu; sie beträgt im tropischen Regenwald ein Vielfaches der Zahl der Samenpflanzenarten, die auch schon sehr hoch ist)

wenigen Stellen, an denen Erde an die Oberfläche tritt, entsprechen arktischer Wüste.

Die Tundragebiete der Nordhalbkugel sind in den letzten 30 Jahren relativ gut untersucht worden, wobei die Frage, wo die Grenze der Tundra und wo die der Arktis zu ziehen ist, sehr intensiv diskutiert wurde, aber eigentlich völlig belanglos ist (Tieszen 1978; Wielgolaski 1975a, b; Remmert 1980). Baumlose, Tundra-ähnliche Vegetationsformationen können unter dauernder Windeinwirkung auch außerhalb der Zone mit typischem Tundrenklima auftreten. Entlang der norwegischen Küste werden derartige sturmgeprägte Inseln nach Norden immer häufiger, und schließlich läßt sich nicht mehr recht entscheiden, ob es sich wirklich um echte Tundra oder um windbedingt Tundra-ähnliche Vegetation handelt. So kann es nicht wundern, wenn Rosswall und Heal (1975) in einem Band der Ecological Bulletins auch Moore in Irland und England miteinbezogen haben. Wir wollen uns hier auf echte arktische Tundragebiete konzentrieren, d. h. auf baumlose Gebiete nördlich des borealen Waldes.

Im typischen Fall herrscht im **Sommer nördlich des Polarkreises** dauernde Helligkeit, im Winter Dauerdunkel. Die Vegetationsperiode ist kurz und beschränkt sich auf die Zeit zwischen Ende Mai und Ende August mit nach Norden abnehmender Dauer. Die nördliche Grenze der Wälder fällt ungefähr mit der 10°C-Juli-Isotherme zusammen, liegt aber im ozeanisch geprägten Klimabereich nördlicher, im kontinentalen südlicher. Die Nordgrenze der Tundra zur arktischen Wüste liegt etwa im Bereich der 2°C-Juli-Isotherme. Nördlich dieser Grenzzone schrumpfen die von Kormophyten bedeckten Flächen zu isolierten Flecken, der Boden ist nur noch lokal durchwurzelt. In der sich südlich anschließenden Tundrazone ist die Pflanzendecke oberirdisch zwar auch nicht mehr überall geschlossen, der Boden aber noch überwiegend von Wurzeln durchzogen, so daß noch Konkurrenz auftreten kann. Im Sommer sind die Tage zwar lang, doch steht die Sonne tief, so daß starke expositionsabhängige Unterschiede in der Bodenerwärmung entstehen und relativ niedrige Bodenerhebungen bereits auffallende mikroklimatische Unterschiede an Sonnen- und Schattenseiten bewirken. An günstigen Stellen können die bodennahen Temperaturen im Sommer relativ hoch sein; in einem Beispiel waren es 29-33°C bei einer Lufttemperatur von 18°C.

Die mittlere jährliche **Niederschlagshöhe** erreicht im ozeanischen Bereich über 700 mm und sinkt im kontinentalen Sibirien auf unter 250 mm. Auch in den niederschlagsarmen Gebieten tritt nirgends dauernder Wassermangel auf, weil die Evapotranspiration immer unter der Niederschlagshöhe und das Klima damit humid bleibt. Außerdem kann überschüssiges Wasser im Dauerfrostboden nicht versickern. Im kontinentalen Eurasien treten heftige Stürme auf, so daß die Stärke der Schneebedeckung im Winter lokal wechselt, was zu einer entsprechenden Differenzierung der Vegetation führt. An den schneefreien, windexponierten Stellen wirken die mitgeführten Eiskristalle und Sandkörner wie ein Sandstrahlgebläse, das die Erhebungen glattschleift. Die meisten Pflanzenarten können dort nur mit Schneebedeckung überwintern. Am Nordkap, im ozeanischen Bereich des subarktischen Klimas, gibt es ca. 210 frostfreie Tage im Jahr, im kontinentalen Ostsibirien sind es zwi-

Polare Tundren 187

schen 55 und 115. Permafrostboden ist zwar verbreitet in der Tundrenregion, fehlt aber dem ozeanisch geprägten Teil (Walter u. Breckle 1994).

Vegetation und Boden

Die Zusammensetzung der **Flora der nordhemisphärischen Tundra** ist stark von dem regional unterschiedlichen Ausmaß der pleistozänen Vereisung bestimmt. Der größte Teil der heutigen Tundra war vereist, die meisten Pflanzen und Tiere mußten das Gebiet in der Nacheiszeit wieder neu besiedeln. Im europäischen Teil kam es in der relativ schmalen periglazialen Zone zu einer Vermischung alpiner und arktischer Florenelemente. In Sibirien war der eisfreie Bereich erheblich größer (Frenzel 1968), so daß die Zahl der überdauernden Pflanzenarten und das Potential zur Rückwanderung größer war. Wahrscheinlich ist die nordsibirische und die nordamerikanische Flora aufgrund dieser historischen Entwicklung reicher als die europäische. Viele Arten sind allerdings auch zirkumpolar verbreitet oder in Nordamerika und Eurasien durch nahe Verwandte vertreten. In der Vegetation herrschen Flechten, Moose und Zwergsträucher vor. Laubabwerfende Zwergsträucher werden durch die Gattung *Salix* mit mehreren niederliegenden Arten, die immergrünen Zwergsträucher durch einige Ericaceen und Empetraceen repräsentiert. Daneben gibt es krautige Spermatophyten, Gräser, Sauergräser (Cyperaceae) und Binsen (Juncaceae) und auffallend blühende Stauden, von denen uns manche aus montanen oder alpinen Matten Mitteleuropas bekannt sind. Da die Vegetationszeit sehr kurz ist, fehlen Therophyten fast ganz. Zum Beginn der Vegetationsperiode, nach dem Abtauen des Eises, hat die Sonne schon fast ihren Höchststand erreicht, so daß die Produktivität rasch zum Maximum ansteigt.

Zur Flora des küstennahen Untersuchungsgebietes „Barrow" im Norden Alaskas gehören ca. 125 Arten an Gefäßpflanzen, 95 Moose und 75 Flechten. Die Moose bedecken im Mittel ca. 58% des Bodens, Monokotyle, insbesondere *Carex*-Arten, 27%, Zwergsträucher 6%, die übrigen Spermatophyten 5% und die Flechten 4%. Je nach Exposition, Bodentyp und Wasserstand entwickeln sich unterschiedliche Pflanzengesellschaften. Auf nassen Standorten dominieren beispielsweise *Carex-Eriophorum*-Wiesen, auf trockenen vielfach Flechten.

Viele der typischen Gefäßpflanzen überwintern mit ausdifferenzierten Trieb- und Blütenknospen, die sie kurz nach der Schneeschmelze entfalten, so daß auch im kurzen polaren Sommer genügend Zeit zur Fruchtreifung bleibt. Die sommergrünen Arten entwickeln zu Anfang rasch eine möglichst große photosynthetisch aktive Fläche, meist in Form von Blättern, um die günstigen abiotischen Bedingungen ausreichend für Entwicklung und Wachstum nutzen zu können.

Dem raschen Entwicklungsbeginn dient auch, daß viele Arten in ihren Wurzeln oder Rhizomen Reservestoffe speichern. Schätzungen zur Verteilung der pflanzlichen Biomasse aus verschiedenen Tundrengebieten ergeben ein Verhältnis von ca. 1:7 des oberirdischen zum unterirdischen Anteil. In einer durch *Carex, Eriophorum* (Wollgras) und das Gras *Dupontia fisheri* charakterisierten Pflanzengesellschaft konzentrierte sich 85% der unterirdischen Biomasse in den oberen 10 cm des Bodens, obgleich Ende Juli die Auftautiefe bei 20 cm lag. Die Reaktivierung der Reservestoffe setzte bereits früh ein, bevor die Umgebung der Speicherorgane aufgetaut war. Aufgrund der großen unterirdischen Biomasse wird auch die Regeneration der Pflanzen nach dem Abweiden der oberirdischen Teile erleichtert. Wie die Verbreitung auffallender Blüten erwarten läßt, ist Entomogamie neben der Anemogamie verbreitet. Die produzierten Samen sind meist klein und werden durch den Wind oder mit dem Wasser verbreitet.

In „Barrow" (Nordalaska) dauert die **Vegetationsperiode** ca. 87 Tage, darunter sind allerdings nur 34 Tage frostfrei. Das oberirdische Wachstum der meisten Pflanzenarten ist bereits nach 60 Tagen, die Samenreife nach 75 Tagen abgeschlossen. Das unterirdische Wachstum und die Speicherung der Reservestoffe können darüber hinaus noch einige Zeit fortgesetzt werden. Das Wachstum ist langsam, wenn man die gesamte Saison betrachtet, kann jedoch an manchen Tagen auf Werte steigen, die denen aus der gemäßigten Zone nahe kommen. Rohbodenflächen werden trotz der niedrigen Produktion relativ rasch wieder besiedelt, so daß nach ca. 20 Jahren eine vollständige Vegetationsdeckung erreicht wird. Insgesamt aber verändert sich das Vegetationsmosaik auch über den Zeitraum vieler Jahre kaum (Webber 1978; Dennis et al. 1978).

Die produzierte organische Substanz wird aufgrund der niedrigen Temperaturen langsam abgebaut, so daß Humusanreicherung – meist als Torf – im Boden verbreitet ist. Sowie die Neigung der Bodenoberfläche 3-5° überschreitet, tritt **Solifluktion** auf. Sie ist um so stärker, je größer die Zahl der Tage mit einem Wechsel von Frost und Auftauen ist. Dabei bewegt sich die durchwurzelte obere Bodenschicht auf der breiigen Unterschicht der Schwerkraft folgend hangabwärts. Es entstehen terrassenartige Strukturen parallel zu den Höhenlinien. Täglicher Wechselfrost führt außerdem zu Substratsortierungen, die oberflächlich regelmäßige Steinringmuster in Form der Polygonböden entstehen lassen. Durch Solifluktion werden alle nicht felsigen großen Oberflächenstrukturen eingeebnet, es entsteht ein sehr bewegtes Kleinrelief. In den zahlreichen kleinen Hohlformen entstehen auf dem wassergesättigten Boden nach der Schneeschmelze kleine Tümpel, ideale Brutstätten für Stechmücken (Culicidae). In kleinen Rinnsalen und Bächen mit strömendem Wasser entwickeln sich die Kriebelmücken (Simuliidae), die ebenso wie die Gnitzen (Ceratopogonidae) zur Plage durch blutsaugende Insekten beitragen. In den Muldenlagen entstehen auch viele beständige Wasseransammlungen, die als offene Seen erhalten bleiben oder sich zu Niedermooren entwikkeln.

Beim **Abbau des organischen Bestandsabfalls** sind viele der auch in wärmeren humiden Gebieten verbreiteten Metazoen im Boden beteiligt, doch reicht die Umsatzgeschwindigkeit meist nur dann zum vollständigen Abbau, wenn ein großer Teil der pflanzlichen Produktion vorher durch Herbivoren aufgeschlossen wurde. Wichtige Detrito- und Saprovoren sind Collembolen, Oribatiden, Enchytraeiden und die Larven einiger Dipteren, vor allem der Sciariden und Mycetophiliden, stellenweise auch Regenwürmer. Detritus, der in die Oberflächengewässer gelangt, wird durch filtrierende Larven der Culiciden und Simuliiden und durch benthische Chironomiden in die weitere Konsumentenkette eingeschleust.

An der Remineralisierung sind vorwiegend Pilze beteiligt. Mykorrhiza ist anscheinend verbreitet, nachgewiesen wurde sie für viele der Zwergstraucharten und einige krautige Pflanzen. **Nährstofflimitation des Pflanzenwachstums**, insbesondere durch Stickstoff scheint verbreitet zu sein. Dem wird zum Teil durch Stickstoffassimilation mit Hilfe symbiontischer Bakterien begegnet, wie bei den Leguminosen, die relativ zahlreich vertreten sind, aber auch bei Erlen und der Silberwurz *Dryas punctata*, sowie bei solchen Flechten, die mit Cyanobakterien in Symbiose leben. Wie verbreitet Nährstofflimitation ist, wird durch den Vergleich mit solchen Stellen verdeutlicht, die durch den Kot von Wirbeltieren gedüngt werden und auf denen die Primärproduktion um ein mehrfaches ansteigen kann. Die xeromorphe Wuchsform vieler Tundrapflanzen dürfte ebenfalls Ausdruck dieses Nährstoffmangels sein. Das niedrige Nährstoffangebot entsteht durch die temperaturbedingt geringe Remineralisierungsrate der toten organischen Substanz und das geringe Angebot aus mineralischer Verwitterung in der dünnen aufgetauten Bodenschicht. Die häufige Vernässung und die daraus resultierende mangelhafte Belüftung verstärkt die ungünstige Situation. Die starke Entwicklung des Wurzelsystems ist auch eine adaptive Antwort auf das geringe Nährstoffangebot (Tieszen 1978).

Tiere der arktischen Tundra

Aufgrund der annähernd 24stündigen täglichen Hellphase während des kurzen subpolaren Sommers verlängert sich in dieser Zeit auch die **Aktivitätsphase tagaktiver Tiere**. Das gilt zum Beispiel für den Nahrungserwerb oder bei Vögeln für das Füttern des Nachwuchses. Die tagesperiodisch gesteuerte Rhythmik bleibt jedoch erhalten, erkennbar an regelmäßigen Ruhephasen um Mitternacht herum. Zeitgeber scheint die spektrale Zusammensetzung des Sonnenlichtes zu sein. Diese ändert sich im Tageslauf mit dem Azimuth-Winkel (Krüll 1976a, b; Remmert 1980).

Artenzahl und Siedlungsdichte der Tiere verringern sich in der Regel mit der nach Norden abnehmenden Klimagunst als Folge des abnehmenden und im Jahresverlauf extrem wechselhaften Ressourcenangebotes, das eine flexible Nutzungsstrategie erfordert. Dementsprechend haben die meisten Vögel und Säugertiere der Tundren große Verbreitungsareale, die häufig weit über eine Vegetationszone hinausreichen und so die Waldzone oder auch die Steppenzone mit umfassen. Dem weiten Verbreitungsgebiet entspricht oft eine hohe Anpassungsfähigkeit und eine weite Amplitude in den ökologischen Ansprüchen. Am Beispiel von 9 Singvogelarten der fennoskandischen Tundra kann dies Prinzip erläutert werden. Sporn- und Schneeammer (*Calcarius lapponicus, Plectrophenax nivalis*) haben ein Brutareal, das ungefähr auf die Tundra beschränkt ist, sich aber zirkumpolar erstreckt. Der Berghänfling (*Carduelis flavirostris*) brütet in baumlosen Lebensräumen, die auch auf alpinen Matten oberhalb der Baumgrenze in den Gebirgen Asiens oder in Steppen liegen können. Fitis und Nordischer Laubsänger (*Phylloscopus trochilus* und *P. borealis*), Bergfink (*Fringilla montifringilla*) und Birkenzeisig (*Carduelis flammea*), typische Vögel der borealen Wälder, nisten hier in oder unter niedrigen Gebüschen der Strauchtundra. Zwei weitere Arten, die Rohrammer (*Emberiza schoeniclus*) und der Schilfrohrsänger (*Acrocephalus schoenobaenus*), besiedeln die Röhrichte und Seggenriede längs der Gewässer von der Steppe bis in die Tundra. Die Arten unterscheiden sich deutlich in der Habitatwahl für das Brutrevier, dagegen gibt es im Nahrungsspektrum eine geringe Spezialisierung (Wielgolaski 1975b).

Die Biomasse der ektothermen Wirbellosen ist z. B. in der fennoskandischen Tundra höher als die der Wirbeltiere, jedoch ist die Produktivität aufgrund der niedrigen Temperatursummen und der dadurch bedingten langen Entwicklungszeiten relativ gering. Selbst kleine Arthropoden haben ein- bis mehrjährige Entwicklungszyklen, erheblich länger als vergleichbare Arten unter einem wärmeren Klima. Als phytophage Primärkonsumenten ist ihre Bedeutung gering, weil frisches Pflanzenmaterial bei niedrigen Temperaturen nur langsam verdaut werden kann. Nur in mikroklimatisch günstiger Situation können Käfer der Familien Chrysomelidae und Curculionidae sowie Raupen von Schmetterlingen und Blattwespen erhebliche Mengen der pflanzlichen Biomasse abfressen. Das gilt besonders für den Fraß an einigen Holzpflanzen der Strauchtundra. Auch ektotherme, phytophage Wirbeltiere wie z. B. die Schildkröten fehlen in der Subarktis.

Die wichtigsten Primärkonsumenten sind die herbivoren Warmblüter, neben Schneehühnern, Gänsen und Schwänen sind dies einige Nagetiere, Schneehasen, Rentiere und lokal die Moschusochsen. In Nordfennoskandien verzehren die Wildrens im Durchschnitt ca. 0,6% der oberirdischen Primärproduktion. Diese Menge verteilt sich jedoch räumlich und zeitlich uneinheitlich. Im Winter überwiegen Flechten mit bis über 90% in der Nahrung. Sie werden vom Ren besonders effektiv verdaut und assimiliert. Im Sommer steigt der Anteil an Kräutern und Sträuchern erheblich. Diese unterschiedliche Zusammensetzung der Nahrung entsteht, weil zwischen den bevorzugten Weideplätzen mit unterschiedlichen Pflanzengesellschaften im jährlichen Zyklus gewechselt wird. Zur Äsung während des Winters konzentrieren sich die Rentiere an den wenigen geeigneten Stellen, wo ihre Nahrung unter einer dünnen Schneedecke erreichbar ist (Wielgolaski 1975). Viele Populationen der zirkumpolar verbreiteten Rentiere wandern weite Strecken zwischen den Winter- und Sommerweiden. In manchen Regionen führen die Sommerwanderungen in hoch gelegene Gebiete der Gebirge, wahrscheinlich auch, um den Mückenplagen des Tieflandes auszuweichen (Remmert 1980).

Die zweite ökologisch wichtige Herbivorengruppe stellen die Nager mit den ebenfalls zirkumpolar verbreiteten Lemmingen, einigen *Microtus*-Arten und Rötelmäusen (Gattung *Chlethrionomys*). Typisch für die meisten dieser Nagerarten sind zyklische Gradationen von 3- bis 4-jähriger Dauer, denen oft die Zyklen der Prädatoren folgen. In der norwegischen Tundra schwankten die im Rahmen eines internationalen biologischen Programmes gefundenen Dichten der Nager zwischen 18 000 und 0–300 Tieren/km^2. In Jahren der Massenvermehrung werden dort an bevorzugten Stellen über 10% der jährlichen pflanzlichen Produktion allein von den Nagern gefressen.

Während des Pleistozäns bevölkerten zusätzlich zu den heutigen großen Pflanzenfressern Mammut und Wollnashorn die Tundren. Dies mag ein Hinweis darauf sein, daß die Vegetation dieser Kältezone ein weiteres Spektrum der Ausbeutung ertragen kann als es rezent verwirklicht ist. Auch **die carnivoren Warmblüter** der Tundra gehören verschiedenen Verbreitungstypen an und verwenden unterschiedliche Strategien des

Nahrungserwerbs. Eisfuchs (*Alopex lagopus*) und Eisbär (*Ursus maritimus*) besiedeln zirkumpolar die Tundren und Eiswüsten und sind beide in der Lage, über Inlandeis oder Treibeis auch entlegene Gebiete zu erreichen. Der Eisfuchs streift weit umher und frißt fast jede Form tierischer Nahrung, sucht auch den Meeresstrand nach angeschwemmten Meerestieren ab, nimmt Kadaver an oder nutzt die Reste der Nahrung von Eisbären, denen er ebenso wie manchen Herden von Rens oder Moschusochsen oder auch Gruppen nomadisierender Menschen folgt, um Abfälle zu ergattern. Beim Eisbär überwiegen Robben als Nahrung. Er sucht küstenferne Gebiete daher selten auf. Als kleiner Räuber, der vorwiegend Nager in ihren Gängen verfolgt, gehört das Mauswiesel (*Mustela erminea*) zu den Arten, die über weite Teile Eurasiens verbreitet sind. Die übrigen großen Raubsäuger sind Wolf und Vielfraß (*Gulo gulo*), die beide ursprünglich ein zirkumpolares Areal bewohnten, das nach Süden weit über die Tundrazone hinausgeht. Heute sind gerade diese Arten durch die Bejagung vielerorts selten geworden.

Die Tundren-spezifischen Beutegreifer unter den Vögeln sind Gerfalke (*Falco rusticola*), Rauhfußbussard (*Buteo lagopus*) und Schnee-Eule (*Nyctea scandiaca*). Alle drei Arten brüten auf mehr oder weniger exponierten Standorten am Boden. Während beim Gerfalken Schneehühner die bevorzugte Nahrung darstellen, sind es bei den übrigen Arten Kleinsäuger, insbesondere Lemminge und *Microtus*-Arten (Wühlmäuse). Nur der Rauhfußbussard ist regelmäßiger Zugvogel, der im Winterquartier gewöhnlich auch in Mitteleuropa auftaucht. Bei den übrigen erwähnten Arten kann bei ausreichendem Nahrungsangebot, wie es an den Meeresküsten gegeben ist, Überwinterung im Brutgebiet auftreten. Ansonsten wandern sie regional unterschiedlich weit nach Süden, am weitesten anscheinend in den kontinentalen Gebieten. Bei russischen und sibirischen Gerfalken liegt der Winteraufenthalt 1000 bis 2000 km vom Brutgebiet entfernt in der Taiga und Waldsteppenzone. Ursache hierfür scheinen die für kontinentale Tundren charakteristischen Zugbewegungen ihrer Hauptbeute, der Moorschneehühner, zu sein, die dem strengen Winter in die Taiga ausweichen. Schneehühner im Einflußbereich des Nordatlantiks sind Standvögel (Glutz v. Blotzheim u. Bauer 1966-1993).

Die Aktivität der kleineren Säugetiere (Wühlmäuse, Lemminge, Spitzmäuse, Wiesel) spielt sich im Winter fast nur an der Grenze zwischen Boden und aufliegendem Schnee ab – in einem Lebensraum also, der vergleichsweise viel wärmer ist als alle anderen um diese Zeit besiedelbaren Lebensräume. Da **der Winter in der Arktis** die Tundra ja gleichzeitig in einen sehr dunklen Lebensraum verwandelt, ist eine optische Orientierung außerordentlich schwierig. Eine gewisse Helligkeit bringt nur das Nordlicht, das aber entspricht höchstens einem mittelhellen Mondlicht in gemäßigten Breiten. Pflanzenfressende Vögel (Schneehühner) und Säugetiere (Schneehase, Rentier, Moschusochse) oder aasfressende Vögel (Kolkrabe) und Räuber wie der Eisfuchs haben mit der Suche nach Nahrung weniger Schwierigkeiten. Aber selbst Gebiete, die vielleicht eine Stunde Licht pro Tag erhalten, sind ein schwieriger Lebensraum. Hier müssen beispielsweise Singvögel 23 Stunden des Tages in Dunkelheit und Kälte überdauern, und eine Stunde Licht muß genügen, um Nahrung für den erhöhten Energiebedarf während des ganzen, 24 Stunden dauernden Tages zu suchen und aufzunehmen.

Bei diesen Vögeln kommt noch ein anderes Problem hinzu: Wenn eine dicke Schneedecke die Vögel am Herankommen an die für die Erschließung der Nahrung lebensnotwendigen Magensteine hindert, dann nützt ihnen auch die reichste und beste Energiequelle nichts mehr (Claus et al. 1989). Dementsprechend finden sich im Winter des hohen Nordens vor allen Dingen Körnerfresser in der Nähe von menschlichen Siedlungen oder an Straßen, wo Magensteine leichter als im übrigen Tundragebiet oder borealen Wald zu erreichen sind. Für Meisen schließlich, die am Nordrand des borealen Waldes überdauern können, scheint die Existenz von Wölfen unabdingbar zu sein: Sie folgen Wolfsrudeln und fressen an den Resten der Wolfsbeute. Möglicherweise sind auch die Singvogelfütterungen in unseren Breiten nur ein Ersatz für die heute bei uns fehlenden Wölfe.

In der Tundra gibt es fast keine Winterschläfer unter den Säugetieren, insbesondere dort nicht, wo die Tundragebiete auf Dauerfrostboden liegen. Man muß bedenken, daß Winterschläfer mit einer über dem Gefrierpunkt liegenden Körpertemperatur in ihrer Erdhöhle einen dauernden leichten Taueffekt bewirken und daher einem ständigen Regen aus Tauwasser ausgesetzt sind. Nur ein nordamerikanisches Ziesel (*Spermophilus parryii*) scheint nach bisherigem Wissen durch Winterschlaftemperaturen deutlich unter dem Gefrierpunkt diese Schwierigkeit gemeistert zu haben. Sonst aber sind mindestens alle kleineren Säugetiere der Tundra im Sommer wie im Winter voll aktiv. Winterliche Ruhepausen legen allerdings die Bären ein, zurückgezogen in Höhlen. Der Braunbär, der stellenweise aus der Taiga kommend bis in die Tundra hinein vordringt, hält in der winterkalten Zone regelmäßig eine Winterruhe ohne Nahrungsaufnahme ein, die aber nicht mit einer Absenkung der Körpertemperatur verbunden ist. In dem Winterlager werden die Jungen geboren. Bei den Eisbären überwintert nur das tragende Weibchen regelmäßig in einer Schneehöhle. Die Männchen und die nicht trächtigen Weibchen nutzen den Schutz solcher Höhlen unregelmäßiger.

Vergleich kontinentaler und ozeanischer Tundren

Berücksichtigt man die klimatischen Voraussetzungen, so wird man erwarten, daß das reichste Tierleben in Tundragebieten zu finden ist, in denen die bodennahen Temperaturen im Sommer relativ hoch sind, so daß wechselwarme Tiere und Pflanzen günstige Wachstumsmöglichkeiten haben. Diese Situation stellt sich am ehesten dort ein, wo es relativ trokken und wenig bewölkt ist, ausreichende Wasserversorgung vorausgesetzt. Gebiete mit häufiger dichter Wolkenbedeckung und viel Regen dagegen dürften weniger reich sein. Dementsprechend sind ozeanische Tundragebiete relativ arm an Tierarten. Das gilt etwa für Spitzbergen und den Bereich unmittelbar am Nordkap in Norwegen sowie für Island, während das kontinentale Grönland mit seinen hohen Einstrahlungswerten und hohen Temperaturen im Sommer vergleichsweise reich an Tieren ist.

Das beste Beispiel liefert die Nordspitze von Grönland. In diesem dauernd von Eis umschlossenen Gebiet hat sich eine Tundra mit sehr reicher Tierwelt entwickelt (Abb. 6.4). Die Wasserversorgung erfolgt im Sommer durch Flüsse aus dem großen Inlandeis Grönlands. Hier, im nördlichsten Landgebiet unserer Erde, haben wir Rentiere, Moschusoch-

Abb. 6.4. Tundra (Grönland)

sen, Schneehasen, Wölfe, mehrere Wieselarten, Lemminge, Wühlmäuse, Spitzmäuse und daneben Schmetterlinge und Schneehühner. Vor hier aus ist es nicht weit über das Eis nach Spitzbergen, einer Insel, deren Fauna sehr viel ärmer ist. An Landsäugetieren kommen nur der Eisfuchs und der Eisbär vor. Selbst Aussetzungsversuche mit Lemmingen und Schneehasen sind fehlgeschlagen. Spitzbergen mit seinem kühleren ozeanischen Klima ist selbst für endotherme Tiere ein extrem ungünstiger Lebensraum. Wir haben also in der nordischen Tundra eine Reihe von Paradoxen. Pflanzenfressende Insekten fehlen nahezu ganz, räuberische und detritovore Insekten aber sind vorhanden. Pflanzen gedeihen bei Dauerlicht und bei guter Wasserversorgung hervorragend, viele Tierarten aber leiden unter niedrigen Temperaturen und fehlendem Sonnenschein. Versucht man, die Lebensgemeinschaften ozeanischer und kontinentaler Tundragebiete zusammenfassend zu charakterisieren, so ergibt sich in ozeanischen Gebieten bei relativer Armut an Pflanzenarten und geringer Blütenzahl eine hohe Primärproduktion. Relativ hohe Individuenzahlen erreichen nur die parasitischen Schlupfwespen, die Spinnen sowie wenige Mückenarten aus den Familien Sciaridae und Mycetophilidae, deren Larven als Bestandesabfallzersetzer gelten, wahrscheinlich aber vor allen Dingen Pilze in der Detritusschicht fressen. Käfer und Schmetterlinge sind dagegen kaum vorhanden und ebenso fehlen die meisten der typischen Bachinsekten dort, wo die Bäche im Winter bis zum Grund durchfrieren und stillstehen.

In kontinentalen Gebieten haben wir eine geringere Primärproduktion bei höherer Blütendichte und größerer Vielfalt der Tierwelt. Sciariden und Mycetophiliden spielen auch hier ebenso wie parasitische Schlupfwespen und Spinnen eine große Rolle, dazu kommen jedoch Blattläuse, Wanzen, Käfer und Schmetterlinge in nicht geringer Arten- und Individuenzahl. Im ganzen ist das Insekten- und Spinnenleben in kontinentalen Tundren auffälliger. Die zahlreichen Insekten sorgen für Bestäubung und mehr Samenbildung, und daher gibt es mehr körnerfressende Singvögel, die in ozeanischen Gebieten – mit Ausnahme der Schneeammer – fehlen (Remmert 1980, Lieth u. Whittaker 1975).

Subantarktische Tundren

Der antarktische Kontinent ist fast überall eine **Kältewüste**, in der die Mitteltemperaturen aller Monate des Jahres unter 0°C liegen. Die mittlere Jahrestemperatur variiert zwischen ca. -50°C im Innern des Kontinents und -10°C an einigen Stellen der Küste (Walton 1984). Nur an wenigen günstigen Stellen taut der Boden im Südsommer auf, so daß nicht gefrorenes, flüssiges Wasser zur Verfügung steht und so eine bescheidene Entwicklung einiger photoautotropher Organismen möglich wird. Die Makrophytenflora enthält nur Moose und Flechten. An solchen Stellen gibt es auch eine autochthone Fauna wirbelloser Tiere, die den Bestandsabfall nutzen. Eine Tundra-artige Vegetation existiert nur im subantarktischen Bereich.

Die Vegetation der subantarktischen Tundren ähnelt zwar physiognomisch jener der Arktis, doch sind sowohl die abiotischen Bedingungen als auch die Zusammensetzung von Fauna und Flora deutlich unterschieden. Die Tundrengebiete befinden sich auf einigen Inseln, im südlichsten Südamerika und auf der Nordspitze der antarktischen Halbinsel, auf Grahamland, zwischen 50° südlicher Breite und dem Polarkreis. Der dem Äquator nächstliegende Teil liegt auf der geographischen Breite, die Hamburg auf der Nordhalbkugel hat. Das Klima ist extrem ozeanisch. Die Jahresniederschläge übersteigen meist 1000 mm, Nebel und Nieselregen sind häufig, die Sommer kühl, die Winter mild mit einer geringen Temperaturamplitude. Permafrostböden sind nur im südlichen Teil der Klimazone verbreitet. Auf den Falklandinseln fallen zwar jährlich nur 600–700 mm Niederschlag, jedoch auf 240–245 Tage verteilt und meist als Nieselregen. Die Jahresmitteltemperatur beträgt 6,6°C, das Mittel des kältesten Monats 2,8°C, des wärmsten unter 10°C. Nach den wenigen bisher untersuchten Pollendiagrammen gab es auf den subantarktischen Inseln niemals Wald (Barrow 1978; Smith 1984). Ursache dürfte neben den niedrigen Sommertemperaturen vor allem der fast permanent wehende, meist heftige Westwind sein. Auf den Falklandinseln gibt es im Mittel nur 20 windstille Tage im Jahr. Bereits Schimper bezeichnete nach einem Besuch auf den Kerguelen (ca. 50° Süd) diesen Landschaftstyp als Windwüste, in der die schüttere, niedrige Vegetation sich nur an der Leeseite von Erhebungen im Gelände ausbilden kann. Viele der krautigen Pflanzen schützen sich durch einen Mantel abgetrockneter Blätter gegen die austrocknende Wirkung des Windes (Schimper u. Faber 1935).

Die Vegetation der Subantarktis ist artenarm. Smith (1984) nennt folgende Artenzahlen: 24 Graminoide (Süß- und Sauergräser), 32 sonstige Blütenpflanzen, 16 Farne, 400 Moose und ca. 300 Flechten. Diese Situation erklärt sich aus der isolierten Lage der Inseln im südlichen Polarmeer. Da sie während des Pleistozäns überwiegend vergletschert waren, gab es keine ausgedehnten Periglazialgebiete als Refugien für eine vielfältige Flora, aus denen eine Wiederbesiedlung hätte erfolgen können. Der Organismenaustausch zwischen den Inseln ist sehr begrenzt, so daß jede von ihnen nur einen Ausschnitt des Gesamtspektrums beherbergt (Gressit 1965). Betrachtet man Südgeorgien als Beispiel, so reduziert sich die Artenzahl auf 19 Blütenpflanzen und 6 Farne.

Typisch für die Vegetation sind einerseits Polsterpflanzen der südhemisphärischen Gattungen *Azorella* (Apiaceae) und *Acaena* (Rosaceae), von Farnen dominierte Bestände, moosreiche Moore und Grasländer. Im Grasland sind die horstartig wachsenden Tussock-Gräser mit xeromorphen Blättern häufig bestimmend. Es handelt sich um Arten aus mehreren Gattungen, die einerseits als hohes Tussock, z. B. mit *Poa flabellata*, andererseits als niedriges Tussock auftreten. Auf den exponierten Substraten bestimmen Flechten und Moose das Bild. Die kreisförmigen, sehr kompakt wachsenden Polster von *Azorella* können als Einzelpflanze über 1 m im Durchmesser, bei ca. 50 cm Höhe, erreichen. Sie werden zu sehr markanten Strukturen der baum- und gebüschlosen Landschaft. Im Zusammenhang mit der vom Menschen eingeführten Schafbeweidung ist die autochthone Vegetation auf vielen Inseln stark zurückgedrängt worden.

Mit Ausnahme von Feuerland fehlen große, auffällige Blumen in der Subantarktis, die Insekten anlockenden Schauapparate der Pflanzen sind reduziert. **Die Wachstumsbedingungen** sind gut, weil die Sommer zwar kühl, aber im Vergleich zur Arktis lang sind. Das hat zur Folge, daß die saisonale Synchronisation des Wachstums und der Blüten- und Fruchtbildung wenig ausgeprägt ist. Die Intensität der Photosynthese ist bei den Pflanzen der Region auch bei niedrigen Temperaturen, selbst nahe 0°C, noch hoch, und auch die Lichtsättigung tritt schon bei relativ niedrigen Strahlungsintensitäten ein. So kann das größte Gras der subantarktischen Inseln, *Poa flabellata* in jedem Jahr auf ca. 2 m Höhe heranwachsen (Smith 1984).

Subantarktische Tierwelt. Die terrestrischen Tiergemeinschaften der Subantarktis sind wie die Vegetation artenarm und stellen auch bezüglich ihrer Interaktionen, z. B. in den Nahrungsnetzen, sehr einfache Systeme dar. Von wenigen Vogelarten abgesehen gibt es keine eigentlich terrestrischen **Wirbeltiere**. Auf Südgeorgien leben der endemische Pieper *Anthus antarcticus* als Insektenfresser und zwei Entenarten, *Anas georgica* und *A. flavirostris*. Die beiden Entenarten fressen vorwiegend Algen bzw. kleine aquatische Wirbellose und leben auf den Tümpeln und kleinen Seen der Inseln, im Winter teilweise auch in geschützten Meeresbuchten. Keine dieser drei Arten ist häufig. In den Brutkolonien der Seevögel und in den Robbenkolonien ernähren sich einige Vogelarten von Kadavern, Jungvögeln und Eierraub, darunter Scheidenschnäbel (*Chionis alba*, Chionidae) und Raubmöwen (*Catharacta lonnbergii*) (Headland 1982; Parmelee 1980). Die autochthonen Säugetiere – die Robben – und Vögel erbeuten ihre Nahrung fast ausnahmslos im Meer und nutzen die Inseln als Platz für die Fortpflanzung und die Aufzucht der Nachkommen. Ihre Siedlungsdichte kann vor allem in Nähe der Küsten sehr hoch sein, so daß sie lokal die Vegetationsentwicklung und die Wirbellosenfauna erheblich beeinflussen. Ihr terrestrisches Leben bewirkt einen ständigen Import von Stoffen und Energie vom Meer auf das Land, der lokal zu starker Eutrophierung führen kann.

Die Gesamtartenzahl der Wirbellosen beläuft sich für die Subantarktis auf 387 Metazoen, darunter 210 Insekten-, 128 Milben- und 14 Spinnenarten. Es gibt nur wenige wirbellose Phytophage und Prädatoren. Die höchsten Arten- und Individuendichten erreichen die Detrito- und Saprophagen, die die abgestorbene pflanzliche Produktion mit Hilfe von Mikroorganismen und Pilzen abbauen und zersetzen (Block 1984; Gressitt 1965, 1970).

Ähnlich wie bei den Pflanzen ist auch bei den wirbellosen Tieren in den untersuchten Fällen keine strenge Saisonalität vorhanden. So sind die Käfer aus der Familie der Perimylopidae, die wichtigsten Streuzersetzer auf Südgeorgien, ganzjährig aktiv. Auch bei anderen Insektenarten findet man alle Entwicklungsstadien gleichzeitig nebeneinander (Vogel 1985).

Ein Vergleich zwischen arktischer und subantarktischer Tundra

Um die Differenz zwischen der arktischen und der subantarktischen Tundra deutlicher zu machen, soll hier noch einmal ein genauerer Vergleich angeschlossen werden (Remmert 1985).

Wir sprechen von dem tropischen Regenwald, von den tropischen Savannen oder vom Laubwald der gemäßigten Zonen. Können wir diese Lebensräume eigentlich miteinander vergleichen? Sie sind ja nicht miteinander verwandt wie etwa zwei Organismen miteinander verwandt sind. Lediglich hat sich unter ähnlichen Klimabedingungen ein auf den ersten Blick ähnliches Ökosystem entwickelt. Um in Termini der Evolutionsforschung zu sprechen, haben wir es möglicherweise nur mit Analogien und nicht mit Homologien zu tun. Wie weit gehen diese Analogien? Am Beispiel von Spitzbergen und Südgeorgien – Inseln im Nord- und Südpolarmeer – soll hier ein Vergleich gewagt werden und dabei gefragt werden, inwieweit ein solcher Vergleich überhaupt möglich ist, da zwar die klimatischen Bedingungen ähnlich, aber nicht identisch sind. Spricht man von Inseln der Polargebiete, werden Spitzbergen und Südgeorgien in einem Atemzug genannt. Obwohl Spitzbergen fast 15 mal so groß ist

Polare Tundren 199

wie Südgeorgien, erscheint diese Gleichsetzung durchaus berechtigt. Beide Inseln liegen an der Grenze zwischen kalten polaren und warmen Meeresströmungen. Beide werden im Winter vom Eis umschlossen und sind – zumindest über weite Bereiche – im Sommer eisfrei. Weiter sind beide Inseln typische Beispiele für ursprünglich sehr reiche Vorkommen von Walen und Robben und eine spätere Vernichtung sehr großer Walbestände, auf Spitzbergen schon um 1700, auf Südgeorgien von 1900 bis 1950. Das Meer um die Inseln ist überaus nahrungsreich. Daraus resultiert eine quantitativ wie qualitativ reiche Seevogelfauna. Die von den Bergen ausgehenden Gletscher reichen auf beiden Inselgruppen vielfach bis ins Meer hinunter. Die Vegetation ist eine echte Tundra ohne jeden Baumwuchs. Oft ist daher nicht ohne weiteres erkennbar, ob ein Photo Spitzbergen oder Südgeorgien zeigt. Ganz verschieden ist jedoch die geographische Lage, besonders die Entfernung zum Pol. Spitzbergen reicht bis auf 1000 km an den Nordpol heran, es geht über 80° nördlicher Breite hinauf. Südgeorgien dagegen liegt bei etwa 54° südlicher Breite – das entspricht der geographischen Breite von Kiel. Diese unterschiedliche geographische Lage sollte eigentlich trotz der Ähnlichkeiten zu sehr verschiedenen Klimaten führen.

Die während der Tagesstunden im Sommer pro Zeiteinheit auf dem Boden ankommende Strahlung ist auf Südgeorgien viel stärker als auf Spitzbergen, da die Sonne wesentlich höher am Horizont steht. Auf Südgeorgien können somit die Sommertemperaturen in geschützten Buchten häufig 20°C während des Tages übersteigen. Nachts aber sinkt die Quecksilbersäule infolge der Abstrahlung nicht selten in die Nähe des Gefrierpunktes. Großflächige Eisbildung während der Nacht auf den Seen und selbst auf vom Süßwasser beeinflußten Meeresbuchten ist daher schon im Januar – im Südsommer – keine Seltenheit. In Spitzbergen dagegen geht die Sonne während der Sommermonate nicht unter. Die Einstrahlung am Tage ist geringer, da die Sonne niedrig steht – auf der anderen Seite bleibt die Abkühlung während der Nachtstunden relativ gering, und so resultiert eine gleichmäßigere Temperatur. Entsprechendes gilt für den Winter, in dem auf Spitzbergen über mehrere Monate die Einstrahlung gleich Null ist, während in Südgeorgien tagsüber regelmäßig die Sonne scheint. Daraus resultieren unterschiedliche Jahresmitteltemperaturen und sehr unterschiedlich lange Vegetationszeiten (auf Spitzbergen etwa 2 Monate, auf Südgeorgien etwa 6 Monate) und weiter, daß Spitzbergen ein typisches Permafrostgebiet ist, während es auf Südgeorgien keinen Dauerfrostboden gibt. Wegen des fehlenden Dauerfrostes fließen in Südgeorgien auch die kleineren Bäche während des ganzen Winters. Auf Spitzbergen liefern die Gletscher im Winter kein Wasser mehr, die Bäche

gefrieren, und nur wenige Flüsse und größere Seen enthalten unter der Eisdecke noch Wasser.
Diese Verhältnisse werden durch Niederschläge modifiziert. Südgeorgien erhält im Jahresdurchschnitt 1500 mm Niederschlag, während auf Spitzbergen die Niederschläge nur ca. 350 mm im Jahr erreichen. Viele Gebiete Westspitzbergens haben zwar oft eine Wolkendecke, aus der manchmal ein dünner Sprühregen fällt, quantitativ bringt dieser jedoch wenig. Die sehr starke Wolkendecke hemmt die theoretisch mögliche Strahlung auch auf Südgeorgien, und so liegen die Durchschnittstemperaturen im südgeorgischen Sommer kaum höher als in Spitzbergen. Aus den beschriebenen Differenzen lassen sich eine Reihe von theoretischen Schlußfolgerungen über die Pflanzen- und Tierwelt ableiten (Tabelle 6.3).

Tabelle 6.3. Pflanzen und Tiere auf Spitzbergen und Südgeorgien. Bemerkenswert sind die sehr großen Unterschiede bei den Gefäßpflanzen und Landarthropoden, denen ein relativ geringer Unterschied bei den Collembolen gegenübersteht. Die auf Spitzbergen brütenden Vögel sind während der Brutzeit vielfach Land- und Süßwasserarten (zwei Singvögel, drei Gänse, mehrere Strandläufer und Enten). Auf Südgeorgien ist lediglich eine Ente und ein Singvogel als Land- bzw. Süßwasservogel anzusehen (möglicherweise brütet noch eine weitere Ente nicht nur gelegentlich, sondern regelmäßig auf Südgeorgien) (aus Remmert 1985)

	Spitzbergen	Südgeorgien
Gefäßpflanzen	162 + 7 eingeschleppt	24 + 8 eingeschleppt
Landarthropoden (excl. an Warmblütern parasitierende Milben)	ca. 130	22
Collembola	40	16
Landschnecken	-	1
Regenwürmer (Lumbricidae)	-	1
Vögel (Brutvögel)	25	22
Landsäuger	2 (Rentier, Eisfuchs)	-
Meeressäuger (excl. Wale)	Eisbär + 5 Robben	5 Robben

Polare Tundren

Auf Südgeorgien sollten die lange Vegetationsperiode, die hohe Einstrahlung während der Tagesstunden und die gute Verfügbarkeit von Wasser das Pflanzenwachstum begünstigen und eine hohe Produktivität von Gefäßpflanzen ermöglichen. Die Produktivität sollte daher deutlich höher sein als auf Spitzbergen, wo Wasser stellenweise ein Minimumfaktor ist, die Vegetationszeit nur wenig mehr als zwei Monate beträgt und die Einstrahlung pro Tag nur im Sommer annähernd so hoch sein kann wie auf Südgeorgien.

Bei wechselwarmen Landtieren sollte auf Südgeorgien die tagesperiodisch schwankende Temperatur und die lange jährliche Vegetationszeit zu höheren Wachstums(= Produktions)leistungen führen als auf Spitzbergen. Da die mittlere Luftfeuchtigkeit als gleich anzusetzen ist, und die mittlere Größe epigäischer wechselwarmer Landtiere von der Luftfeuchtigkeit, von der Temperatur und von der Länge der Vegetationsperiode bestimmt wird, sollte die Tiergröße auf Südgeorgien ein wenig höher liegen als auf Spitzbergen.

Diese theoretischen Überlegungen zu den Ökosystemen Spitzbergens und Südgeorgiens werden durch die Tatsache kompliziert, daß Südgeorgien vom nächsten Festland wesentlich weiter entfernt liegt als Spitzbergen. Die kürzeste Verbindung von Spitzbergen zu einer größeren Landmasse (Norwegen) beträgt etwa 300 km. Mit Luftströmungen gelangen in jedem Sommer große Mengen von Insekten, besonders Blattläuse aus Nadelwäldern, hierher. Mit dem kalten Polarstrom kommen zudem regelmäßig große Mengen Treibholz von Sibirien nach Spitzbergen, und mit diesem Treibholz werden Tiere transportiert. Schließlich bringt auch der von Süden kommende warme Ausläufer des Golfstroms Tiere mit sich. So scheint der zu den Staphyliniden gehörende Käfer *Micralymma marinum* ein solches Golfstromtier zu sein.

Nichts von alledem gilt für Südgeorgien, das vom Festland, der Südspitze Südamerikas, über 2000 km entfernt ist. Kein Meeresstrom und kein Wind erleichtern den Transport von Pflanzen und Tieren zu dieser Insel. Entsprechend der Inseltheorie von Mac Arthur u. Wilson (1967) ist daher eine sehr geringe Artenzahl auf Südgeorgien im Vergleich zu Spitzbergen zu erwarten. Dieser Effekt wird verstärkt durch die geringe Größe Südgeorgiens. Eine geringere Artenzahl sollte zu einer größeren Nischenbreite, zu einer breiten ökologischen Valenz von Planzen und Tieren führen.

Der reale Befund bestätigt diese theoretischen Vorhersagen. Während auf Spitzbergen wohl nur eine Blütenpflanze als endemisch anzusehen ist (*Ranunculus spitzbergensis*; Rönning 1964) und die Spitzbergenrasse des Rentieres eine klar abgegrenzte eigene Form darstellt (*Rangifer tarandus platyrhynchus*), sind die Organismen Südgeorgiens zu einem erheblichen Teil endemisch. Das gilt für die Landvögel, unter denen die zwei Enten-„Arten" vielleicht nur subspezifisch von ihren südamerikanischen Verwandten verschieden sind. Stärker abgewandelt sind offenbar Käfer, die den auffälligsten Teil der Insektenfauna Südgeorgiens darstellen.

Fauna und Flora Südgeorgiens sind eigenständiger als die Spitzbergens, aber die Artenzahlen sind geringer. Eine gewisse Ausnahme macht wahrscheinlich die Tierwelt des Strandanwurfs. Die hier existierende Fauna – ein Landamphipode, mehrere Fliegen- und Käferarten – hat eine größere Mannigfaltigkeit als die im Strandanwurf Spitzbergens, wo nur wenige Collembolen und Milben, Enchytraen und sehr selten Fliegen gefunden werden. Spitzbergen besitzt im Gezeitenbereich die für Nordeuropa typische Meeresstrandfauna, lediglich ein wenig ärmer als in Nordskandinavien. Der Strand ist damit eine reiche Nahrungsquelle für Vögel. Auf Südgeorgien fehlen diese Scharen der Strandvögel, möglicherweise in Anpassung an die seit dem Ende des Tertiärs regelmäßige, allwinterliche Eisbedeckung. Während sich hier am Strand keine Wirbeltiere aufhalten, entfaltet sich im Meer, 20–100 m von der Strandlinie entfernt, reiches Leben. Aus großen Tiefen herauf wächst der braune Riesentang *Macrocystis*, der mit festsitzenden Meerestieren dicht besiedelt ist. Dies ist auch der Sammelpunkt der von Meerestieren lebenden Vögel. Im *Macrocystis*-Bereich suchen die Dominikanermöwen (*Larus dominicanus*) und die zu den Sturmvögeln (Procellariidae) gehörenden Kaptauben (*Daption capensis*) nach Nahrung ebenso wie die tauchenden Seeschwalben und Kormorane (*Phalacrocorax atriceps*). Die Zone reichen Vogellebens, die man aus dem Norden im Gezeitenbereich an der Küste kennt, ist hier also ins Wasser verlagert. Für Pflanzen und Tiere hat dies den Vorteil, daß bei Eisbildung keine Abrasion stattfindet und lediglich die obersten Spitzen des Riesentangs mit der hier lebenden Tierwelt betroffen sind.

Die Fauna Südgeorgiens ist nicht nur artenärmer, sondern zeigt auch ein stark abweichendes taxonomisches Spektrum. Dafür sind in erster Linie zoogeographische Gründe maßgebend. Ein Beispiel kennt man bei den Vögeln: Auf Südgeorgien leben Sturmvögel und verschiedene Arten von Pinguinen, die in der Arktis durch Lummen und Möwen ersetzt sind. Auf Spitzbergen spielen Dipteren, vor allen Dingen Sciariden und Mycetophiliden, die entscheidende Rolle beim Abbau der Pflanzensubstanz. Auf Südgeorgien sind diese Insekten durch den Menschen eingeschleppt. (Die norwegischen Walfänger brachten nicht nur Pflanzen, sondern auch Erde aus Norwegen mit hierher, da jeder Tote eine Schaufel norwegischer Erde auf sein Grab bekam). Die häufigsten Tiere und Hauptbeteiligten bei der Umsetzung des Bestandsabfalls sind Käfer aus der Familie der Perimylopiden, die zusammen mit ihren Larven in der Streuschicht außerordentlich zahlreich sind, bis 455 Adulte und 620 Larven pro m^2 (Vogel 1985). Aufgrund der Daten über den Sauerstoffverbrauch der Tiere läßt sich ein Futterverbrauch von mindestens 165 g pro m^2 im Jahr abschätzen (Block 1981). Bei einer angenommenen Verwertung des Futters von ca. 30% müßten also mindestens 500 g Pflanzenmasse pro m^2 produziert werden. Diese erste Abschätzung lehrt, daß größenordnungsmäßig die Käfer als wichtigste Destruenten in der Streuschicht Südgeorgiens wirken könnten.

Entsprechend der geringen Artenzahl ist die ökologische Nische der meisten Arten sehr breit. Die beiden Perimylopiden-Arten (*Perimylops antarcticus* und *Hydromedion sparsutum*) besiedeln einerseits in großer Zahl anthropogene Lebensräume; man findet sie ebenso wie den Laufkäfer *Merizodus soledadinus* unter Brettern in den Siedlungen. Sie sind aber andererseits auch sehr häufig in feuchten Binsen-Wiesen mit *Rostkovia magellanica*, in höher gelegenen *Poa-flabellata*-Beständen oder *Acaena*-Wiesen zu finden. Sie sind Primärzersetzer des Bestandsabfalls, fressen aber auch gerne Keimlinge der verschiedensten Arten und lassen sich ohne weiteres wie Grillen mit synthetischem Futter halten; gelegentlich gehen sie auch an frische Blätter. Die häufigere der zwei Chironomiden-Arten Südgeorgiens, *Parochlus steineni*, lebt im feuchten Moos oder im Wasser, ebenso in feuchten Böden in Wassernähe, gleichgültig ob es sich dabei um fließendes oder um stehendes Wasser handelt. Das vielleicht einzige räuberische Wasserinsekt Südgeorgiens, der Gelbrandkäfer *Lancetes claussi*, lebt als Larve wie als Imago in kleinsten Tümpeln und großen Seen. Larven wie Imagines finden sich aber auch im fließenden Wasser, solange die Wasserbewegung nicht zu stark ist (Gressitt 1970). Die große Raubmöwe (*Catharacta skua*) geht nicht nur auf See auf Nahrungssuche, sondern hat die Rolle terrestrischer Raubvögel mit übernommen. Sie raubt Eier und Jungvögel und schlägt besonders gerne die dunkelaktiven Sturmvögel auf dem Weg von ihrer Nisthöhle zum Meer oder zurück (Parmelee 1980).

Tussockgras (*Poa flabellata*) gedeiht besonders auf Schlammflächen im Mündungsgebiet der Flüsse, es reicht aber auch an feuchten wie trockenen Berghängen weit hinauf und kann Dünen in der gleichen Weise wie Strandhafer (*Ammophila arenaria*) in Mitteleuropa besiedeln. *Acaena magellanica* und die kleine *A. tenera* bildet dichte Bestände auf Sumpfwiesen; sie können aber auch an relativ trockenen Stellen gut gedeihen.

Bemerkenswerterweise existiert offenbar auf Südgeorgien die sonst so allgemein verbreitete Insektenbestäubung nicht. Fast alle Pflanzen sind windblütig; wo sie noch einen Schauapparat ausbilden, ist dieser eher unscheinbar (z. B. *Galium antarcticum, Ranunculus antarcticus, Colobanthus quitensis*). Sie dürften ohne Insekten zur Bestäubung auskommen (Autogamie). Es wird vermutet, daß Collembolen oder Käfer zu zufälligen Pollenüberträgern werden können. Der im Ort Grytviken eingeschleppte und heute weit verbreitete Löwenzahn (*Taraxacum officinale*) mit seinen leuchtend gelben Blüten lockt nachweislich keine Insekten an und bildet apogam Samen. Auch Fänge mit Gelbschalen ergaben keinen Hinweis auf eine anlockende Wirkung dieser Farbe. Auf Spitzbergen gibt es dagegen viele Blütenpflanzen mit Schauapparaten, die auch regelmäßig von Insekten (vor allem Fliegen und Schlupfwespen) besucht werden. Zwar sind nur wenige Pflanzenarten auf regelmäßige Bestäubung durch Insekten angewiesen, doch spielt Insektenbestäubung auf Spitzbergen trotzdem eine große Rolle (Hoeg 1932).

Die Pflanzengesellschaften mit der höchsten **jährlichen oberirdischen Produktion** sind auf Spitzbergen reine Bestände des Wollgrases *Eriophorum scheuchzeri* und des Grases *Poa arctica*, die 420, bzw. 408 g pro m^2 und Jahr produzieren. Es folgen Bestände von *Dupontia fisheri* und *Alopecurus alpinus* mit etwa 250 g pro m^2. Die ausgedehnten trockenen Fjellheiden produzieren oberirdisch vielfach nur etwa 20 g organische Substanz pro m^2 und Jahr. Ungleich höher ist die Produktivität der Pflanzengesellschaften Südgeorgiens. Auf schlammigen, gut gedüngten Standorten kann das Tussockgras *Poa flabellata* mehr als 5000 g pro m^2 und Jahr oberirdisch produzieren. In Beständen von *Acaena magellanica* werden 850 g produziert, während die trockenen Fjellheiden, die in der Hauptsache von dem Gras *Festuca contracta* bestanden sind, hier etwa 800 g pro m^2 und Jahr an Zuwachs verzeichnen. Das Gras *Festuca* macht dabei allein 160 g aus (Daten für Spitzbergen: Brzoska 1976, für Südgeorgien: Smith u. Walton 1975). Aus diesen Angaben kann natürlich nicht auf die durchschnittliche Produktivität der Gesamtflächen geschlossen werden, da der größte Teil der Landgebiete beider Inseln keine oder nur schüttere Vegetation trägt oder gar von Gletschern bedeckt ist. Dennoch ist die sehr starke Überlegenheit der Produktivität Südgeorgiens deutlich.

Beim **Abbau der Primärproduktion** spielen auf Spitzbergen warmblütige Pflanzenfresser eine deutliche Rolle. Das Schneehuhn (*Lagopus mutus*), drei Gänsearten (*Anser brachyrhynchus, Branta leucopsis* und *Branta bernicla*) sowie vor allen Dingen das Rentier sind hier zu nennen. Möglicherweise ist das Rentier eine Schlüsselart für die Tundra Spitzbergens. Es scheint Bestandszyklen mit einer Periode von 50-100 Jahren zu zeigen, und entsprechend diesen Zyklen schwankt möglicherweise die Vegetation sowie der Anteil an der Primärproduktion, den Rentiere aufnehmen – vielleicht zwischen 5% und mehr als 20% (Remmert 1980).

Wechselwarme Pflanzenfresser treten in Gestalt von Rüsselkäfern (vor allem *Rhynchaenus flagellum*) und verschiedenen Blattwespen auf, die jedoch alle so selten sind, daß sie beim Energiefluß nicht ins Gewicht fallen. Tatsächlich ist Spitzbergen mit Sicherheit zu kalt, als daß wechselwarme terrestrische Pflanzenfresser eine bedeutende Rolle spielen könnten.

Auf Südgeorgien fehlen warmblütige Pflanzenfresser vollkommen, und für wechselwarme Pflanzenfresser liegen die Temperaturen ebenfalls nicht hoch genug. Die Käfer aus der Familie der Perimylopiden nehmen zwar regelmäßig frische Vegetation auf (vor allem Keimlinge), ihre Hauptbedeutung liegt jedoch in der Erstzersetzung des Bestandesabfalls. Zusammen mit Milben, Collembolen und Pilzen erfolgt eine sehr rasche Remineralisierung; *Acaena*-Blätter verschwinden innerhalb weniger Monate.

Auf Spitzbergen erfolgt die Zersetzung des Bestandesabfalls vor allen Dingen durch eine große Zahl von Mycetophiliden und Sciariden (Pilz- und Trauermücken), ebenfalls in Kooperation mit Collembolen und Milben. Rechnungen von Sendstad et al. (1977) zeigten, daß diese Tiere ohne weiteres in der Lage sind, den Bestandesabfall abzubauen. Allerdings dauert die Remineralisierung auf Spitzbergen ganz allgemein viel länger als in Südgeorgien. In den Bulten des Tussockgrases spielen Regenwürmer offenbar eine wichtige Rolle beim Abbau der Pflanzensubstanz; auf Spitzbergen kommen Regenwürmer nicht vor. Allerdings hat Südgeorgien mit der vergleichsweise extrem hohen Produktion an gut verdaulicher Pflanzensubstanz keine echten Pflanzenfresser hervorgebracht; allein die Detritusnahrungskette ist für den Abbau zuständig, während auf Spitzbergen immerhin ein deutlicher Teil der produzierten Substanz von Pflanzenfressern direkt genutzt wird (Siegfried et al. 1985).

Offenbar sind die meisten Pflanzen Südgeorgiens leichter zu remineralisieren als die Pflanzen Spitzbergens. Mindestens seit dem Ende des Tertiärs haben sich diese Pflanzen in Abwesenheit von Pflanzenfressern entwickelt, und so scheinen sie keine Abwehrstoffe gegenüber Tierfraß zu besitzen. Wenn trotz dieser leichten Zersetzbarkeit Torfbildung auch auf Südgeorgien an vielen Stellen vorkommt, so ist dies eine Folge der niedrigen Temperaturen, der hohen Niederschläge und der hohen Produktivität der Pflanzen.

Die Auswirkungen tiefer Temperaturen auf polare Ökosysteme. Einige Worte müssen hier noch zum Verständnis der Wirkungen tiefer Temperaturen gesagt werden. Für wechselwarme Tiere und Pflanzen bedeuten tiefe Wintertemperaturen wenig; wenn die Organismen erst an Temperaturen unter dem Gefrierpunkt angepaßt sind, verharren sie bei geringstem Energieverbrauch in einem Ruhezustand. In Warschau oder Chicago liegen die mittleren Wintertemperaturen deutlich unter denen von Spitzbergen oder gar Island. Schwierig ist die Situation dagegen, wenn auch der Sommer nur tiefe Temperaturen beschert, und das ist das Charakteristikum von Polargebieten. Offenbar haben es Tiere ebenso wie Pilze, Bakterien und andere heterotrophe Organismen nicht geschafft, eine echte Temperaturkompensation in der Produktion organischer Substanz – das heißt in Wachstum und Fortpflanzung – zu erreichen. Eine Anpassung an derart niedrige Temperaturen bedeutet daher nur, daß diese Organismen hier überhaupt wachsen können – wenn auch sehr langsam. Der Krill der antarktischen Meere braucht bei nahezu konstanter Meerestemperatur 4 Jahre, um auf eine Länge von 4–5 cm heranzuwachsen. Fische am Eisrand sind vielfach 20 Jahre alt, wenn sie eine Länge von 20 cm erreichen. Ähnlich liegen die Dinge bei den wechselwarmen Tieren auf dem Land. Die Käfer Südgeorgiens, die kaum einen Zentimeter Länge erreichen, brauchen bis zur Vollendung ihrer Entwicklung etwa 1 1/2 Jahre.

Es gibt eine deutliche Ausnahme, den Gelbrandkäfer *Lancetes claussi*; er braucht nur etwa 4 Monate für seine gesamte Entwicklung und ist trotzdem der größte Käfer Südgeorgiens. Sein „Trick" liegt in seiner räuberischen Lebensweise. Tierische Nahrung ist wesentlich leichter aufzuschließen als pflanzliches, pilzliches oder bakterielles Material. Als Folge der niedrigen Sommertemperaturen, bei denen wechselwarme Tiere wachsen müssen, tritt das Phänomen auf, das als „Tundra-Paradoxon" bezeichnet worden ist: Arten- und Individuenzahl pflanzenfressender wechselwarmer Tiere nehmen von den Tropen zu den polaren Zonen hin kontinuierlich ab. Dies beruht, wie an Käfern und Reptilien gezeigt werden konnte, auf der Tatsache, daß Pflanzenmaterial bei diesen Temperaturen nicht schnell genug verarbeitet werden kann, um die für das Leben notwendige Energie zu liefern. Wechselwarme Räuber und Parasitoide sind hiervon nicht betroffen. Eine Mittelstellung sollten wechselwarme Dekompositoren einnehmen. Dieses Postulat läßt sich im Freiland gut bestätigen. Eine Schwierigkeit entsteht lediglich im extremsten Gebiet; hier können theoretisch Räuber noch existieren, während Zersetzer des Bestandesabfalls nicht mehr leben können. Wovon aber sollen dann die Räuber leben? In Hochgebirgen, wo Zwergspinnen die in größter Höhe lebenden Tiere darstellen, dürfte die Ernährungsbasis durch angewehte Tiere tieferer Zonen gegeben sein. In den Polargebieten ist diese Nahrungsquelle kaum ergiebig genug.

Trophische Beziehungen Meer-Land. Spitzbergen und Südgeorgien sind insulare Systeme und ohne das umgebende Meer nicht denkbar. Der überwiegende Teil der Säugetiere und Vögel kommt nur zum Rasten und (oder) zur Fortpflanzung an Land. Dabei wird Nahrung aus dem Meer auf das Land gebracht; gebietsweise erfolgt eine starke Düngung. Wenn die Vogelkolonien in unmittelbarer Küstennähe liegen und der Kot sofort ins Meer zurückgespült wird, macht sich diese Düngung kaum bemerkbar. Vielfach aber liegen die Brutplätze weiter vom Meer entfernt, wie auf Spitzbergen eine Fülle von Plätzen, an denen Eissturmvogel (*Fulmarus glacialis*), Dickschnabellumme (*Uria lomvia*) und Krabbentaucher (*Plautus alle*) leben. Hier konnten Eurola u. Hakala (1977) eine sehr starke Düngung nachweisen. Sendstad (1978) schätzt, daß eine Kolonie mit 750 Vögeln – vor allem Dreizehenmöwen (*Rissa tridactyla*) – im Jahr etwa 3850 kg Exkremente in der Nähe des Vogelfelsens produziert. Dort gibt es auf Spitzbergen eine reiche Vegetation mit reicher Insektenwelt. Auf Südgeorgien findet man so tief im Land nur kleine Kolonien verschiedener Sturmvögel. Die Düngung wird also gleichmäßiger verteilt als auf Spitzbergen. Selbst Pinguine können so weit vom Meer nisten, daß die von ihnen erzeugte Eutrophierung für Landökosysteme Bedeutung hat. Der Eselpinguin (*Pygoscelis papua*) bildet normalerweise kleine Kolonien von etwa 20 Paaren, die nach einigen Jahren an einen anderen Platz verlegt werden. Hier werden Eier ausgebrütet und die Jungen bis zum Erreichen des Adultgewichts gefüttert. Derartige Kolonien kündigen sich schon auf große Entfernungen durch schwarzgrüne Färbung der Pflanzen an. Dünengebiete mit *Poa flabellata* werden besonders gerne besiedelt; dieses Gras ist normalerweise hellgrün gefärbt, und so heben sich die Kolonien des Eselpinguins mit dem schwarz-grünen Tussock weit von der Umgebung ab.

Eine ganz besondere Rolle spielen **Robben**. Im 19. Jahrhundert war der Bestand sowohl der Pelzrobben als auch der See-Elefanten Südgeorgiens beinahe vollständig vernichtet worden. Beide Arten haben sich weitgehend erholt, aber ihr Bestand scheint noch immer nicht auf der ursprünglichen Höhe zu sein und steigt weiter stark an. Die hochproduktiven Flächen an Flußmündungen mit Tussockgras dienen den Robben heute weitgehend als Lager; hier schaffen sie große Suhlen und Durchgänge durch das Tussock, so daß die Situation an afrikanische Sumpfgebiete mit Nilpferden (*Hippopotamus*) erinnert. Bei hoher Robbendichte werden diese *Poa flabellata*-Bestände jedoch vollständig zerstört. Auf Spitzbergen hat sich der Robbenbestand von seiner früheren Vernichtung nie in der Weise erholt, wie dies jetzt auf Südgeorgien der Fall ist. Welche Robben hier früher an Land gegangen sind, läßt sich kaum sagen, wahrscheinlich aber haben Walrosse eine ähnliche Rolle wie heute See-Elefanten auf Südgeorgien gespielt (Siegfried et al. 1985). Durch den Menschen werden zusätzliche Organismen in die Ökosysteme hineingebracht.

Auf Spitzbergen ist dieser Faktor offenbar zu vernachlässigen; wir haben weder Belege über eingeschleppte Pflanzen, die auf Spitzbergen wirklich Fuß gefaßt hätten, noch für Tiere. Die eingeführten Hasen sind ebenso wie die eingeführten Moschusochsen wieder verschwunden; Ratten und Mäuse halten sich jeweils nur wenige Jahre in der Nähe der Siedlungen. Auf Südgeorgien liegen die Dinge anders. Eine besondere Bedeutung haben zwei **eingeschleppte Säugetierarten**, die Wanderratte und das Rentier. Die Wanderratte ist heute im küstennahen Gebiet Südgeorgiens verbreitet und lebt hier unabhängig vom Menschen. Im allgemeinen scheint ihr Einfluß gering zu sein, lediglich das heute weitgehende Fehlen des antarktischen Piepers (*Anthus antarcticus*) wird mit dem Auftreten der Ratten in Beziehung gebracht; auf kleinen Inseln ohne Ratten – um die Hauptinsel Südgeorgiens herum, z. B. Bird Island – leben die Pieper nämlich noch in großer Zahl. Rentiere sind vom Menschen bewußt in zwei Gebieten ausgesetzt worden und haben sich hier stark vermehrt. Die einheimische Vegetation ist dadurch stark geschädigt worden, vor allem Tussock und *Acaena*. Beide Pflanzenarten werden hier jetzt vielfach durch das eingeschleppte Gras *Poa annua* ersetzt.

Der ökologische Vergleich zweier auf den ersten Blick zum Verwechseln ähnlicher Inseln zeigt eine Fülle von Differenzen, die sich aufgrund biogeographischer und gradueller klimatischer Unterschiede erklären lassen. Wir können unsere Ergebnisse wie folgt zusammenfasssen:

- Ähnlichkeiten der dominanten abiotischen Umweltbedingungen führten zur Entstehung von ähnlichen Anpassungen der Organismen. Wir haben im Norden wie im Süden
    - einen Ausfall pflanzenfressender wechselwarmer Tiere,
    - eine niedrige Artenzahl bei Pflanzen und wechselwarmen Tieren infolge des geringen Alters der Lebensräume und der niedrigen Geschwindigkeit der Artbildung,
    - wenig ausgeprägte ökologische Spezialisierung und
    - keinen Baumwuchs.

- Das Fehlen von Landraubtieren ermöglichte im antarktischen Bereich die Bildung sehr großer Kolonien flugunfähiger Vögel. Solche haben sich im Norden nur auf sehr kleinen Inseln entwickeln und halten können (Riesenalk, *Pinguinus impennis*); es bildeten sich hier Vogelberge, die für Landraubtiere nicht erreichbar sind. Solche Vogelberge gibt es im Süden nicht, denn außer der Verfolgung durch Raubtiere fehlte lange Zeit auch die Ausbeutung durch den Menschen, die im arktischen Bereich schon im Mittelalter begann und letztlich zur Ausrottung des Riesenalks geführt hat.

- Für identische Ökosystemfunktionen sind im Norden wie im Süden unterschiedliche Organismengruppen zuständig.
- Im Norden sind Blütenreichtum und Tierbestäubung bei Pflanzen charakteristisch, im Süden ist die Symbiose aus Blume und tierischem Bestäuber erloschen.
- Im Norden sind parasitische Hymenopteren in großer Arten- und Individuenzahl vorhanden; sie machen vielfach 20–30% der in den Bodenfallen erbeuteten geflügelten Insekten aus. Im Süden fehlen sie praktisch vollständig; eine einzige, wohl in Eiern von Perimylopiden parasitierende, winzige und sehr seltene Mymaride repräsentiert hier diese Gruppe.

Mitteleuropäer haben sich daran gewöhnt, unsere Eiszeit mit den heutigen Verhältnissen in Norwegen oder in Nordkanada gleichzusetzen. Daß dies nicht zutrifft, zeigt folgendes: Wir hatten in Mitteleuropa während der Eiszeit keinen Dauertag, dagegen aber eine ähnlich hohe Einstrahlung während der Tagesstunden wie auch heute.

6.4 Tropische Hochgebirgs-Tundren

In den Tropen ragen einige Gebirge so weit empor, daß der Baumwuchs aufhört und eine niedrige, an eine Tundra erinnernde Vegetation auftritt. Von manchen Autoren werden diese Biome auch als alpine tropische Steppen oder Savannen bezeichnet. Solche Gebiete, die sich zwischen der oberen Waldgrenze und der nivalen Stufe ausdehnen, gibt es in Ostasien, Afrika und in Südamerika. Sie gehören entsprechend dieser geographischen Verteilung verschiedenen Florenregionen an und ermöglichen daher besonders eindrucksvoll das Beobachten konvergenter Evolution unter ähnlichen extremen Lebensbedingungen, aber in genetisch isolierter Lage (Troll 1961, 1969). Auch schon innerhalb eines Kontinents sind die Gebirgsstöcke mit ausreichender Höhe nicht selten voneinander isoliert, so daß sich Flora und Fauna weitgehend eigenständig entwickeln konnten, die **Berggipfel also biogeographische Inseln darstellen**. So sind am Mount Kenya in Ostafrika 225 der 248 Pflanzenarten der subalpinen Stufe endemisch, auf benachbarten Vulkankegeln finden sich nahe verwandte vikariierende Arten. Auch die wirbellosen Tiere sind mindestens in Ostafrika mit zahlreichen Endemiten vertreten. Weiträumige Ausbreitung wird in solchen ökologischen Inseln vermieden, weil sie selten zum Erfolg, d. h. zur Erschließung neuer Siedlungsgebiete führt. Die Entstehung der vielen Endemiten weist auf den geringen Genfluß über die Grenzen des Artareals hin. Als Anpassung an diese Situation kann man den hohen Anteil flugunfähiger Insekten in solchen isolierten Hochgebirgsregionen werten (Cloudsley-Thompson 1969). Anders als in den echten, subpolaren Tundren haben wir in den Tropen keinen an die Jahreszeiten gebundenen Wechsel von Kälte und relativer Wärme, sondern ein Tageszeitenklima, bei dem es in jeder Nacht frieren und infolge der intensiven Sonneneinstrahlung zumindest im Windschatten tags sehr warm werden kann. „Es herrscht das ganze Jahr über tagtäglich Sommer und allnächtlich Winter" (Vareschi 1980). Die Vegetation im dauerhumiden Klima ohne Jahreszeiten ist immergrün, wir befinden uns in den „Paramos" (Südamerika). Mit der Entfernung vom eigentlichen Tropengürtel wird das Tageszeitenklima zunehmend von einem Jahreszeitenklima überlagert. Damit sind meist zeitweilig aride Bedingungen verbunden, wie in der „Puna" der Anden, deren Pflanzenkleid während der winterlichen Trockenzeit gelb und abgetrocknet erscheint.

Die größten hier zu nennenden Gebiete sind der große Kordillierenzug von Nordamerika bis zur Südspitze Südamerikas, der von Mittelamerika bis nach Peru und Nordchile Tundra-ähnliche Höhengebiete aufweist, sowie das Hochland von Tibet, welches außerhalb der eigentlichen Tropenzone liegt und bereits ein ausgeprägtes Jahreszeitenklima hat. Die übrigen Areale (Kamerunberg, Ruwenzori, Kilimandscharo, Mount Kenia, Gebirge in Papua Neuguinea und in Südostasien) sind extrem voneinander isoliert (Troll 1959, 1961).

Die **Paramo-Vegetation** der Anden finden wir zwischen Venezuela im Norden und Ecuador im Süden, in einem Höhengürtel zwischen etwa 3300 und 4800 m. Das Klima ist ganzjährig humid, obgleich eine Trockenzeit von bis zu 3 Monaten Dauer auftreten kann. Die Jahresniederschläge liegen nach Messungen aus 15 Stationen in der Höhenlage von 2560 bis 4100 m über NN zwischen 580 und 1900 mm pro Jahr. Häufige Nebelnässe dürfte auch in den niederschlagsarmen Gebieten für eine ausreichende Wasserversorgung sorgen. Andererseits sind auch Situationen ohne Wolkendecke und mit intensiver Sonneneinstrahlung nicht selten (Sturm 1978). Die Jahresmitteltemperatur liegt unter 10°C. Typisch ist der tagesperodische Temperaturwechsel außerhalb der Regenzeiten mit starker nächtlicher Abstrahlung und Erwärmung am Tage. Tägliche Temperaturamplituden bis zu 20 °C sind nicht selten, oft mit leichtem nächtlichem Frost verbunden. Mikroklimatisch sind die Differenzen noch viel größer. So ergaben Messungen von Larcher (1975) an einem wolkenlosen Tag an der Bodenoberfläche 40 °C, in 30 cm Bodentiefe 5 °C und in der Mitte der Blattrosette einer Pflanze 32 °C.

Markante Gestalten der Paramo-Vegetation sind die bis 9 m hohen stammförmigen Korbblüter der Gattung *Espeletia*. Sie bilden große Blattrosetten, die anfangs bodenständig sind, aber mit dem Höhenwachstum des Stammes als Schopf emporgehoben werden und aus deren Mitte die goldgelben Blütenstände aufwachsen. Diese Wuchsform tritt erstaunlicherweise konvergent auch in anderen tropischen Hochgebirgsfloren auf, kommt jedoch in ähnlicher Gestalt und Größe nirgends außerhalb dieser Regionen vor. Sie fehlt beispielsweise den polaren Tundren und der alpinen Region der Hochgebirge der gemäßigten Breiten. In Afrika treten baumförmige *Senecio*- und *Lobelia*-Arten an ihre Stelle und in Ostasien die strauchig wachsenden *Anaphalis javanica* (Asteraceae). Zu den Eigentümlichkeiten dieser Schopfbäume gehört es, daß die abgestorbenen, vertrockneten unteren Rosettenblätter noch lange Zeit als Schutzmantel Teile des Stammes umhüllen und daß die Blätter vielfach weiß, z. T. wollig behaart sind. Einen zweiten für die Paramos charakteristischen Lebensformtyp stellen die Wollkerzenpflanzen dar. Bei ihnen wird die relativ niedrig stehende Blattrosette vom kerzenförmigen Blütenstand weit überragt. Sie bleiben in der Regel niedriger, sind aber ebenfalls von einem weißen Haarfilz als Transpirationsschutz überzogen. Neben der afrikanischen *Lobelia telekii* gehört beispielsweise die südamerikanische *Lupinus alopecuroides* zu dieser Gruppe.

Die rosettenartige Anordnung der dicht behaarten Blätter dürfte durch Schaffung austauscharmer Räume einerseits und durch Beschattung andererseits Möglichkeiten zur kleinräumigen Temperaturregulation bieten. Für *Senecio* und *Lobelia* wurde beobachtet, daß die Rosettenblätter sich nachts zusammenneigen und so einen Raum im Innern umschließen, der nachts deutlich wärmer bleibt als die Umgebung und in dem die Vegetationspunkte vor Frost geschützt bleiben. Selbst zwischen den schmalen, steifen Rosettenblättern der Tussock-Gräser entsteht ein solcher geschützter Raum, in den der Frost gewöhnlich nicht eindringt (Hedberg 1964). Zwischen den Blättern, insbesondere den abgestorbenen, befindet sich eine arten- und individuenreiche Arthropodenfauna vorwiegend hygrophiler Arten, die das Nahrungsangebot, aber auch die günstigen mikroklimatischen Bedingungen nutzen (Sturm 1978).

Die hohen *Espeletia*-Arten der andinen Paramos sind dominante Pflanzen dieser Vegetationsformation, die je nach Höhenlage und Bodenfeuchtigkeit mit unterschiedlichen Pflanzen vergesellschaftet sind. Um die *Espeletia*-Pflanze schließt sich im Konkurrenzbereich ihrer flachreichenden Wurzeln ein weitgehend unbewachsener Bereich an. Die übrige Vegetation wird je nach der Wasserversorgung und der Höhenlage durch moosreiche, nasse Moorkomplexe, immergrüne kleinblättrige Zwergsträucher mit vielen Ericaceen oder durch Horstgrasmatten charakterisiert.

Der auf die Nachtstunden begrenzte **Frost in tropischen Hochgebirgen** dringt nicht tief in den Boden ein und läßt keinen Permafrostuntergrund entstehen. Das unterscheidet die Situation von den polaren Tundren. Für die Vegetation der tropischen Hochgebirge gibt es daher auch keine frostbedingten Ruheperioden. Allerdings ist die Wasserversorgung der Pflanzen in den Morgenstunden nach nächtlicher Eisbildung im oberen Wurzelbereich so lange eingeschränkt, bis wieder freies Wasser verfügbar ist. Die Pflanzen begegnen dieser Schwierigkeit beispielsweise durch Ausbildung dicker, tiefreichender Wurzeln und dicker Stämme, in denen keine Eisbildung auftritt, oder durch xeromorphe Formen der Assimilationsorgane, welche Frosttrocknis verhindern. Zum ersten Typ gehören die großblättrigen Schopfbäume, zum zweiten zahlreiche bodenbedeckende Stauden und Zwergsträucher mit winzigen Blättern vom „ericoiden" Typ oder mit anderen Anpassungen, die die Verdunstung herabsetzen (Hedberg 1964). Das Tageszeitenklima läßt unterhalb der Schneegrenze eine Zone intensiver Solifluktion entstehen. In der bewegten Oberfläche vermögen sich kaum Pflanzen zu halten. Die hier wachsenden, tief wurzelnden *Espeletia*-Arten stehen wie feste Klippen (Vareschi 1980).

Von dem Paramo unterscheidet sich die nördlich und südlich des Wendekreises gelegene, ebenfalls baumlose **Puna** durch den ausgeprägten Jahresgang der Temperatur, mit Frösten und Dürre im Winter sowie hohen Tagestemperaturen, verbunden mit der Regenzeit im Sommer. Die Lufttemperaturen steigen tagsüber bis 30°C, die Bodenoberfläche erwärmt sich gleichzeitig bis auf 50°C. Im Winter herrschen nächtliche Temperaturen bis -20°C, so daß Boden, Pflanzen und Gewässer allmorgendlich von Eis überzogen sind. Der geringe Niederschlag dieser Jahreszeit fällt nicht selten als Schnee. In Afrika und Asien fehlen typische Punaformationen, weil in der in Frage kommenden Klimazone hohe Gebirge weitgehend fehlen.

Neben den steifen, xeromorphen Horstgräsern sind niedrige, kleinblättrige, vielfach niederliegende Sträucher und Polsterpflanzen charakteristische Gestaltungselemente der Vegetation. In der Regenzeit können Geophyten zum Blühaspekt beitragen, Therophyten fehlen. Nach Rauh (1939, 1988) gibt es nirgendwo auf der Welt eine so große Vielfalt an Polsterpflanzen wie in den Anden. Sie gehören verschiedenen Familien an und sind bei manchen Arten als harte, verholzte Kissenpolster ausgebildet. Die größten und auffälligsten Arten gehören zur Gattung *Azorella*, die mit mehreren Arten auch in die subantarktischen Gebiete vordringt (vgl. Kap. 6.4).

Nur an wenigen Stellen wächst heute noch eine andere charakteristische Pflanzengestalt, *Puya ramondii*, eine Bromeliacee vom Schopfbaumtyp, die allerdings aus der Blattrosette einen hohen, kerzenförmigen Blütenstand treibt. Sie erreicht in dieser Phase die gigantische Höhe von bis zu 12 m. Nach der Blüte stirbt die Pflanze ab. Die Blattrosetten sind dicht mit spitzen Stacheln besetzt, die das Eindringen von Tieren sehr erschweren. Wie die Espeletien benötigen die *Puya* viele Jahre ungestörten Wachstums, um Blüten und Früchte ausbilden zu können. Auch unter den Kakteen gibt es in diesen Gebieten neben Arten mit polsterförmigem Wuchs und dichter, wolliger Behaarung hohe, vertikale Gestalten.

Aufgrund der Länge der Trockenperiode ergibt sich eine Untergliederung der Punavegetation (Troll 1959). In der feuchten „**Graspuna**", mit einer Dauer der Trockenzeit unter 6 Monaten und Jahresniederschlägen zwischen 400 und 1000 mm, steht das Gras so dicht, daß es im Winter zu Bränden kommen kann. In der **Trockenpuna** mit längerer Trockenzeit und geringeren Niederschlägen ist die Entfernung zwischen den Horsten der Gräser so groß, daß Brände kaum noch möglich sind. In Gebieten mit wenig Niederschlag können daneben von Dornsträuchern oder Kakteen geprägte Formationen auftreten.

Die Tiere der Paramos und Puna

Die Anden sind ein junges Gebirge, das erst seit dem späten Tertiär herausgehoben wurde. Sie bildeten zusammen mit den sich nördlich anschließenden Gebirgsketten Mittel- und Nordamerikas eine Brücke mit einem kühlen Montanklima durch alle zonalen Klimagebiete des Tieflandes. Verhältnismäßig viele kühladaptierte Pflanzen und Tiere nutzten diese Brücke zur Ausbreitung, so daß dort Taxa nearktischer und südhemisphärischer Herkunft aufeinander treffen. Während in der waldlosen Höhenzone der Anden in der weiteren Evolution eine eigenständige, an Endemiten reiche Flora entstand, ist die terrestrische Fauna insbesondere an Wirbeltieren artenarm. Für die Paramo-Zone Kolumbiens nennt Haffer (1970) zwischen 4 und 24 Bergvogelarten (Arten, die nur in Höhen über 500 m vorkommen) für die verschiedenen Kordilleren. Dies sind weniger als 1/10 der Arten, die in der darunter folgenden Bergwaldzone leben und auch weniger als in der Puna. Die typischen Vogeltaxa der waldlosen Hochflächen haben zudem in der Regel ein ausgedehntes Verbreitungsareal, so daß die Ornithozönosen von Venezuela bis Feuerland sehr ähnlich aufgebaut sind. Manche der Taxa besiedeln auch die Savanne des Tieflands (Vuilleumier 1969).

Das rauhe Klima des Paramo und der Puna erfordert für die Tiere vor allem **Anpassungen an den täglichen Temperaturwechsel**, hohe Luftfeuchtigkeit mit kalter Nebelnässe und andererseits zeitweilige Dürre, sowie vor allem in den ariden Gebieten ein stark wechselndes und weit verstreutes Angebot an pflanzlicher Nahrung. Säuger und Vögel sind ganzjährig aktiv, sie schützen sich gegen Wärmeverlust durch Ausbildung isolierender Körperschichten, Fettpolster, wie bei manchen Vögeln, oder eine besonders dichte, feine Behaarung wie bei Vikunja (*Lama vicugna*) und Chinchillas (*Chinchilla ssp.*). Viele der kleinen Warmblüter, Kolibris oder kleinere Nager, sind tagaktiv und ziehen sich nachts in den Schutz von Höhlen zurück, für die sie meist sonnenexponierte, warme Stellen auswählen. Manche Kolibris nisten noch in Höhen zwischen 4000 und 5000 m, wo die Nachttemperaturen bis ca. -20°C absinken können. Nächtliche Absenkung der Körpertemperatur um ca. 9°C auf 14°C, die Bildung von Übernachtungsgruppen und das Aufsuchen geschützter Plätze gehören zu den bisher bekannten Strategien, um als Zwerg unter diesen Bedingungen überleben zu können. Ob die Kolibris dieser Region im Winter in wärmere Gebiete abwandern, ist nicht sicher. Vögel scheinen in den Hochlagen tropischer Gebirge wichtige Bestäuber zu sein. In den Anden sind es die Kolibris, die dort auch typische rote Vogelblüten mit langer Kronröhre vorfinden, in Ostafrika sind es Nektarvögel (Hedberg 1964). Über typische Insektenbestäuber ist wenig bekannt. Sturm (1978) beobachtete in der Paramo Blüten besuchende Fliegen und Hummeln.

Als **Phytophage** spielen Wirbellose in dem Paramo wahrscheinlich eine relativ geringe Rolle, der größte Teil der pflanzlichen Produktion wird anscheinend von einer reichen Bodenfauna durch Abbau der toten, organischen Substanzen umgesetzt. Anders als im Regenwald sind Ameisen hier allerdings selten und Termiten fehlen ganz. Auch unter den Wirbeltieren scheinen effektive Herbivoren zu fehlen. Erwähnt werden nur wenige Nagetiere, darunter als typische Art *Oryzomys dryas*, und einige Arten, die aus der Bergwaldregion bis in den Paramo vordringen. Zu ihnen gehört auch der Zwergmazana, ein kleiner Hirsch der andinen Gebirgswälder.

Reicher ist die Herbivorenfauna in der Puna. Neben einigen mittelgroßen Nagern, darunter das heute fast ausgerottete Chinchilla und die Hasenmaus (*Lagidium viscacha*), sind es vor allem die kleinen Familienverbände der Vikunjas (*Lama vicugna*), einem Vertreter der südamerikanischen Kamele. Die Gruppen der Vikunjas streifen in Höhen zwischen 3400 und 4800 m umher, bewegen sich auch in felsigem Gelände geschickt und sind in ihrer Nahrung sehr anspruchslos. Durch scharfe, nachwachsende Schneidezähne können sie auch solche Polsterpflanzen nutzen, die an Felsen angepreßt wachsen.

Manche der Anpassungen der Fauna erinnern an Steppenbewohner. So, wenn auch hier die Kanincheneule (*Speotyto cunicularia*) in Nagerbauten nistet, wie sie es in den Prärien des westlichen Nordamerika in den Höhlensystemen der Erdmännchen tut. Erdhöhlen für ihre Brut bauen auch der Specht *Colaptes rupicola* und die „Mineros", Arten der Gattungen *Geositta* und *Upucerthia* („Erdhacker"), die 1–3 m tiefe Bruthöhlen graben. Sie gehören zur neotropischen Familie der Töpfervögel (Furnariidae). Die Rolle der Hühnervögel vom Typ der Rebhühner in den Steppen der alten Welt übernehmen in der Puna die Höhenläufer, Arten der auf Südamerika beschränkten Familie der Thinocoridae, und die ebenfalls neuweltlichen Steisshühner der Tinamidae. Die weidenden Gänse der arktischen Tundra werden durch die Andengans (*Chloephaga melanoptera*) vertreten, die an feuchteren Stellen, meist in der Nähe von Gewässern brütet und ihre Nester in Höhen bis nahe der Schneegrenze anlegt. An den **Seen des Gebietes** entwickelt sich ein reiches Vogelleben mit einer Mischung aus Brutvögeln der Region und Gästen. Darunter finden sich Ibisse (*Plegadis ridgwayi*), Flamingos (*Phoenicopterus chilensis*), verschiedene Entenarten, das Riesenbleßhuhn (*Fulica gigantea*) und als typische Limicole tundrenartiger Gebiete *Eudromias ruficollis*, ein naher Verwandter des europäischen Mornellregenpfeifers (*Eudromias morinellus*), dessen Brutgebiete sich auf die Tundra und die waldlosen Hochgebirgsregionen verteilen (Suchantke 1982).

Auch in den **ostafrikanischen Hochgebirgs-Tundren** sind zumindest die meisten der großen Säugetiere ebenfalls außerhalb dieser Vegetationszone verbreitet. Zum Teil wandern sie als Gäste zeitweilig aus den tiefer liegenden Zonen ein. Ein Spezialist der Hochgebirgsregion zwischen 3000 und 4000 m Höhe ist der Dschelada-Affe (*Theropithecus gelada*) Äthiopiens. Er ist mit einem dichten Fell zum Kälteschutz ausgestattet, klettert geschickt in den Felsen und hat ein überwiegend vegetarisches Nahrungsspektrum mit einem hohen Anteil an Gräsern.

7 Feucht ohne Regen: Der paradoxe Lebensraum

Es gibt Stellen auf dieser Erde, an denen es nie oder fast nie regnet, die dennoch Süßwasser im Überfluß haben bei einem paradiesisch anmutenden warmen Klima. Diese Stellen bezeichne ich hier als paradoxen Lebensraum, denn Wasser im Überfluß ohne Regen ist eigentlich paradox. Für die **Entwicklung von Hochkulturen** war das Vorhandensein eines solchen Lebensraums unbedingte Voraussetzung. Die frühesten Hochkulturen in Ägypten, in Mesopotamien, in indischen Wüstengebieten, im Hochland von Anatolien lagen sämtlich an breiten Flüssen mit verläßlicher regelmäßiger Wasserführung, in denen es aber nur episodische Regen gab. In solchen Gebieten begann also der Aufstieg der Menschheit, und wir fragen uns, wie denn solche Gebiete natürlicherweise ausgesehen haben mögen. Weder die Menschenaffen schätzen Regen noch können wir annehmen, daß der frühe Mensch sich gerne im Regen bewegte. Süßwasser aber war als Trinkwasser, für das Anlegen von Feldern, für die Herstellung von Ziegeln und als Lockpunkt für Jagdbeute unbedingt erforderlich. Durch eine Tränke ist regelmäßig ein Platz für das einfache Erlegen von Jagdbeute gegeben. Der Mensch hat aber an all den aufgeführten Plätzen schon in seinen frühen Hochkulturen – Jahrtausende vor unserer Zeitrechnung – begonnen, diesen Lebensraum stark zu verändern. Es gibt nur einige wenige Stellen auf dieser Erde, wo solche „Fremdflüsse", die ihr Wasser aus entfernt gelegenen niederschlagsreichen Quellgebieten beziehen, mit ihren Überschwemmungsgebieten noch ungefähr naturnah vorhanden sind.

Wohl die einzige größere Region ist das **Binnendelta des Okawango** im Norden von Botswana (s. Abb. 2.24). Botswana ist ein Wüstenstaat, in dem es nur außerordentlich selten regnet. Die wenigen Regenfälle – sie sind für das Pflanzen- und Tierleben beinahe vernachlässigbar – nehmen nach Norden hin zu. In den Gebirgen des nördlichen Nachbarstaates, in Angola, regnet es schon beträchtlich, besonders zur Regenzeit. Dort entspringt ein Fluß, der sich nach Süden wendet, durch den Kaprivizipfel Namibias, bis in das Halbwüstengebiet Botswanas hinein führt und der hier immerhin eine jährliche Wasserführung wie die Elbe bei Hamburg

Feucht ohne Regen: Der paradoxe Lebensraum 217

hat. Dieser riesige Fluß erreicht dann das Gebiet des Kalaharisandes und versickert in der Wüste, wo durch die hohe Verdunstung ausgedehnte Salzsümpfe entstehen. Ein riesiges Gebiet, in dem nur sehr selten Regen fällt, wird so von einem gewaltigen Fluß bewässert. Das Gebiet des Flusses und der angrenzenden Sümpfe umfaßt beinahe eine Fläche von 15000 km^2.

Warum hat der Mensch dieses Gebiet bis heute nahezu im Naturzustand gelassen? Dafür gibt es zwei Gründe: Einmal handelt es sich um ein Verbreitungsgebiet zweier gravierender **Seuchen**. Sowohl die Schlafkrankheit, eine in den tropischen Gebieten Afrikas häufige Seuche, deren Erreger durch die Tse-Tse Fliege übertragen wird, als auch die Malaria sind hier verbreitet. *Anopheles*-Stechmücken, die in den zahlreichen Tümpeln erbrütet werden, übertragen die Malaria. Vor allem aber handelt es sich um ein Erdbebengebiet. Mit entsprechenden Instrumenten kann man fast täglich Bewegungen der Erdkruste registrieren. Auch stärkere Erdbeben sind nicht selten. So besteht die Befürchtung, daß ein Ableiten des Wassers – was heute technisch leicht möglich wäre – zu stärkerem Beben führen könnte und bei den sehr geringen Höhenunterschieden auf diese Weise der Verlauf des Okawango möglicherweise verändert werden könnte. Zwar scheint das Delta seit langem an der gleichen Stelle zu liegen, seine Abflüsse bei Hochwasser aber haben ihre Richtung in den letzten Jahrzehnten wohl infolge von Erdbewegungen so deutlich geändert, daß man sehr vorsichtig geworden ist. So besteht Aussicht, daß dieses wohl letzte große Binnendelta Afrikas, welches möglicherweise den Gebieten ähnelt, in denen der Mensch erstmalig Hochkulturen entwickelte, erhalten bleibt. Bisher ist in diesem Gebiet nur sehr wenig geforscht worden. Eine Zusammenstellung der dort nachgewiesenen Bäume gibt Tabelle 7.1. Es stellt sich die Frage, ob die Bäume, die hier bei dauernd reichlichem Wasserangebot gedeihen, Bäume des tropischen Regenwaldes sind. Ist das nicht der Fall, müssen wir damit den Faktor Regen vom Faktor Wasserangebot trennen.

Tatsächlich sind es keine Regenwaldbäume, die hier wachsen, sondern fast ausnahmslos Bäume der Savanne. Eine Reihe von Arten finden sich auch in Savannen an tiefer gelegenen, etwas feuchteren Stellen, und all die Bäume gedeihen hervorragend. An Regenwald erinnern allein die zahlreichen Lianen verschiedenster, überwiegend bisher nicht determinierter Arten, auf den sehr flachen, dicht bewaldeten Inseln, die den Weg durch den Wald vielfach etwas schwierig gestalten. Das Gebiet ist gesäumt von großen Palmenbeständen (Gattung *Hyphaene*), die in charakteristischen Bändern eine bestimme Höhenlage besiedeln. Die Früchte der *Hyphaene*-Palmen werden im Verdauungstrakt von Elefanten verbrei-

Tabelle 7.1. Baumarten der Uferwälder des Binnendeltas des Okawango-Flusses, Südafrika (Aus Burgis u. Symoens 1987)

Ekebergia capensis
Rhus quartiniana
Syzygium guineense
Phoenix reclinata
Ficus verruculosa
Acacia galpinii
Acacia karroo
Acacia nigrescens
Albizia harveyi
Albizia versicolor
Berchemia discolor
Carrissa edulis
Cassine transvaalensis
Combretum hereroense
Croton megalobotrys
Diospyros mespiliformis
Ficus natalensis
Garcinia livingstonei
Hyphaene benguellensis
Kigelia africana
Lonchocarpus capassa
Sclerocarya caffra

tet und mit dem Kot „gesät". Die erwachsenen Palmen stellen den einzigen möglichen Nistplatz des Palmseglers (*Cypsiurus parvus*) dar; auch Geier und Falken brüten gern auf diesen Palmen.

Sonst aber ist das große Versickerungsgebiet nur mit Schilf und nahe dem Einstromgebiet des Flusses mit Papyrus bestanden. Durch dieses riesige Papyrus- und Schilfgebiet winden sich die Arme des sich aufspaltenden Okawango. Es handelt sich hier um das größte Papyrusgebiet südlich der Nilzusammenflüsse im Sudan. Stakt man mit dem Einbaum nach Eingeborenenart durch das sehr flache Wasser, so trifft man überall auf Reiher, Eisvögel, Krokodile und spezielle Frösche, die wie festgeklebt an den Schilfhalmen sitzen. Libellen fliegen überall, und Fische sind reichlich vorhanden. Schreiseeadler (*Haliaeëtus vocifer*) sind so häufig, daß man pro km^2 ein Brutpaar rechnet. Die zahlreichen Flußpferde sind recht aggressiv. Zwei Sumpfantilopen sind charakteristisch: Die Sitatunga (*Tragelaphus spekei*) bleibt fast immer im Röhricht versteckt, und selten bekommt man sie zu sehen. Sie ist ein Tier der schwimmenden Papyrusinseln; ihre Hufe spreizen sich beim Gehen auf diesen Inseln weit auseinander und verhindern so ein Versinken. Die Litschi Moorantilopen (*Hy-*

drotragus leche) sieht man viel häufiger. Es sind Tiere, die in den großen, nur etwa 20-50 cm tief überschwemmten Arealen stehen, in denen verschiedenste Gräser bis über die Wasseroberfläche reichen. Der Einbaum scheint darin durch eine Wiese zu staken. Fische spielen für die Ernährung der einheimischen Bevölkerung eine große Rolle, mehr als 80 Arten sind nachgewiesen. Im Wasser kommen weiter nicht näher bestimmte Süßwassergarnelen und Süßwasserquallen vor.

Es ist klar, daß die gesamte berühmte afrikanische Tierwelt aus den angrenzenden Savannen und Wüsten hier ideale Bedingungen vorfindet, so daß das Okavango-Delta zum **Zielgebiet weiter Wanderungen** von großen Elefantenherden und verschiedener Huftiere wird. Aufgrund des hervorragenden Schutzstatus der Umgebung hat sich der große Reichtum der Flora und Fauna weitgehend erhalten können; Nashörner sind allerdings seit langem ausgerottet. Ohne die biologischen und abiotischen Gefahren für den Menschen wäre dieses Gebiet wahrscheinlich durch intensive menschliche Nutzung seit sehr langer Zeit zerstört, so wie der Nil in Ägypten. Das Okawangodelta stellt ein Modell für die ursprüngliche ökologische Situation in großen Wüstenoasen dar (Burgis u. Symoens 1987; Johnson u. Bannister 1984; Main 1987; Ross 1987).

8 Kulturlandschaften

Als ich das Konzept dieses Buches einem Freund zur Durchsicht gab, monierte er das Fehlen der Kulturlandschaft: Der größte Teil der Erde sei vom Menschen geprägt und das könne ich nicht einfach übergehen. Ich habe darüber nachgedacht, dieses Kapitel nun aufgenommen und mich gleichzeitig gefragt, warum ich es zunächst weggelassen hatte.

Bei einer ökologischen Exkursion in einem schönen, naturgemäß bewirtschafteten Wald begann der Forstmeister seine Führung mit den Worten: *„Sie müssen in jedem Augenblick bedenken, daß dies eine völlig künstliche Landschaft ist. Kein Baum, der hier steht, ist gegen unseren Willen gewachsen und jeder Baum, der hier gedeiht, tut dies aufgrund unserer Tätigkeit. Mit Natur hat das alles nichts zu tun. Es handelt sich hier um eine Ansammlung von Pflanzen zum Zweck der Holzproduktion."* Ähnlich habe ich mich bei der Besprechung des mitteleuropäischen Laubwaldes geäußert.

Beherzigt man dies, so ist Mitteleuropa ausschließlich Kulturlandschaft - Siedlungen, Verkehrswege, Agrarlandschaft und Forstlandschaft. Der Mensch hat die Naturlandschaft vollständig durch Kulturlandschaft ersetzt (Abb. 8.1). Hinter dem Wort Kulturlandschaft verbirgt sich allerdings sehr verschiedenes. Es gibt ausgedehnte Villenvororte, die eigentlich nichts als eine große Parklandschaft sind, wo Krähen, Baumfalken und Spechte ebenso zu Hause sind wie der Mensch, und es gibt dagegen Zentralbezirke von Großstädten, in denen der Boden völlig versiegelt ist, trotzdem aber etwas lebt. Auf den Hochhausdächern Nordamerikas brüten in großer Zahl regelmäßig Nachtschwalben (night hawks; *Chordeiles minor*). In Baugruben der Baubezirke von Los Angeles fand sich eine Libelle, die bereits als ausgestorben galt. Ähnlich ist die Situation bei unserer seltenen Gebänderten Heidelibelle *(Sympetrum pedemontanum)*, die ebenfalls ein Pionier in sehr jungen vegetationslosen oder vegetationsarmen Gewässern ist und an Baustellen auftritt. Die Ökologie der Städte ist daher für sich allein schon ein riesiges Kapitel.

Bei der Agrarlandschaft wird es noch schwieriger. Zwischen Viehweiden, Mähwiesen, Luzerne- und Kleeäckern auf der einen Seite und Mais-

Kulturlandschaften

Abb. 8.1. Kulturlandschaft (Schleswig-Holstein)

oder Rübenfeldern auf der anderen Seite liegt eine ungeheure Spanne. Rüben- und Maisfelder sind extrem erosionsgefährdet, während Viehweiden nahezu als natürlich erscheinen. Hinzu kommen sehr rasche Wechsel; in den letzten Jahren haben Brachen infolge staatlicher Interventionen stark zugenommen und ebenso der Anteil der Raps- und Maisäcker (Abb. 8.2, Abb. 8.3). Neuerdings scheint Triticale, eine robuste und wirtschaftlich interessante Kreuzung aus Weizen und Roggen, im Vormarsch zu sein.

Dazu kommt die **Anwendung von Mineraldünger**, Pestiziden und schwerem Gerät (Abb. 8.4). Naturdünger in der Landwirtschaft ist relativ neu und in Europa sicher kaum älter als 500 Jahre – eine Zeitspanne, die für die Evolution unerheblich ist. Dazu kommen seit etwa 40 Jahren sehr intensive Gaben an Mineraldünger. Zusätzlich wird Deutschland aus der Luft durch die Niederschläge mitgedüngt, so daß Sorge um die Erhaltung von Pflanzengesellschaften aufkommt, welche für nährstoffarme Böden charakteristisch sind. Pestizide – gegen sogenanntes Unkraut, Insekten, Schnecken und Mäuse – tun ein übriges. Auch hier geht die Entwicklung rasend schnell; Zuckerrüben, die noch vor wenigen Jahren einen besonders hohen (dem Mais vergleichbaren) Bedarf an Pestiziden hatten, haben dies nunmehr kaum noch. Auf den mit Rüben zu bestellenden

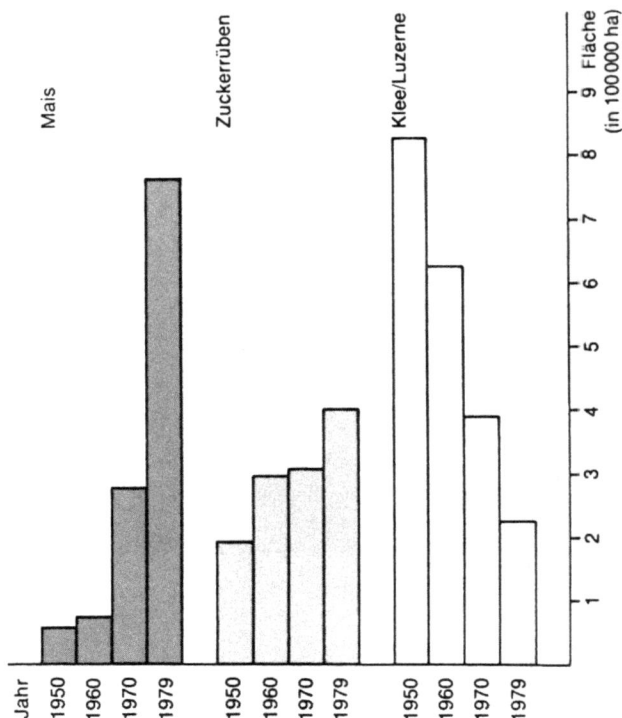

Abb. 8.2. Änderungen der Anbauflächen verschiedener landwirtschaftlicher Produkte von 1950 bis 1979. (Nach Diercks 1983)

Äckern sät man im Herbst Senf ein. Die Senfwurzeln locken die schlimmsten Schädlinge der Zuckerrüben, die Rübennematoden (*Heterodera schachtii*), an, erwecken sie aus einer Ruhepause, und die Rübennematoden versuchen nun, an den keimenden Senfpflanzen zu fressen. Da Senf aber als Nahrung nicht geeignet ist, stirbt die gesamte Population der Rübennematoden, und damit kommt der Landwirt ohne Pestizidgaben aus. Im Winter friert der nicht frostharte Senf zusammen und bedeckt die Ackeroberfläche: So wird sie vor Erosion geschützt. In dieses zerfallene Pflanzengemisch ohne Unkraut werden nun Zuckerrüben höchst erfolgreich gesät.

Solche neuen Entwicklungen gehen, wie gesagt, rasend schnell, so daß wichtige Arbeiten eigentlich schon wieder veraltet sind, sobald sie für ein Lehrbuch reif erscheinen. Wir haben bis jetzt so getan, als ob die Kulturlandschaft nur bei uns in Deutschland oder in Mitteleuropa exi-

Kulturlandschaften

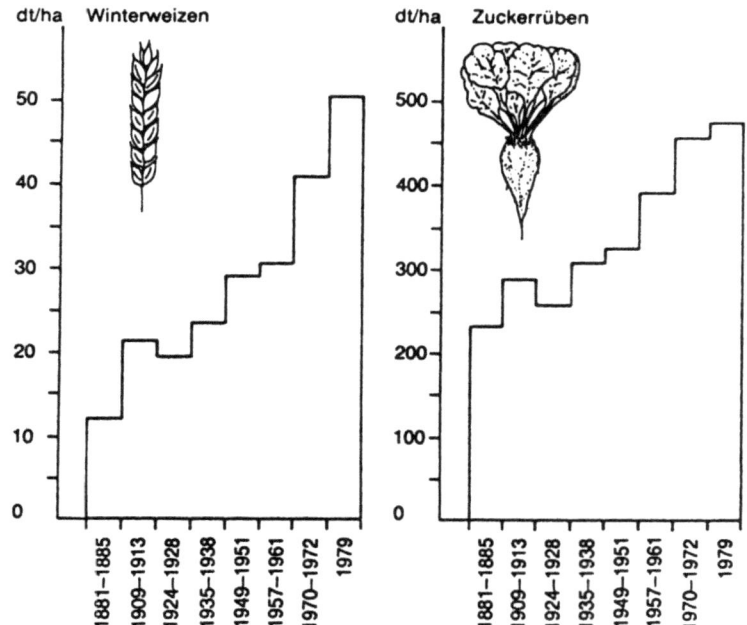

Abb. 8.3. Durchschnittliche Ertragsentwicklung bei Winterweizen und Zuckerrüben in Deutschland von 1881 bis 1979. (Nach Diercks 1983)

stiere. Aber die gleichen Probleme treten natürlich beim klassischen Reisanbau in den Tropen, beim Trockenreisanbau in Mittelamerika oder beim Anbau von Sojabohnen in Brasilien und Nordamerika auf. Die Probleme sind unterschiedlich bei unseren verhältnismäßig kleinen Äckern und den Riesenfeldern in Nordamerika, in der Ukraine oder in Brasilien. Waren die Tiere und Wildpflanzen die gleichen in all diesen verschiedenen Kulturen? Mit Sicherheit nicht!

Die Methode des Fruchtwechsels als die einzige Methode, langfristig gute Ernten zu erzielen, wurde schon vor 6000 oder 8000 Jahren entdeckt. Damit soll eine Anreicherung spezifischer Schädlinge durch ununterbrochene Nutzung der Ackerfläche vermieden werden. Mit Sicherheit werden nach einem Fruchtwechsel nur ganz wenige der Schädlinge (Pflanzen und Tiere) rasch einen neuen Schlag mit geeigneten Vermehrungsbedingungen finden. Nur Weizen dürfte sich über beliebig viele Ernten an gleicher Stelle anbauen lassen, vorausgesetzt, der Boden mit seinen Nährstoffen gibt das her, oder es erfolgt eine entsprechende Düngung.

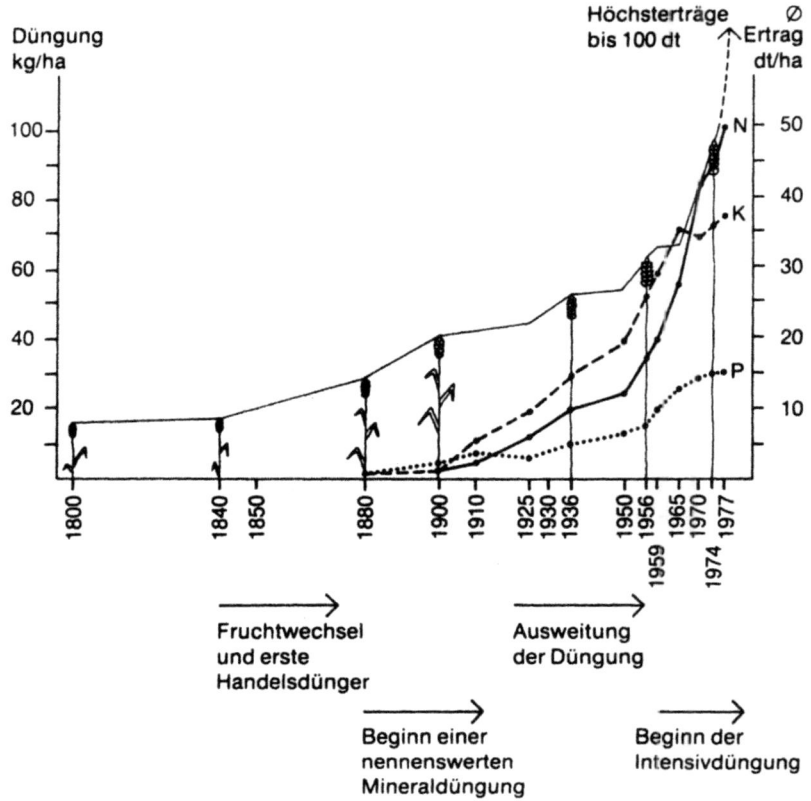

Abb. 8.4. Verbrauch an Handelsdünger und Erträge beim Winterweizen in Deutschland (Gebiet der Bundesrepublik bis 1977) (Nach Diercks 1983)

Die Ökologie der Kulturlandschaft hier darzustellen, würde mehr Platz beanspruchen als all die natürlichen Lebensräume zusammen. (Ausführliche Darstellungen finden sich beispielsweise bei Tischler 1980 und Gilbert 1989). Ferner würde uns eine solche Bearbeitung keine allgemeinen Regeln über das Funktionieren von Ökosystemen und Populationen oder über die Wirkung abiotischer Faktoren geben können. So werden wir uns in diesem Buch auf eine kursorische Diskussion eines kleinen Sektors aus dem Gesamtkapitel beschränken, auf die Agrarlandschaft Mitteleuropas.

Die Viehweide ist eine sehr alte Nutzungsform. Im allgemeinen sind diese Viehweiden ökologisch und im Pflanzen- und Tierbesatz ähnlich den alten Überschwemmungswiesen entlang der großen Ströme oder den

Kulturlandschaften

Biberwiesen. Vielleicht hat es solche Wiesen auch in Waldgebieten im Zuge des Mosaik-Zyklus-Prozesses gegeben. Man wird diese Wiesen, so lange sie nicht zu intensiv gedüngt, mit Pestiziden bearbeitet oder durch zu intensive Beweidung beeinträchtigt werden, daher als naturnah einstufen können. Das gilt insbesondere für die hier lebenden Vogelarten, die weitgehend auf große Weidegänger für ihr Überleben angewiesen sind – Weidegänger, die Insekten aufscheuchen (Nahrung der Viehstelze), die, zumindest in manchen Bereichen, die Grasnarbe gleichmäßig ohne eine Mahd kurzhalten (Bruthabitat von Kiebitz, Brachvogel und Uferschnepfe) und die dazwischen auch hohe Vegetationshorste stehen lassen (Brutplätze der Bekassine). Insofern unterscheidet sich eine Viehweide sehr deutlich von einer Mähwiese; sie läßt infolge mosaikartiger Strukturen in der Vegetation und des fehlenden plötzlichen Einschnitts wie in den Mähwiesen eine weitgehend störungsfreie Entwicklung der Pflanzen- und Tierwelt zu.

Alle übrigen Landwirtschaftsformen haben keine gleichmäßige, von großen Weidegängern festgetretene Vegetationsdecke. Zumindest zeitweise liegt der zu bearbeitende Boden völlig frei und erinnert in dieser Form sehr an Schlickbänke und ähnlich offen liegendes Erdreich im Gebiet von Hochwässern. Wir erinnern uns: Die europäische Steppe ist ebenso wie die nordamerikanische Prärie ein regional und zeitweise im Frühjahr überflutetes Gebiet, und der große Vegetationsreichtum folgt erst nach dem relativ strengen Winter, der Überflutungsperiode und dem frühen Frühjahr. Auf diese Ähnlichkeit hat Wolfgang Tischler (1955, 1980) in vielen Büchern hingewiesen, und er zeigt auch, daß die größte Ähnlichkeit der Insektenfauna und der Wildpflanzenflora unserer Felder mit zeitweise überschwemmten Gebieten am Ufer von Flüssen, am Überschwemmungsufer von Seen und von Ruderalflächen besteht. Übereinstimmungen bestehen also nicht mit der Fauna trockener Gebiete, sondern mit Flora und Fauna von Ufersystemen.

Pflanzen und Tiere von Ufersystemen sind nicht nur an die Überschwemmungen selbst angepaßt, sondern vor allem auch an deren zeitlichen Rhythmus. Das Hochwasser des Inn und damit der Donau unterhalb von Passau kommt aufgrund der alpinen Schneeschmelze zu einer viel späteren Jahreszeit als das der Mittelgebirgsflüsse, die ihre Hochwässer vor allen Dingen aus der Schneeschmelze und gleichzeitigen Regenfällen des Mittelgebirgsraums beziehen. Ein großer Gewitterschauer kann einen relativ kleinen Fluß zu jeder Jahreszeit plötzlich über die Ufer treten lassen, und es ist nicht vorhersehbar, an welchem Tag und zu welcher Jahreszeit das geschieht. Daran müssen Ufertiere angepaßt sein. Die aus diesem Lebensraum stammenden, in unseren Feldern vorkommenden

Tiere sind also großenteils an unvorhersehbare, jeder Zeit mögliche Katastrophen angepaßt. Ihnen macht daher im Regelfall auch die Vernichtung der Vegetation durch eine Ernte relativ wenig aus. Sie vermögen sich meist noch zu Ende zu entwickeln oder an eine andere Stelle auszuweichen.

Natürlich spielt das **Alter der Landwirtschaft** hier eine große Rolle und damit die Möglichkeit der Organismengesellschaften zur Anpassung an die nutzungsspezifischen Störungen des Ökosystems. In Europa, wo dieser Prozeß seit rund 6000 Jahren erfolgt, ist die Anpassung viel weiter fortgeschritten als in Nordamerika, Argentinien oder Neuseeland. In diesen Gebieten haben einheimische Tiere derartige, vom Menschen dominierte Lebensräume fast nie besiedeln können; und oft finden wir europäische Arten, die der Mensch hierher verfrachtet hat. Ein berühmtes Beispiel ist unser Feldhase, der sich in den vom Menschen dominierten Gebieten der USA und Kanadas viel besser gegen die Konkurrenz dort lebender Hasen durchsetzen konnte als in naturnahen Gebieten, wo die einheimische Fauna sich als konkurrenzüberlegen entpuppte. Ähnlich liegen die Verhältnisse aber auch bei unserem Rebhuhn in US-amerikanischen Landwirtschaftsgebieten und bei einer Fülle von Parkvögeln, die außerhalb von Mitteleuropa in entsprechenden Villengegenden und Parks, die einheimische Vogelwelt verdrängen und ersetzen konnten.

Mit der wachsenden Zahl der Menschen und ihrem immer größeren Bedarf an Nahrungsmitteln sowie mit den seit fast 200 Jahren zunehmenden technischen Möglichkeiten zur Bearbeitung großer Flächen stieg die Feldgröße stark an. Das ist in Europa zu sehen, vor allen Dingen aber in den großen Landwirtschaftsgebieten der Ukraine, Nordamerikas, Argentiniens, Brasiliens und in Teilen Afrikas. Solche großen Schläge aber sind nach der Ernte und z. T. auch während des Wachstums der Nutzpflanzen extrem stark erosionsgefährdet. Das ist schon aus dem vorigen Jahrhundert aus Erzählungen russischer Schriftsteller bekannt und kann heute in den Lößgebieten Argentiniens gut beobachtet werden. Hier entstehen aus kleinen Rinnsalen steile und tiefe Schluchten, in deren Steilwänden dann höhlenbrütende Vögel und Hymenopteren nisten. Dies geschieht auch im mitteleuropäischen Bereich, wo die Landwirtschaftsämter inzwischen den Abtrag an Mutterboden mit Sorge betrachten, ihn messen und sehr drastische Empfehlungen gegen die Anlage von Feldern in hängigen Lagen geben.

Hauptanbaufrüchte auf solchen großflächigen Äckern sind Sojabohnen, Weizen, Mais und in zunehmendem Maß Triticale, in etwas geringerem Maße auch Zuckerrüben und Kartoffeln. Mit diesen riesigen Monokulturen steigt die **Anfälligkeit gegenüber Schädlingen und Krankheiten**

Kulturlandschaften

sowie die Anwendungsnotwendigkeit von Pestiziden. Zwar scheinen Gräser für solche Massenvermehrungen weniger empfindlich zu sein – es gibt ja sehr große natürliche Monokulturen verschiedener grasartiger wie etwa unser Schilf (*Phragmites australis*) am Rande von Flüssen und Seen oder in Afrika die über viele km^2 sehr einheitlichen Papyrussümpfe (*Cyperus papyrus*). Gravierend wirkt sich die Anfälligkeit vor allen Dingen gegenüber Viren und Pilzen aus. Besonders anfällig sind die Zuckerrüben und Kartoffeln und wahrscheinlich auch Sojabohnen. Das hat besonders Irland erfahren müssen: Die gesamte Insel war hinsichtlich ihrer Ernährung völlig von Kartoffeln abhängig. Eine Pilzkrankheit verursachte um 1840 eine riesige Hungersnot mit 1,5 Millionen Toten (bei einer Gesamtbevölkerung von 8 Millionen). Ein ähnlicher Ausfall der Kartoffelernte während des Ersten Weltkrieges in Deutschland konnte ein wenig gemildert werden durch den Anbau von Steckrüben – älteren Leuten ist die Steckrübenzeit, als Steckrüben selbst zu Brot verarbeitet werden mußten, noch in Erinnerung.

Sehr große Felder sind natürlich auch besonders maschinengerecht (Abb. 8.5). Die in der Landwirtschaft eingesetzten Maschinen werden im-

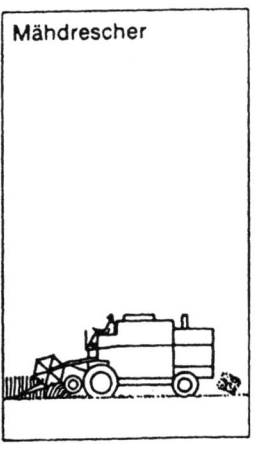

Abb. 8.5. Arbeitskräfteeinsparung mit zunehmender Mechanisierung (Akh/ha, Arbeitskräftestunden pro ha). Die modernen Maschinen räumen die Ernte sehr viel vollständiger und schneller ab als die bisherigen Methoden, so daß auf den so abgeernteten Feldern weder Deckung noch Nahrung für Feldtiere bleibt. (Aus Diercks 1983)

mer größer und schwerer, so daß viele der höhlenbauenden Tiere von den Maschinen erdrückt werden oder nach der kurzen Erntezeit plötzlich auf riesigen Flächen ohne den gewohnten Schutz und ohne ihre übliche Nahrungsbasis dastehen. Dazu kommen sehr große Verluste durch das Mähen, in Deutschland vor allen Dingen bei Junghasen und wiesenbrütenden Vögeln. Dieses Mähen ist der Grund dafür, daß eine Reihe von Vogelarten, die an sich gerne in Getreidefeldern als Ersatz für große Schilfbestände brüten (Rohrweihe, Sumpfrohrsänger, Rohrammer), in Feldgebieten nie eine eigenständige Population aufbauen konnten; ihre Nester wurden freigemäht. Wenn die Jungtiere die Mahd überhaupt überlebten, fielen sie hinterher Krähen zum Opfer.

Es hat nicht an Versuchen gefehlt, den Vorteil der maschinengerechten Felder mit Anbaumethoden zu kombinieren, die gegen Erkrankungen und Schädlinge hilfreich sind. Man hat versucht, das Saatgut nicht wie üblich in Reihen zu säen, sondern zufällig zu verteilen. Diese Methode hilft tatsächlich gegen Pilzbefall, nur ist die Verteilung von Körnern nach dem Zufallsprinzip technisch außerordentlich kompliziert, und es bleiben größere Flächen notgedrungen ohne Saatkorn; die Erträge sind also unbefriedigend. Es hat ferner viele Versuche gegeben, Mischkulturen aus verschiedenen Pflanzenarten zu säen, um dadurch Nützlinge unter den Organismen zu erhalten und die Wahrscheinlichkeit für große Kalamitäten zu verringern. Diese Mischkulturen aus zwei, drei und vier Pflanzenarten haben bis heute in der landwirtschaftlichen Praxis keinen Durchbruch erzielen können. Zum einen waren die Erträge nicht ausreichend, und es war einfacher, gegen die Schädlinge zu spritzen, zum anderen blieben die Nützlinge trotz der für sie angebauten Pflanzen aus, da das Habitatangebot anscheinend nicht ausreichte, um eine Population aufbauen und erhalten zu können. Schließlich ist sehr viel über Hecken gearbeitet worden und über die Möglichkeit, verschiedene Früchte in Streifen nebeneinander anzusäen. Hier sind noch viele Arbeiten notwendig, ein Durchbruch ist derzeit nicht erkennbar.

Alle diese Maßnahmen müssen ja nicht nur an ihrem Effekt gegen Schädlinge gemessen werden, sondern - wie z. B. im Forst - auch an ihrer Wirtschaftlichkeit. Wenn es wirtschaftlich deutlich günstiger ist, gelegentlich ein chemisches Mittel zu spritzen, als alternative Methoden des Pflanzenschutzes anzuwenden, wird der Landwirt zu der wirtschaftlich günstigeren Möglichkeit greifen müssen. Die derzeitige Entwicklung scheint dahinzugehen, nicht mehr nach den zeitweise propagierten Spritzplänen prophylaktisch zu spritzen, sondern nur bei Anzeichen entsprechender Kalamitäten. So läßt sich die Menge des verwendeten Spritzgutes drastisch senken, und viele Tiere, die bei der Einhaltung der früher proklamierten Spritzpläne nicht überlebt hätten, können weiter existieren. Diese überlebenden Tiere können dann anderen Tieren als Nahrung dienen, zumindest unter der Voraussetzung, daß die verwendeten Spritzmittel rasch abbaubar sind (Diercks 1983).

Die **Einführung fremdländischer Pflanzenarten** in der Land- und Forstwirtschaft kann natürlich auch dazu führen, daß diese sich unerwartet heftig vermehren, in zusätzliche Lebensräume eindringen und damit zu einem Problem werden. In Deutschland sind solche Fälle bisher nicht ernsthaft aufgetreten. In Lateinamerika aber, wo die Gräser durchweg weder tritt- noch verbißfest und auch kaum feuerresistent sind, hat man in großem Maß als Futter auf Rinderweideflächen afrikanische Gräser angesät, die in der Folgezeit fast alle Lebensräume erobert haben. Sie stellen nun ein großes Hindernis bei dem Versuch dar, wieder tropische Regenwälder an Stellen zu begründen, wo diese Regenwälder einmal durch Viehweiden verdrängt worden sind. In Neuseeland werden wahrscheinlich auch heute noch Flächen mit ursprünglicher Grasvegetation einfach „abgespritzt" und dann vom Flugzeug aus mit europäischen Gräsern angesät. Diese ausgesäten Gräser dringen vielfach in andere Lebensräume mit autochthoner Vegetation vor. In der Forstwirtschaft ist das nicht anders. Eine Fülle von Kiefernarten ist in vielen tropischen und subtropischen Ländern für forstliche Zwecke angebaut worden, und das Wachstum dieser Bäume scheint hervorragend. Ein Problem aber wird es, wenn beispielsweise die kalifornische Kiefer *Pinus radiata*, die in ihrer Heimat keineswegs aggressiv ist, sich in den australischen Wäldern plötzlich massiv ausbreitet und das System der einheimischen Waldgesellschaften und Ökosysteme drastisch stört. Das gleiche gilt seit der Einführung australischer Akazienarten in Südafrika, wo die einmaligen mediterranen Lebensräume Südafrikas durch diese australischen Akazienarten stark gefährdet sind. Auch die Verschleppung von Schädlingen darf hier nicht vergessen werden – so wie der Kartoffelkäfer von Amerika nach Deutschland verschleppt wurde (wo er wegen des atlantischen Klimas offenbar nur in manchen Landstrichen zu einem echten Schädling wurde) oder viele Forstschädlinge, die bei uns im allgemeinen harmlos sind, in Nordamerika und Kanada aber ganz dramatische Schäden anrichten (Beispiel: die Nonne *Lymantria monacha* oder der Schwammspinner *Lymantria dispar*, vgl. Kap. 4.3).

Literatur

Abe T, Matsumoto T (1979) Studies on the distribution and ecological role of termites in a lowland rain forest of West Malaysia. Jap J Ecol 29:237-351
Adam P (1990) Saltmarsh ecology. Cambridge University Press, Cambridge, 461
Adis J, Stork N (1996) Canopy arthropods. Chapman and Hall, London
Andreev A (1988) The ten year cycle of the willow grouse of Lower Kolyma. Oecologia 76:261-267
Baker HG, Bawa KS, Frankie GW, Opler PA (1983) Reproductive biology of plants in tropical forests. In: Golley FB (ed) Tropical rain forest ecosystems. Ecosystems of the world 14A. Elsevier, Amsterdam Oxford New York, 183-215
Barrow CJ (1978) Postglacial pollendiagram from South Georgia (subantarctic) and West Falkland Island (South Atlantic). J Biogeogr 5:251-274
Bate GC, Heelas RV (1975) Studies on the nitrate nutrition of two indigenous Rhodesian grasses. J Appl Ecol 12:941-952
Bazzaz FA (1979) The physiological ecology of plant succession. Ann Rev Ecol System 10:351-371
Beck L (1987) Untersuchungen zu Struktur und Funktion der Bodenfauna eines Buchenwaldes. Abhandlungen und Berichte des Naturkundemuseums Görlitz, 60:19-28
Beck L (1988) Bestandes- und Bodenklima eines Buchenwaldes im nördlichen Schwarzwaldvorland. Wissenschaftliche Mitteilungen. Carolinea 46:141-144
Behre K-E (1994) Kleine historische Landeskunde des Elbe-Weser-Raumes. Stade. Landschaftsverband der ehemaligen Herzogtümer Bremen und Verden, 63
Bell RHV (1982) The effect of soil nutrient availability on community structure in African ecosystems. In: Huntley BJ, Walker BH (eds) Ecology of tropical savannas. Ecological Studies 42. Springer, Berlin Heidelberg New York, 193-216
Benzing DH (1989) Vascular epiphytism in America. In: Lieth H, Werger MJA (eds)Tropical rain forest ecosystems. Ecosystems of the world 14B. Elsevier, Amsterdam Oxford New York, 133-154
Benzing DH, Seeman J (1978) Nutritional piracy and host decline. Selbyana 2:133-148
Bergmann HH, Klaus S, Müller F, Wieser J (1978) Das Haselhuhn. Neue Brehm Bücherei, Wittenberg-Lutherstadt
Berry C, Loutit B (1987) Bäume und Sträucher des Etoscha-Nationalparks. Direktorat des Nationalparks, Multi Services
Beutler A (1996) Die Großtierfauna Europas und ihr Einfluß auf Vegetation und Landschaft. Natur- und Kulturlandschaft, Höxter 1:51-106
Block W (1984) Terrestrial microbiology, invertebrates and ecosystems.In: Laws R M (ed) Antarctic ecology, Vol 1. Academic Press, London New York, 163-236

Literatur

Block W (1981) Respiration studies in some South Georgian Coleoptera. Coll Ecosystem Terr Subantarctique, Univ Rennes, 183–192

Boaler SB (1966) Ecology of a miombo site. Lupa North Forest Reserve, Tanzania. II Plant communities and sesonal variation in the vegetation. J Ecol 54:447–479

Borchsenius F, Olsen JM (1990) The amazonian root holoparasite *Lophophytum mirabile* (Balanophoraceae) and its pollinators and herbivores. J Tropical Ecology 6:501–505

Bormann FH, Likens GE (1979) Pattern and process in a forested ecosystem. Springer, New York Berlin Heidelberg, 253

Bourgeron PS (1983) Spatial aspects of vegetation structure. In: Golley FB (ed) Tropical rain forest ecosystems. Ecosystems of the world 14A. Elsevier, Amsterdam Oxford New York, 29–47

Bourlière F (1983) Animal species diversity in tropical forests. In: Golley FB (ed) Tropical rain forest ecosystems. Ecosystems of the world 14A. Elsevier, Amsterdam Oxford New York, 77–91

Brauns A (1976) Taschenbuch der Waldinsekten, 3. Aufl, Bd 2. Gustav Fischer, Stuttgart, 817

Breckwoldt R (1988) The dingo. Angus & Robertson, North Ryde

Bruijnzeel LA, Proctor J (1995) Hydrology and biogeochemistry of tropical montane cloud forests. In: Hamilton LS, Juvik JO, Scatena FN (eds) Tropical montane cloud forests. Ecological Studies 110. Springer, Berlin Heidelberg New York Tokyo, 38–78

Brunig EF (1983) Vegetation structure and growth. In: Golley FB (ed) Tropical rain forest ecosystems. Ecosystems of the world 14A. Elsevier, Amsterdam Oxford New York, 49–75

Bryant JP, Chapin FS III (1986) Browsing-woody plant interactions during boreal forest plant succession. In: van Cleve K, Chapin FS, Flanagan PW, Viereck LA, Dyrness CT (eds) Forest ecosystems of the Alaska Taiga. Ecological Studies 53. Springer, New York Berlin Heidelberg Tokyo, 213–225

Brzoska W (1976) Produktivität und Energiegehalte von Gefäßpflanzen im Adventdalen (Spitzbergen). Oecologia 22:387–398

Bucher EH (1982) Chaco and Caatinga – South American arid savannas woodlands and thickets. Ecological Studies 42. Springer, Berlin Heidelberg New York, 48–79

Buchner P (1953) Endosymbiose der Tiere mit pflanzlichen Mikroorganismen. Birkhäuser, Basel, 771

Burgis MJ, Symoens JJ (1987) African wetlands and shallow water bodies. Editions de l'ORSTOM, Paris, 650

Charles-Dominique P (1975) Nocturnality and diurnality. An ecological interpretation of these two modes of life by an analysis of the higher vertebrate fauna in tropical forest ecosystems. In: Luckett WP, Szaley FS (eds) Phylogeny of primates. Plenum, New York, 69–88

Cherrett JM (1989) Leaf-cutting ants. In: Lieth H, Werges MJA (eds) Tropical rain forest ecosystems. Ecosystems of the world 14B. Elsevier, Amsterdam Oxford New York, 473–488

Claus S, Andreev AV, Bergmann HH, Müller F, Porkert J, Wiesner J (1989) Die Auerhühner. Die Neue Brehm Bücherei. Ziemsen, Wittenberg-Lutherstadt

Cloudsley-Thompson JL (1969) The zoology of tropical Africa. Weidenfield Nicholson, London

Cole MM (1986) The savannas. Academic Press, London New York
Collins NM (1983) The utilization of nitrogen resources by termites (Isoptera). In: Lee JA, McNeill S, Rorison JH (eds) Nitrogen as an ecological factor. 22nd Symp British Ecol Soc Blackwell, Oxford, 381-412
Crawford CS (1981) Biology of desert invertebrates. Springer, Berlin Heidelberg New York, 314
Cumming DHM (1982) The influence of large herbivores on Savanna structure in Africa. In: Huntley BJ, Walker BH (eds) Ecology of tropical savannas. Ecological Studies 42. Springer, Berlin Heidelberg New York, 217-245
Dennis JG, Tieszen LL, Vetter MA (1978) Seasonal dynamics of above and belowground production of vasculars plants at Barrow Alaska. In: Tieszen LL (ed) Vegetation and production ecology of an Alaskan arctic tundra. Ecological Studies 29. Springer, New York Berlin Heidelberg Tokyo, 113-140
Deshmukh I (1986) Ecology and tropical biology, Blackwell, Oxford, 385
Di Castri F (1973) Soil animals in latitudinal and topographical gradients of mediterranean ecosystems. In: di Castri F, Mooney HA (eds) Mediterranean type ecosystems. Ecological Studies 7, Springer, Berlin Heidelberg New York, 171-190
Diercks R (1983) Alternativen im Landbau. Ulmer, Stuttgart
Diesel R (1992) Managing the offspring environment: brood care in the bromeliad crab, Metopaulius depressus. Behav Ecol Sociobiol 30:125-134
Dijkema KS (ed) (1984) Salt marshes in Europe. Council of Europe, Strasbourgh
Dippel C (1994) Untersuchungen zur Biologie von Nemosoma elongatum L. unter besonderer Berücksichtigung seines Einflusses auf die Populationsentwicklung von Borkenkäfern. Dissertation Univ Marburg
Dippel C (1996) Investigation on the life history of Nemosoma elongatum L. (Col., Ostomidae), a bark beetle predator. J Appl Entomology 120:391-395
Dister E (1980) Geobotanische Untersuchungen in der hessischen Rheinaue als Grundlage für die Naturschutzarbeit. Dissertation Universität Göttingen
Dolder W (1976) Tropenwelt. Kümmerly & Frey Bern; BLV, München
Duellman WE, Trueb L (1986) Biology of Amphibians. McGraw Hill, New York St Louis San Francisco, 670
Ebert G, Rennwald E (Hrsg) (1991) Die Schmetterlinge Baden-Württembergs. Bd 2. Ulmer, Stuttgart, 284-314
Ellenberg H (1975) Vegetationsstufen in perhumiden bis perariden Bereichen der tropischen Anden. Phytocoenologia 2:368-387
Ellenberg H (1986) Vegetation Mitteleuropas mit den Alpen, 4 Aufl. Ulmer, Stuttgart
Ellenberg H, Mayer R, Schauermann J (1986) Ökosystemforschung. Ergebnisse des Sollingprojektes 1966-1986. Ulmer, Stuttgart, 507
Elmes G, Thomas J (1987) Die Gattung Maculinea. In: Schweiz Bund Naturschutz (Hrsg) Tagfalter und ihre Lebensräume. K. Hollinger Verlag, Basel, 354-368
Erwin TL (1982) Tropical forests: Their richness in Coleoptera and other arthropod species. Coleopterists Bull 36:74-75
Eurola S, Hakala AVK (1977) The bird cliff vegetation of Svalbard. Aquilo Ser Bot 15:1-18
Evenari M, Shanan L, Naphtali T (1982) The Negev, the challenge of a desert, 2nd ed. Harvard University Press, Cambridge MA, London, 437
Ewel J (1983) Succession. In: Golley FB (ed) Tropical rain forest ecosystems. Ecosystems of the world 14 A. Elsevier, Amsterdam Oxford New York, 217-223

Falinski JB (1986) Vegetation dynamics in temperate lowland primeval forests. Ecological studies in Bialowieza forest. Geobotany 8. Junk Publ, Dordrecht, 537

Fielden LJ, Waggoner JP, Perrin MR, Hickman GC (1990) Thermoregulation in the Namib desert Golden Mole (Eremitalpa granti namibensis, Chrysochloridae). J Arid Environments 18:221–237

Firbas F (1949, 1952) Spät- und nacheiszeitliche Waldgeschichte Mitteleuropas nördlich der Alpen, 2 Bde. Gustav Fischer, Jena, 480 + 256

Fischer SF, Poschlod P, Beinlich B (1995) Die Bedeutung der Wanderschäferei für den Artenaustausch zwischen isolierten Schaftriften. Beih Veröff Naturschutz Landespflege Baden Württtemberg 83

Forget P-M (1990) Seed dispersal of *Vouacapoua americana* (Caesalpiniaceae) by cavimorph rodents in French Guiana. J Tropical Ecology 6:459–468

Fox BJ (1995) Multivariate comparisons of the small-mammal faunas in Australian Californian and Chilean shrublands. In: Kalin Arroyo MT, Zedler PH, Fox MD (eds) Ecology and biogeography of mediterranean ecosystems in Chile, California and Australia. Ecological Studies 108. Springer, New York Berlin Heidelberg Tokyo, 363–383

Franke U, Friebe B, Beck L (1988) Methodisches zur Ermittlung der Siedlungsdichte von Bodentieren aus Quadratproben und Barberfallen. Pedobiologia 32:253–264

French R (Ed) (1979) Perspectives in grassland ecology. Ecological Studies 32. Springer, New York Berlin Heidelberg, 204

Frenzel B (1968) Grundzüge der pleistozänen Vegetationsgeschichte Nord-Eurasiens. Steiner, Wiesbaden, 326

Frömel R (1980) Die Verbreitung im Schilf überwinternder Arthropoden im westlichen Bodenseegebiet und ihre Bedeutung für Vögel. Die Vogelwarte 30:218–254

Frost PGH (1984) The responses and survival of organisms in fire-prone environments. In: Booysen P de O, Tainton NM (eds) Ecological effects of fire in South African ecosystems. Ecological Studies 48. Springer, Berlin Heidelberg New York Tokyo, 273–309

Gerken B (1988) Auen. Rombach, Freiburg, 131

George M (1985) Regenwald. Gruner & Jahr, Hamburg, 380

Gerlach SA (1958) Die Mangroveregion tropischer Küsten als Lebensraum. Z Morph Ökol Tiere 46:636–730

Gilbert LE (1975) Ecological consequences of coevolved mutualisms between butterflies and plants. In: Gilbert LE, Raven PH (eds) Coevolution of animals and plants. Univ Texas Press, Austin, 210–240

Gilbert O (1989) The Ecology of urban habitats. Chapman and Hall, London, 369

Glutz v Blotzheim UN, Bauer KM (Hrsg) (1966–1993) Handbuch der Vögel Mitteleuropas, 13 Bde. Akademische Verlagsgesellschaft, Aula Frankfurt, Wiesbaden

Goldammer JG (ed) (1990) Fire in the tropical biota. Ecological Studies 84. Springer, Berlin Heidelberg New York Tokyo, 497

Golley FB (1983) Decomposition. In: Golley FB (ed) Tropical rain forest ecosystems. Ecosystems of the world 14A. Elsevier, Amsterdam Oxford New York, 157–166

Gottsberger G (1978) Seed dispersal by fish in the inundated regions of Humaitá, Amazonia. Biotropica 10:170–183

Gressit JL (1965) Biogeography and ecology, of land arthropods of Antarctica. In: v Mieghenn V, v Oye P (eds) Biogeography and ecology in Antarctica. Monogr Biol XV. Junk, The Hague Boston, 431–490

Gressit L (ed) (1970) Subantarctic entomology, particulary of South Georgia and Heard Island. Pacific Insects Monograph 23, 374

Haffer J (1970) Entstehung und Ausbreitung nordandiner Bergvögel. Zool Jb Syst 97:301-337

Haffer J (1983) Ergebnisse moderner ornithologischer Forschung im tropischen Amerika. Spixiana Suppl 9:117-166

Hallwachs W (1986) Agoutis (Dasyprocta punctata): The inheritors of guapinol (Hymenaea courbaril: Leguminosae). In: Estrada A, Fleming TH (eds) Frugivores and seed dispersal. Junk, The Hague Boston

Hamilton A (1989) African forests. In: Lieth H, Werges MJA (eds) Tropical rain forest ecosystems. Ecosystems of the world 14B. Elsevier, Amsterdam Oxford New York, 155-182

Hamilton LS, Juvik JO, Scatana FN (eds) (1995) Tropical montane cloud forests, Ecological Studies 110. Springer, Berlin Heidelberg New York Tokyo, 407

Happold DCD (1984) Small mammals. In: Cloudsley-Thompson JL (ed) Sahara desert. Pergamon, Oxford, 251-275

Harmon ME, Franklin FJ, Swanson FJ, Sollins P, Gregory S, Lattin JD, Anderson NH, Cline SP, Sumen NG, Sedell JR, Lienkaemper GW, Cromack K, Cummins KW (1986) Ecology of coarse woody debris in temperate ecosystems. Adv Ecol Res 15:133-301

Hartshorn GS (1978) Tree falls and tropical forest dynamics. In: Tomlison PB, Zimmermann MH (eds) Tropical trees as living systems. Cambridge University Press, Cambridge, 617-638

Haukioja E (1980) On the role of plant defences in the fluctuation of herbivore populations. Oikos 35:202-213

Hedberg O (1964) Features of afroalpine plant ecology. Acta Phytogeogr Suec 49:1-144

Headland RK (1982) South Georgia: A concise account. British Antarctic Survey, Cambridge, 28

Herrera R, Merida T, Stark N, Jordan CF (1978) Direct phosphorus transfer from leaf litter to root. Naturwiss 65:208-209

Heydemann B, Müller-Karch J (1980) Biologischer Atlas Schleswig-Holstein. Wachholtz-Verlag, Neumünster, 263

Heynen C (1988) Zur Biologie eines Buchenwaldbodens 11. Die Dipterenlarven. Carolinea 46:115-130

Hladik A (1978) Adaptive strategies of primates in relation to leaf eating. In: Montgomery GG (ed) The ecology of arboreal folivores. Smithsonian Institution Press, Washington, 373-396

Hockey PAR (1988) The brown locust, war or peace? South African Journal of Science 84:8-10

Hoeg OA (1932) Blütenbiologische Betrachtungen aus Spitzbergen. Nor Svalbard- og Ishavs. Unders Medd 16:3-22

Hofmann RR, Stewart DRM (1972) Grazer or browser: a classification bared on stomac-structure and feeding habits of East African ruminants. Mammalia 36:226-240

Hölldobler B, Wilson EO (1990) The ants. Springer, Berlin Heidelberg New York Tokyo, 732

Horvat I, Glavač V, Ellenberg H (1974) Vegetation Südosteuropas. Gustav Fischer, Stuttgart, 768

Hueck K (1966) Die Wälder Südamerikas. Gustav Fischer, Stuttgart, 422
Huntley BJ, Walker BH (Eds) (1982) Ecology of Tropical Savannas. Ecological Studies 42. Springer, Berlin Heidelberg New York, 669
Hurtubia J, di Castri F (1973) Segregation of lizard niches in the mediterranean region of Chile. In: di Castri F, Mooney HA (eds) Mediterranean type ecosystems. Ecological Studies 7, Springer, Berlin Heidelberg New York, 349-360
Jacobs M (1988) The tropical rain forest. Springer, Berlin Heidelberg New York, 295
Janzen DH (1970) Herbivory and the number of tree species in tropical forests. Am Natur 104:501-528
Janzen DH (1974) Tropical blackwater rivers, animals and mast fruiting by the Dipterocarpaceae. Biotropica 6:69-103
Janzen DH (1979) New horizons in the biology of plant defenses. In: Rosenthal GA, Janzen DH (eds) Herbivores, their interactions with secondary plant metabolites. Academic Press, New York London, 331-350
Janzen DH (1983) Food webs: who eats what, why, how, and with what effects in a tropical forest. In: Golley FB (ed) Tropical rain forest ecosystems. Ecosystems of the world 14A. Elsevier, Amsterdam Oxford New York, 167-182
Jarvis JUM (1978) Energetics of survival in *Heterocephalus glaber* (Rüppel). The naked mole-rat (Rodendia Bathyergidae). Bull Carnegie Mus Nat Hist 6:81-87
Jarvis JUM (1981) Eusociality in a mammal: cooperative breeding in naked mole rat colonies, Science 212:571-573
Johnson P, Bannister A (1984) Meer im Land, Land im Wasser. Landbuch-Verlag, Hannover, 202
Johnston CA, Naiman RJ (1990) The use of a geographic information system to analyse long-term landscape alteration by beaver. Landscape Ecology 4:5-19
Jordan CF (1983) Productivity of tropical rain forest. In: Golley FB (ed) Tropical rain forest ecosystems. Ecosystems of the world 14A. Elsevier, Amsterdam Oxford New York, 117-136
Kano T (1990) The bonobos peaceable kingdom. Natural History 11
Keast A (1972) Comparisons of contemporary mammals of southern continents. In: Keast A, Erk FC, Glass B (eds) Evolution of mammals in southern continents. State University of New York Press, 433-501
Kira T, Yoda K (1989) Vertical stratification in microclimate. In: Lieth H, Werges MJA (eds) Tropical rain forest ecosystems. Ecosystems of the world 14B. Elsevier, Amsterdam Oxford New York, 55-71
Krasinska M, Cabon-Raczynska K, Krasinski ZA (1987) Strategy of habitat utilization by european Bison in the Bialowieza Forest. Acta Theriologica 32:147-202
Krüll F (1976a) Zeitgebers for animals in the continuous daylight of high arctic summer. Oecologia 24:149-157
Krüll F (1976b) The synchronizing effect of slight oscillations of light intensity on activity period of birds. Oecologia 25:301-308
Küster H (1995) Postglaziale Vegetationsgeschichte von Südbayern. Akademie Verlag, Berlin
Lais R (Hrsg) (1933) Der Kaiserstuhl, Freiburg. Badischer Landesverein für Naturkunde, 517
Larcher W (1975) Pflanzenökologische Beobachtungen in der Paramostufe der venezulanischen Anden. Anz Math-Naturw Kl Österr. Akad Wiss 11:194-213

Lauer W (1989) Climate and weather. In: Lieth H, Werges MJA (eds) Tropical rain forest ecosystems. Ecosystems of the world 14B. Elsevier, Amsterdam Oxford New York, 7-53

Lauterborn R (1917, 1918) Die geographische und biologische Gliederung des Rheinstroms. Sitzungsberichte Heidelberger Akad Wiss, Math Nat Kl, Abt B, 217

Laws RM (1970) Elephants as agents of habitat and landscape change in East Africa. Oikos 21:1-15

Laws RM (ed) (1984) Antarctic ecology. Academic Press, London New York, 850

Le Houérou HN (1989) The grazing land ecosystems of the African Sahel. Ecological Studies 75. Springer, Berlin Heidelberg New York Tokyo, 282

Leibundgut H (1982) Europäische Urwälder der Bergstufe. Paul Haupt, Stuttgart Bern

Leibundgut H (1984) Die natürliche Waldverjüngung, 2 Aufl. Paul Haupt, Stuttgart Bern

Leigh EG, Smythe N (1978) Leaf production, leaf consumption, and the regulation of folivory on Barro Colorado Island. In: Montgomery GG (ed) The ecology of arboreal folivores. Smithsonian Institution, Washington

Leigh EG Jr, Rand AS, Windsor DM (eds) (1982) The ecology of a tropical forest. Smithsonian Institution, Washington, 468

Leo M (1995) The importance of tropical montane cloud forest for preserving vertebrate endemism in Peru: The Rio Abiseo National Park as a case study. In: Hamilton LS, Juvik JO, Scatana FN (eds) Tropical montane cloud forests. Ecological Studies 110. Springer, Berlin Heidelberg New York Tokyo, 198-211

Leuthold W (1977) African Ungulates, a comparative review of their ethology and behavioral ecology. Springer, Berlin Heidelberg New York, 1-307

Levin DL (1976) Alkaloid bearing plants: an ecogeographic perspective. Am Nat 110:261-284

Lieberman D, Lieberman M (1987) Forest tree growth and dynamics at La Selva, Costa Rica (1969-1982). J Tropical Ecology 3:347-358

Lieth H (1975) Modeling the primary productivity of the world. In: Lieth H, Whittaker RH (eds) Primary productivity of the biosphere. Ecological Studies 14. Springer, Berlin Heidelberg New York, 237-263

Lieth H, Whittaker RH (eds) (1975) Primary productivity of the biosphere. Ecological Studies 14. Springer, Berlin Heidelberg New York, 339

Linsenmair K E (1979) Untersuchungen zur Soziobiologie der Wüstenassel *Hemilepistus reaumuri* und verwandter Isopodenarten (Isopoda, Oniscoidea): Paarbindung und Evolution der Monogamie. Verh dtsch Zool Ges 72:60-72

Long AJ (1995) The importance of tropical montane cloud forests for endemic and threatened birds. In: Hamilton LS, Juvik JO, Scatana FN (eds) Tropical montane cloud forests. Ecological Studies 110. Springer, Berlin Heidelberg New York Tokyo, 79-106

Louw GN, Seely MK (1982) Ecology of desert organisms. Longman, London, New York, 194

Lovegrove B (1993) The living deserts of southern Africa. Fernwood Press, Vlaeberg, 224

MacArthur RH, Wilson EO (1967) The theory of island biogeography. Princeton University Press, Princeton N J

Main M (1987) Kalahari. Johannesburg, 265

Martin C (1989) Die Regenwälder Westafrikas. Birkhäuser, Basel Boston, 235
Martin PS, Klein RG (eds) (1984) Quarternary extinctions. The University of Arizona Press, Tuscon, 453
Martin PS, Wright HE Jr (eds) (1967) Pleistocene extinction: The search for cause In: Proc VI Congr Int Assoc Quarternary Res Bd 6. Yale Univ Press, New Haven London, 453
Martius C (1989) Untersuchung zur Ökologie des Holzabbaus durch Termiten (Isoptera) in zentralamazonischen Überschwemmungswäldern (Varzea). Dissertation Universität Göttingen, 285
Maser C, Sedell JR (1994) From the forest to the sea. St Lucie Press, Debray Beach Florida, 200
Mayer H (1984) Wälder Europas. Gustav Fischer, Stuttgart New York, 691
Mayer H (Hrsg) (1987) Urwaldreste, Naturwaldreservate und schützenswerte Naturwälder in Österreich. Institut für Waldbau, Universität für Bodenkultur, Wien, 971
Mayr E (1942) Systematics and the origin of species. Columbia University Press, New York, 334
McKey D (1974) Ant plants: Selective eating of unoccupied Barteria by colobus monkeys. Biotropica 6:269-270
McKey D, Waterman PG, Mbi CN, Gartlan JS, Struhsaker TT (1978) Phenolic content of vegetation in two African rain forests: ecological implications. Science 202:61-64
McMahon L, Fraser M (1988) A fynbos year. David Philip, Cape Town
Mertens R (1948) Die Tierwelt des tropischen Regenwaldes. Waldemar Kramer, Frankfurt, 144
Möbius K (1887) Die Austern und die Austernwirtschaft. Parey, Berlin
Montgomery GG (ed) (1978) The ecology of arboreal folivores. Smithsonian Institution Press, Washington, 574
Montgomery GG, Sunquist ME (1978) Habitat selection and use by two-toed and three-toed sloths. In: Montgomery GG (ed) The ecology of arboreal folivores. Smithsonian Institution Press, Washington, 329-359
Mueller-Dombois D (1972) Crown distortion and elephant distribution in the woody vegetations of Ruhuna National Park, Ceylon. Ecology 53:208-226
Naiman RJ, Melillo JM, Hobbie JE (1986) Ecosystem alteration of boreal forest streams by beaver (*Castor canadensis*). Ecology 67:1254-1269
Newby JE (1984) Large Mammals. In: Cloudsley-Thompson JL (ed) Sahara desert. Pergamon, Oxford London, 277-290
Nicolai V (1991) Reactions of the fauna on the bark of trees to the frequency of fires in a North American savanna. Oecologia 88:132-137
Oates JF, Waterman PG, Choo GM (1980) Food selection by the south Indian leaf-eating monkey *Presbytis johnii*, in relation to leaf chemistry. Oecologia 45:45-56
Oldeman RA (1974) Ecotopes des arbres et gradients écologiques verticaux en forêt guyanaise. Terre et Vie 28:387-520
Owen DF (1983) The abundance and biomass of forest animals. In: Golley FB (ed) Tropical rain forest ecosystems. Ecosystems of the world 14A. Elsevier, Amsterdam Oxford New York, 93-100
Owen-Smith N (1982) Factors influencing the consumption of plant products by large herbivores. In: Huntley BJ, Walker BH (eds) Ecology of tropical savannas. Ecological Studies 42. Springer, Berlin Heidelberg New York, 359-404

Owen-Smith RN (1988) Megaherbivores: The influence of very large body size on ecology. Cambridge Univ Press, Cambridge, 369

Owen-Smith RN (1989) Megafaunal extinctions. The conservation message from 11000 years B. P. Conservation Biology 3:405-412

Parmelee DF (1980) Bird Island in Antarctic waters. University of Minnesota Press, Minneapolis

Pearson DL (1977) A pantropical comparison of bird community structure on six lowland forest sites. Condor 79:232-244

Petrides CA (1974) The overgrazing cycle as a characteristic of tropical savannas and grasslands in Africa. Proc 1st Int Congr Ecology. Pudoc, Wageningen, 86-91

Pianka ER (1986) Ecological and natural history of desert lizards. Princeton University Press, New Jersey

Pinay G, Naiman RJ (1991) Short-term hydrologic variations and nitrogen dynamics in beaver created meadows. Arch Hydrobiol 123:187-205

Popov GB, Wood TG, Harris MJ (1984) Insect pests of the Sahara. In: Cloudsley-Thompson JL (ed) Sahara desert. Pergamon, Oxford New York, 145-174

Prance GT (1989) American tropical forests. In: Lieth H, Werger MJA (eds) Tropical rain forest ecosystems. Ecosystems of the world 14B. Elsevier, Amsterdam Oxford New York 99-132

Prins HHT (1987) The buffalo of Manyara. Dissertation Rijksuniversiteit Groningen, 283

Probst E (1991) Deutschland in der Steinzeit. Bertelsmann, München, 619

Rasa OAE (1984) Die perfekte Familie. Leben und Sozialverhalten der afrikanischen Zwergmungos. Deutsche Verlagsanstalt, Stuttgart, 327

Rauh W (1939) Über polsterförmigen Wuchs. Nova Acta Leopoldina, Neue Folge 7:266-508

Rauh W (1988) Tropische Hochgebirgspflanzen, Wuchs- und Lebensformen. Springer, Berlin Heidelberg New York Tokyo

Raven PH, Axelrod DJ (1974) Angiosperm biogeography and past continental movements. Ann Mo Bot Gard 61:539-673

Regal PJ (1977) Ecology and evolution of flowering plant dominance. Science 196:622-629

Rehr SS, Feeney PP, Janzen DH (1973) Chemical defense in Central American nonant Acacias. J Anim Ecol 42:405-416

Reich M (1991) Grasshoppers (Orthoptera Saltatoria) on alpine and dealpine riverbanks and their use as indicators for natural floodplain dynamics. Regulated Rivers 6, 333-339

Reichholf JH (1984) Die Tierwelt des tropischen Regenwaldes. Spixiana Suppl 10:35-45

Remmert H (1973) Über die Bedeutung warmblütiger Pflanzenfresser für den Energiefluß in terrestrischen Ökosystemen. J Orn 114:227-249

Remmert H (1977) Mehrjährige ökologische Untersuchungen in einem süddeutschen Mesobrometum. Verh Ges Ökol 5:275-278

Remmert H (1980) Arctic animal ecology. Springer, Berlin Heidelberg New York, 250

Remmert H (1985) Spitzbergen und Südgeorgien - Ein ökologischer Vergleich. Natur und Museum 115:237-249

Remmert H (1992) Ökologie, 5 Aufl. Springer, Berlin Heidelberg New York Tokyo, 363

Richards PW (1981) The tropical rain forest. Cambridge University Press, London, 450
Robertson AJ, Alongi DM (eds) (1992) Tropical mangrove ecosystems. American geophysical union, Washington DC
Rönning OJ (1964) Svalbards flora. Nor Polarinst Polarbok 1, 123
Rosenthal GA, Janzen DH (eds) (1979) Herbivores, their interaction with secondary plant metabolites. Academic Press, New York London, 718
Ross K (1987) Okawango. BBC Books, London
Rosswall T, Heal OW (eds) (1975) Structure and function of tundra ecosystem. Ecol Bulletin (Stockholm) 20
Schaefer R (1973) Microbial activity under seasonal conditions of drought in mediterranean climates. In: di Castri F, Mooney HA (eds) Mediterranean type ecosystems. Ecological Studies 7. Springer, Berlin Heidelberg New York, 191-198
Schall JJ, Pianka ER (1978) Geographical trends in number of species. Science 201:679-686
Schauermann J (1973) Zum Energieumsatz phytophager Insekten im Buchenwald II. Oecologia 13:313-350
Scherzinger W (1986) Die Vogelwelt der Urwaldgebiete im inneren Bayerischen Wald. Schriftenreihe Bayer Staatsmin ELF 12
Scherzinger W (1991) Das Mosaik-Zyklus-Konzept aus der Sicht des zoologischen Artenschutzes. Laufener Seminarbeiträge 5/91. Akad Natursch Landschaftspflege. ANL-Laufen/Salzach, 30-42
Schimper AFW, Faber FC (1935) Pflanzengeographie auf physiologischer Grundlage, 3. Aufl, Gustav Fischer, Jena, 1612
Schmidt-Nielsen K (1964) Desert animals. Physiological problems of heat and water. Oxford University Press, London New York
Schmidt-Nielsen K, Taylor CR, Shkolnik A (1971) Desert snails: Problems of heat, water and food. J Exp Biol 55:385-398
Schmidt-Voigt H (1977) Die Fichte, Bd 1. Parey, Hamburg Berlin, 647
Schott C (1934) Kanadische Biberwiesen. Z Ges f Erdkunde. Berlin, 370-374
Schüle W (1990) Landscapes and climate in prehistory: Interactions of wildlife, man, and fire. In: Goldammer JG (ed) Fire in the tropical biota. Ecological Studies 84. Springer, Berlin Heidelberg New York Tokyo, 273-318
Schulz J P (1960) Ecological studies on rain forest in northern Surinam. North Holland, Amsterdam, 267
Schultze-Westrum T (1968) Riesengleitflieger. In: Grzimeks Tierleben, Säugetiere 2. Kindler, Zürich, 80-87
Schwenke W (Hrsg) (1978) Die Forstschädlinge Europas, Bd 3, Schmetterlinge. Parey, Hamburg Berlin
Schwenke W (1994) Über die Grundlagen der Entstehung und Bedeutung von Insekten-Massenvermehrungen im Wald. Anz Schädlingskde Pflanzenschutz, Umweltschutz 67:120-124
Schwerdtfeger F (1970) Die Waldkrankheiten, 3. Aufl, Parey, Hamburg Berlin
Seely M (1987) The Namib. Shell Oil SWA, Windhoek
Sendstad E (1978) Notes on the biology of an Arctic birdrock. Norsk Polarinstitut, 265-270
Sendstad E, Solem JO, Aagard K (1977) Studies of terrestrial chironomids (Diptera) from Spitzbergen. Norsk entom Tidskr 23:91-98

Senger H (1985) Die Namib, eine Nebelwüste als Heimat der Welwitschia mirabilis. Natur und Museum 115:337-357

Settele J, Pauler R, Kockelke K (1995) Magerrasennutzung und Anpassungen bei Tagfaltern: Populationsökologische Forschung als Basis für Schutzmaßnahmen am Beispiel von Glaucopsyche (Maculinea) arion (Thymian-Ameisenbläuling) und Glaucopsyche (Maculinea) rebeli (Kreuzenzianbläuling). Beih Veröff Naturschutz Landschaftspflege Baden-Württemberg 83:129-158

Siegfried WR, Condy PR, Laws RM (ed) (1985) Antarctic nutrient cycles and food webs. Springer, Berlin Heidelberg New York Tokyo, 700

Smith RJL (1984) Terrestrial plant biology of the sub-Antarctic and Antarctic. In: RM Laws (ed) Antarctic Ecology. Academic Press, London, Bd 1, 61-162

Smith RJL, Walton DWH (1975) South Georgia, Subantarctic. In: Rosswall T, Heal OW (eds) Structure and function of tundra ecosystems. Ecol Bull 20: 399-423

Smythe N (1978) The natural history of the central American Agouti (Dasyprocta punctata). Smithsonian Contr Zool 257:52

Succow M, Jeschke L (1990) Moore in der Landschaft. Urania-Verlag, Leipzig Jena Berlin, 2. Aufl, 268

Suchantke A (1982) Der Kontinent der Kolibris: Landschaften und Lebensformen in den Tropen Südamerikas. Verlag Freies Geistesleben, Stuttgart

Sturm H (1978) Zur Ökologie der andinen Paramo-Region. Biogeographica 14. Junk Publ, The Hague

Stork NE (1991) The composition of the arthropod fauna of Bornean lowland rain forest trees. J Trop Ecol Z 7:161-180

Taylor J (1987) Evolution in the Outback. Kenthurst. Kangaroo-Press

Thomas JA (1984) The behaviour and habitat requirements of Maculinea naausithous and M teleius. Biol Conserv 28:325-347

Tieszen LL (ed) (1978) Vegetation and production ecology of an Alaskan arctic tundra. Ecological Studies 29. Springer, New York Berlin Heidelberg, 686

Tilman D (1982) Resource competition and community structure. Princeton Univ Press, New Jersey, 296

Tischler W (1955) Synökologie der Landtiere. Gustav Fischer, Stuttgart, 414

Tischler W (1980) Biologie der Kulturlandschaft. Gustav Fischer, Stuttgart New York, 253

Troll C (1959) Die tropischen Gebirge. Ihre dreidimensionale klimatische und pflanzengeographische Zonierung. Bonner Geogr Abh 25

Troll C (1961) Klima und Pflanzenkleid der Erde in dreidimensionaler Sicht. Naturwiss 48: 332-348

Troll C (1969) Die Lebensformen der Pflanzen. Alexander von Humboldts Ideen in ökologischer Hinsicht von heute. In: Alexander von Humboldt, Werk und Weltgestaltung. Popert Verlag, München, 197-246

Tscharntke T (1992a) Herbivoren-Parasitoiden-Gesellschaften an Gräsern (Poaceae): Vielfalt, Dynamik und Interaktionen. Habilitationsschrift Zoologisches Institut Universität Karlsruhe, 145

Tscharntke T (1992b) Coexistence, tritrophic interactions and density dependence in a species-rich parasitoid community. J Anim Ecol 61:59-67

Van Hensbergen HJ, Botha SA, Forsyth GG, LeMaitre DC (1992) Do small mammals govern vegetation recovery after fire in fynbos? In: van Wilgen BW, Richardson DM, Kruger FJ, van Hensberger HJ (eds) Fire in South African mountain fynbos. Ecological Studies 93. Springer, Berlin Heidelberg New York Tokyo, 182-202

Van Reeven CA, Visser GJ, Loos MA (1992) Soil microorganisms and activities in relation to season, soil factors and fire. In: van Wilgen BW, Richardson DM, Kruger FJ, van Hensbergen HJ (eds) Fire in South African mountain fynbos. Ecological Studies 93. Springer, Berlin Heidelberg New York Tokyo, 258-272

Van Wilgen BW, McDonald DJ (1992) The Swastbosklof experimental site. In: van Wilgen BW, Richardson DM, Kruger FJ, van Hensbergen HJ (eds) Fire in South African mountain fynbos. Ecological Studies 93. Springer, Berlin Heidelberg New York Tokyo, 1-20

Van Wilgen BW, Everson CS, Trollope WSW (1990) Fire management in Southern Africa: Some examples of current objectives practices and problems. In: Goldammer JG (ed) Fire in the tropical biota. Ecological Studies 84. Springer, Berlin Heidelberg New York Tokyo, 179-215

Vareschi V (1980) Vegetationsökologie der Tropen. Ulmer, Stuttgart, 293

Viljoen PJ, Bothma J, Du P (1990a) Daily movements of desert-dwelling elephants in the northern Namib Desert. South African Journal of Wildlife Research 20:69-72

Viljoen PJ Bothma J, Du P (1990b) The influence of desert dwelling elephants on vegetation in the northern Namib Desert, South West Africa/Namibia. J Arid Environments 18:85-96

Vogel M (1981) Ökologische Untersuchungen in einem Phragmites Bestand. Dissertation Biologie Univ Marburg, 97

Vogel M (1985) The distribution and ecology of epigeic invertebrates on the subantarctic island of South Georgia. Spixiana 8:153-163

Vuilleumier F (1969) Pleistocene speciation in birds living in the high Andes. Nature 223:1179-1180

Vuilleumier BS (1971) Pleistocene changes in the fauna and flora of South America. Science 173:771-780

Walter H (1973) Die Vegetation der Erde, Bd 1, Die tropischen und subtropischen Zonen. Gustav Fischer, Stuttgart, 743

Walter H, Breckle S-W (1984) Spezielle Ökologie der tropischen und subtropischen Zonen. Ökologie der Erde, Bd 2. Gustav Fischer, Stuttgart, 461

Walter H, Breckle S-W (1994) Spezielle Ökologie der gemäßigten und arktischen Zonen Euro-Nordasiens. Ökologie der Erde Bd 3, 2. Aufl. Gustav Fischer, Stuttgart, 726

Walter H, Lieth H (1960-1967) Klimadiagramm-Weltatlas. Fischer, Jena

Walton DWH (1984) The terrestrial environment. In: Laws RM (ed) Antarctic Ecology, Bd 1, Academic Press, London 1-60

Webber PJ (1978) Spatial and temporal variation of the vegetation and its production, Barrow, Alaska. In: Tieszen LL (ed) Vegetation and production ecology of an Alaskan arctic tundra. Ecological Studies 29. Springer, New York Berlin Heidelberg Tokyo, 37-112

Weiner J (1987) Limits to energy budget and tactics in energy investments during reproduction in the Djungarian hamster (*Phodopus sungorus sungorus* Pallas). Symp Zool Soc London 57:167-187

Weiner J, Gorecki A (1982) Small mammals and their habitats in the arid steppe of central eastern Mongolia. Pol Ecol Studies 8:7-21

Weiner J, Gorecki A, Zichuski J (1982) The effect of rodents on the rate of matter and energy cycling in ecosystems of arid steppe of central eastern Mongolia. Polish Ecol Studies 8:63-86

Werner RA (1986) Association of plants and phytophagous insects in Taiga forest ecosystems. Ecological Studies 57. Springer, New York Berlin Heidelberg Tokyo, 205-212

Whitmore TC (1989) Southeast asian tropical forests. In: Lieth H, Werges MJA (eds) Tropical rain forest ecosystems. Ecosystems of the world 14B. Elsevier, Amsterdam Oxford New York, 195-218

Wielgolaski FE (ed) (1975a) Fennoscandian tundra ecosystems, part 1: Plants and microorganisms. Ecological Studies 16. Springer, Berlin Heidelberg New York, 336

Wielgolaski FE (ed) (1975b) Fennoscandian tundra ecosystems, part 2: Animals and systems analysis. Ecological Studies 17. Springer, Berlin Heidelberg New York, 337

Wilson EO (1990) Success and dominance in ecosystems: The case of the social insects. In: Kinne O (Ed) Excellence in ecology 2. Ecology Institute, Oldendorf/Luhe, 104

Whittaker RH (1975) Communities and ecosystems, 2nd ed, Macmillan, New York, 385

Wolda H (1992) Trends in abdundance of tropical forest insects. Oecologia 89:47-52

Wrangham RW, Waterman PG (1981) Feeding behaviour of vervet monkeys on *Acacia tortilis* and *Acacia xanthophloea*: with special reference to reproductive strategies and tannin production. J Anim Ecol 50:715-731

Wyneken K (1938) 48 Jahre Versuchsgarten auf dem Brocken: Beiträge zur Kenntnis der Anpassungsfähigkeit von Alpenpflanzen an einem Standort. Feddes Repert Beih 101:55-100

Zell H (1988a) Nematoden eines Buchenwaldbodens, Bd 10. Die Tylenchen (Nematoda Tylenchoidea). Carolinea 46:75-98

Zell H (1988b) Nematoden eines Buchenwaldbodens, Bd 11. Die Anguiniden (Nematoda Anguinoidea). Carolinea 46:99-114

Zuber M (1994) Ökologie der Borkenkäfer. Biologie in unserer Zeit 24:144-152

Zucchi H, Bergmann HH, Hinrichs K, Stock M (1989) Watt. Lebensraum zwischen Land und Meer. Otto Maier, Ravensburg, 128

Sachverzeichnis

Abbau der Primärproduktion 204
Abbauprozeß 5
Abdimsstörche 96
Abies alba 140
Abies balsamifera 180
Aborigines 106
Abwehrnekrose 132
Acacia drepanolobium 74
  giraffae 58
  tortilis 58
Acaena 197, 204
Acaena-Wiesen 203
Acer 114
Acrocephalus paludicola 168
Adansonia digitata 53
Adax nasomaculatus 99
Adonis vernalis 147
Affen, baumwohnende 27, 28
Affenbrotbaum 53
Afrika, Hochgebirge 209
  trop. Regenwald 27, 42, 45
Aggregationspheromon 143
Aizoaceae 86, 107
Akazien 60, 65
Allactaga jaculus 151
Alaska 187
allopatrische Artbildung 43
Alopecurus alpinus 204
Alopex lagopus 192
Alouatta 36
Alpenflüsse 165
Alpenschneehühner 178
altweltlicher Steppengürtel 146
Ameisen 27, 31, 40, 41, 74, 91, 172
  als „Gärtner" 41
Ameisenbär 44
Ameisenigel 44
Ameisensymbiose 39

Ammotragus lervia 99
Amphipoden 159
Anaphalis javanica 211
Anas flavirostris 197
Anas georgica 197
Anbau von Fichten 141
Andelgras 158
Anden 112, 210, 213
Andengans 215
Anemone silvestris 147
Angiospermen 38
Anopheles 217
Anoplotermes 31
Anpassung an Wassermangel 84
Aporosaura anchietae 86
Anpassungsfähigkeit 190
Anser brachyrhynchus 204
Antarktischer Kontinent 195
Anthropoides virgo 154
Anthus antarcticus 197, 208
  campestris 167
Antidorcas marsupialis 96
Antilocapra americana 150
Antilopen 99
Apion limonii 160
Aquila 3
Aquila rapax 153
Araliaceae 41
Araucarien 50
Archanara gemipuntata 169
aride Biome 81, 105
arides Klima 80
Arven 140, 176
Ascalaphus libelluloides 172
Asseln 159
Assiminea grayana 159
Äsung, Rentier 191
Atemwurzeln 16

Atta 34
Auen 136, 164, 165, 167
Auerhahn 178
Aufwind-Flieger 75
Ausbeutung durch Menschen 209
Ausrottung 46
Ausrottung, Megaherbivore 152
Aussterben 39
australische Akazien 229
Austrocknungsresistenz 5
Autökologische Differenzierungen 105
Auwald 128, 136, 166
Avicennia 47
Azorella 197, 213

Balanophoraceae 19
Bambus 51
Bänderkänguruh 106
Banteng 44, 47
Bären 193
Barro Colorado (Panama) 32, 34
Bartgeier 110
Bathyergidae 72, 73, 92
Baumameisenbär 64
Baumbewuchs, Pampa 155
baumförmige *Senecio* 211
  Lobelia 211
baumfreie Flächen in Auen 166
Baumgrenze 12
Baumkänguruh 44
Baumsavanne 65
Baumstachler 131
Baumsturzlücken 24
Beduinen 101
Bekassine 225
Benguela-Strom 85
Bergfink 190
Berggorilla 50
Berghänfling 190
Bestandsabfall 135
  Abbau 203
Bestandsklima 16
Bestandszyklen, Rentier 204
Beutegreifer 192
Beuteltiere 106
Beutelwolf 106
Beweidung 61, 71, 77, 171, 173
Bialowieza 115, 117, 120, 122

Biber 129, 165
Biberwiesen 136, 164
Bienenfresser 154
Binnendelta 216
Binnenlanddünen 166
Binsen-Wiesen 203
Biogeographische Inseln 209
Birken 112, 180
Birkenwald 127, 181
Birkenzeisig 190
Birkhuhn 178, 179
Bison bison 145, 150
  bonasus 136
  priscus 145, 150
Bitis peringueyi 97
blattfressende Wirbeltiere 33
Blattläuse 37
Blattpolymorphismus 40
Blattschneiderameisen 33, 63, 80
Blaubock 109
Bläulinge 172
Blauracke 154
Bledius 160
Bleicherden 175
Blindmäuse 151
blutsaugende Insekten 189
Böden, arme 6
Bodenbildung 106, 117
Bodeneisbildung 183
Bodenfauna 106, 130, 214
Bodenqualität 70
Bodenstruktur 119
Bodentiere 148
Bonobo 29
boreale Wälder 176
Borkenkäfer 132, 133, 138, 142, 143, 180
Bos primigenius 136
Brachpieper 167
Brachschwalben 154
Brachvogel 225
Brachypodium pinnatum 171
Brachystegia 57
Bradypus tridactylus 37
Brände (s. auch Feuer) 104, 177
Branta 163
  bernicla 204
  leucopsis 204
Bromeliaceae 3, 41, 49

Sachverzeichnis

Bromus erectus 171
Bruguiera 47
Brüllaffe 30, 36, 53
Brutauslösung durch Regen 97
Buchdrucker 133, 143
Buchenwoll-Laus 132
Buche s. Rotbuche
Buchfink 124
Budorcas taxicolor 50
Büffel 76, 77, 128
Bulten in Mooren 183
Buntbock 109
Burkea africana 71
Burrhinus oedicnemus 167
Buteo lagopus 192

C4-Gräser 67, 150
Caatinga 63, 79
Caesalpiniaceae 57
Calcarius lapponicus 190
Calliptamus italicus 153
Calluna 176
CAM-Typ der Photosynthese 81, 86
Campos Cerrados 53, 63, 79
Capensis 102, 107
Carduelis flammea 190
flavirostris 190
Carex-Eriophorum-Wiesen 187
carnivore Warmblüter 191
Cassave 57
Catharacta lonnbergii 197
skua 203
Cecropia 16, 24, 39, 40
Ceratocystis ulmi 138
Ceratopogonidae 189
Cerrado s. (Campo cerrado)
Cervus albirostris 151
Chaco 63, 79
Chamaephyten 90, 99
Chapparal-Vegetation 102
chemische Abwehrverfahren 32
Chettusia gregaria 154
Chile 102
China 114
Chinchilla 214
Chionidae 197
Chironomiden 203
Chlamydotis undulata 153

Chlethrionomys 191
Chloëphaga melanoptera 215
Choristoneura fumiferana 180
Chrysocyon 63
Chrysomelidae 21, 191
Cicadetta montana 172
Ciconia abdimi 96
Circus macrourus 153
Citellus suslicus 152
Colaptes rupicola 215
Collembolen 160
Colobus-Affen 36, 39, 55
Colophospermum 58
Combretum-Arten 77
Coniferensamen 179
Connochaetes taurinus 96
Cornus mas 149
Costa Rica 53
Crassulaceae 86
Cricetus cricetus 151
Crotalus cerastes 97
Cryptococcus fagisuga 132
Culicidae 189
Curculionidae 191
Cynocephalus 29
Cyperaceae 187
Cyperus laevigatus 76
Cypsiurus parvus 58

Damaliscus dorcas 109
Dammbildung aus Treibholz 165
Daption capensis 202
Darmpassage 39, 77
Dasyprocta leporina 23
Dauer der Kälteperiode 175
Dauerdunkel 186
Dauerfrostböden, s. auch Permafrostböden 176, 199
degradierte Böden 131
Dendrobatidae 26
Dendrolagus 44
Dendrolimus pini 142
Destruenten 135
Detritophage, Detritovoren 189, 198
Detritusnahrungskette 205
Diasporenverbreitung 22
Diceros 96
Dickschnabellumme 207

Dikdik 76
Dingos 106
Dipodomys 97
Dipterocarpaceae 43
Dicrocoelium dendriticum 172
Disteln 171
Diversität 25, 38
Dociostaurus maroccanus 153
Dominikanermöwen 202
Doppelschnepfe 168
Dorkas-Gazelle 100
Dormanz 69, 95
Dornsträucher 213
Douglasie 141
Draco 29
Dreizehenmöwen 207
Dreizehenspecht 144
Dronte 39
Dryas punctata 189
Dschelada-Affe 215
Dschungel 46, 47
Dünen (s. auch Binnenlanddünen) 88, 90
Düngung 207
Dupontia fisheri 204

Eberesche 112
Efeu 127
Eiattrappen 40
Eibe 144
Eichen 126, 127
  immergrüne 105
  -Hainbuchenwald 126
Eichensavanne 127
Eichenwälder 134
Eichenwickler 134
Eidechsen 105
Einbürgerung Säuger, Vögel 139
Einführung fremdländischer Pflanzenarten 229
eingeführte Baumarten 108
eingeschleppte Pflanzen 208
  Säugetierarten 208
Einschleppung von Tieren 202
Eisbär 192, 193
Eisfuchs 192
Eissturmvogel 207
Eisvögel 156
Elaiosome 69

Elch 136, 181
Elefanten 29, 44, 46, 59, 75, 76, 77, 87, 96, 106, 109, 217
Elenantilopen 76
Ellobius talpinus 151
Empetraceen 187
Empetrum 176, 183
Endemismus, Endemiten 97, 104, 107, 210
  der Wüsten 98
Energiefluß 36
Entwicklungszyklen, Arthropoden 190
Enziane 171
Epiphyten 22, 24, 49, 50
Erdferkel 44
Erdhacker 215
Erdmännchen 72
Erdspecht 156
Eremetalpa granti 91
Erethizon dorsatum 131
Ericaceen 50, 107, 108, 187, 212
Eriophorum scheuchzeri 204
Erlenbruch 122
Ernährung Rauhfußhühner 179
Ernteameisen 92
Erntetermiten 91
Erosionsgefährdung 226
Eselpinguin 207
Espeletia 211
Etoschapfanne 70
Eudromias ruficollis 215
Euphorbia 78
Eutrophierung 77
Evapotranspiration 186

Fagus 114
Falco naumanni 153
  rusticola 192
  vespertinus 153
Falken 69
Farne 197
Faultiere 24, 36, 37
Federgras 147
Fehlmast 134
Felder, Wildpflanzenflora 225
Feldgrille 173
Feldhase 226
Feldheuschrecke 153
Fenestraria 86

Sachverzeichnis

Fennek 97
Festuca contracta 204
feuchte Klimate 204
Feuer (s. auch Brände) 6, 46, 56, 61, 63, 68, 80, 104, 110, 127, 128, 144
Feuer, Intervalle 110
Feuerland 197
Feuerwanzen 89
Fichten 126, 127, 131, 140, 176
Fichtenwald 143, 144
Ficus 16
Fiederzwenke 171
Fische, samenfressende 23
Fitis 124, 190
Flachlandtapir 27
Flamingos 97, 215
Flaschenbäume 80
Flattermakis 29
Flaumeiche 149
Flechten 176, 187, 189, 197
Fledermäuse 23
Flora der Tundra 187
Flötenbusch 74
Flugechsen 29
Flugfrosch 29
Flugfrüchte 23
Flughühner 96, 154
Flußauen, s. Auen
Flußoase 83
Flußpferde 75, 77
Flußregenpfeifer 167
Flußuferläufer 167
Forleule 142
Forstwirtschaft 131, 140
Fraxinus ornus 149
Fringilla montifringilla 190
Frösche 26
Frost 212
Frostresistenz 112
Frosttrocknis 212
Früchte, fleischige 23
Fruchtreifung, Subarktis 187
Fruchtwechsel 223
Fuchs 106
Fulica gigantea 215
Furnariidae 215
Fynbos 69, 106, 108
Fynbos-Vegetation 102, 111

Gabelbock 150
Galeriewälder 84, 166
Gänse 191
Garrigue 103, 104
Gaur 44, 47
Gazellen 76, 99
Geierarten 75
Gelbrandkäfer 206
gemäßigte Zone 112, 139, 140
gemäßigter Regenwald 113
geographische Isolierung 1
Geophyten 69, 90, 99, 104, 110, 212
Geositta 215
Gepard 73
Gerfalke 192
Gesneriaceae 41
Gezeitenbereich Küste 202
Gibbons 36
Giftige Pflanzen 32
Giraffen 76
Giraffengazellen 78
Gladiolus 110
Glareola nordmanni 154
Gleitflieger 29
Gnitzen 189
Gnu 76
Goldhähnchen 144
Goldregenpfeifer 163
Goldstumpfnasenaffe 50
Gomimbrasia 59
Gondwana-Kontinent 43
Gondwanaland 139
Gorillas der Nebelwälder 29
Gottesanbeterin 172, 174
grabende Hymenopteren 167
grabende Nager 151
Grasbrand 57
Grasländer 146, 197
Grassteppe 148
Gregaria-Form, Wanderheuschrecken 78
Grönland 193
große Raubmöwe 203
Großohr-Kitfuchs 97
Großsäuger 27, 75, 136
Grundwasser 68
Grundwasserspiegel 119
Gryllus campestris 173

Guanakos 63, 79, 156
Guereza 36, 55
Gulo gulo 192
Gunnera 51
Gymnospermen 38

Hakea sericea 108
Halbesel 151
Halbtrockenrasen 170
Haliaeëtus vocifer 218
Halophyten 149, 159
Halsbandfliegenschnäpper 124
Hamster 151
Hangmoor 166
Harnsäure-Exkretion 94
Hartholzaue 129
Hartlaubgehölze 102
Hasenmaus 214
Hauskatze 106
Hautfarne 49
Heliconiidae 40
Heliconium 40
Hemikryptophyten 99
Hemilepistus 93
herbivore Warmblüter 191
Herbivoren 75, 108, 136,
  der Puna 214
Heterocephalus 72
Heterodera schachtii 222
Heuschrecken 78, 152, 167
Heuschreckenfresser 79
Hippophae rhamnoides 165
Hippotragus equinus 109
Hirsche 47
Hirschziegenantilope 47
Hirtennomaden 149
Hitzeresistenz 69
Hoatzin 131
Hochgebirgs-Tundren 209
Hochgrasprärie 150
Hochkulturen 216
Hochmoore 182, 183
Hochwasser 225
Hodotermes 91
Hoggar 99
Höhenlage, Vegetationsdifferenzierung 124
Höhenläufer 215
höhlenbauende Tiere 93, 228

Holzproduktion 220
Honigbeutler 23
Honigfresser 109
Horstgrasmatten 212
Huftiere 61, 157
  Südamerikas 79
Huftierherden 71
Humus 5
Humusgehalt 119
  Schwarzerde 148
Hyacinthus leucophaeus 147
Hyäne 73
Hyloicus pinastri 142
Hyphaene 58, 217

Ibisse 48, 215
Iguanidae 105
immergrüne Wälder 112
Impalas 69
Indien 63
indischer Elefant 47
Indris 30
Insekten 74
  der Salzwiesen 159
Insektenbestäubung 203
Insektenkalamitäten 141
Inseln 4
Inseltheorie 201
Ips typographus 133, 143
Iridaceen 69
Iris aphylla 147

Jaculus 97
Jaguar 27
Jahresniederschlag 8, 15
Jahreszeitenklima 112
Julbernardia 57
Juncaceae 187
Jungfernkranich 154

Kaffernbüffel 73, 76
Kahlfraß 32, 142
Kakteen 80, 213
Kalifornien 102
kalifornische Kiefer 229
Kalkbuchenwald 130
kalt-kontinentales Klima 175
  ozeanisches Klima 175
Kältewüste 195

Sachverzeichnis

Kanarische Inseln 104
Känguruh 79
Känguruhratte 97
Kaninchen 106
Kanincheneule 215
Kaptauben 202
Karoo-Wüste 90
Kasuare 44
Kaulquappen 26
Keimfähigkeit, Samen 39
Kenia 53
Kermimoore 183
Kiebitze 163, 225
Kiefern 126, 131, 140, 176
Kiefernschwärmer 142
Kiefernspinner 142
Kiefernwald 144
Kiesbänke als Brutplatz 167
Kleidervögel 23
Kleinsäuger 105
Kleinsäugerzönose 111
Klimafaktoren 9
Klimagradient 124
Klimaschwankungen 41
Klimazonen der Tropen 52
Klippschliefer 110
Koala 33, 36
Koevulution 7, 97, 38
Kolibris 23, 24, 214
Konsumption bei Steppentieren 150
kontinentale Gebiete 12
  Tundra 194
konvergent entstandene Ähnlichkeit 97, 209
Kornelkirsche 149
körnerfressende Vögel 193, 195
Körpergröße terrestrischer Arthropoden 5
Kouprey 44, 47
Krabben 26
Krabbentaucher 207
Kraniche 74, 184
Krankheitserreger 134
Kreuzschnäbel 144, 179
Kriebelmücken 189
Kronenregion 26, 28
Kronenstockwerk 16
Kuhschellen 147
Kuiseb (Flußoase) 83, 84, 96

Kulturlandschaft 220, 222
Kultursteppe 153
Kurzgrasprärie 150
Küstenwüste 84

La Selva (Costa Rica) 23, 34, 18
Lagg, Randzone der Hochmoore 183
Lagidium viscacha 214
Lagopus lagopus 182
  mutus 178, 204
Lagostrophus fasciatus 106
Lama vicugna 214
Lancetes claussi 203, 206
Landbewirtschaftung 170
Landblutegel 47
Landkrabben 32
Landwirtschaft 226
landwirtschaftliche Nutzfläche 127
  Nutzung 13, 80, 156
Languren 33, 64
Lärchen 112, 140, 176
Larix decidua 140
  gmelinii 176
Larus dominicanus 202
Lasioptera arundinis 169
Lasius flavus 160
Lateinamerika 27
Laterite 70
Laubabwurf 55, 112
Laubwald, Laubwälder 113, 124, 139
laubwerfende Bäume 12
Laufkäfer 203
Lavendelweide 165
Lebenszeit, Wälder 116
Leberegel 172
Ledum 183
Lemming 178, 191
Leopard 73
Lepismatidae 91
Leptostethus 89
Lepus americanus 181
Leucadendron 108
Lianen 22, 24
Lichtflecken 18, 43
Lichtungen 24
Liliaceen 69
Liolaemus 105
Lipara 169
Lithops 86

Leguminosen 36, 43
Lobelia telekii 211
Lophophytum mirabile 21
Lorbeerwald 103
Löß 148, 156
Löwen 73, 106
Löwenzahn 204
Loxia curvirostra 179
Luftfeuchtigkeit 5
Luftstickstoff, Assimilation 37, 71, 189
Lummen 202
Lupinus alopecuroides 211
Lymantria dispar 142, 180
 monacha 134, 142
Lymnocryptes minimus 184

Macchie 103, 104
Macrocystis 202
Maculinea 172, 173
Madagaskar 46
Madeira 104
Mahd, Mähen 171, 228
Mähnenspringer 99
Mähnenwolf 63
Maikäfer 134
Malaria 217
Mallee-Vegetation 102
Mammut 191
Mammutbaum 51
Mangroven 47, 48
Manihot esculenta 57
Mannaesche 149
Mantis religiosa 172
Manu-Nationalpark 34
Marderartige 108
Marmota bobak 151
Massenbefall, Schadinsekten 142, 143
Massenvermehrungen, Tiere 142, 181
Massenwanderung 95
Mastjahre 144
Mauereidechse 172
Mauswiesel 192
Mazamas 79
Mediterranvegetation 102
Meer-Land-Beziehungen 207
Meisenarten der Nadelwälder 144
Meliponidae 21
Mendesantilope 99

Menschenaffen 29
menschliche Bewirtschaftung 137, 157
 Nutzung 145
 Siedlungen 104, 166, 193
menschlicher Einfluß 68, 70
Mesobromion 170
Messor 92
Metasequoia 51
Microhodotermes 91
Microtus 151, 191
Microtus brandtii 151
Mikroklima 173
Mikroorganismen 135
Milzbrandinfektion 74
Mineraldünger 221
Mineralverlust 119
Miombo 57
Mittelmeer 102
mittlere Jahrestemperatur 8
mittlerer Jahresniederschlag 8
Monokulturen 139, 142
Moore 197, 212
Moorschneehuhn 182
Moose 187, 197
Mopamiwald 57
Morpho, Schmetterlinge 24
Mosaik der Vegetation 117
Mosaik-Zyklus-Geschehen 139, 179
 Konzept 116
Moschusochsen 191
Möwen 202
Mückenplage 191
Mull-Lemming 151
Mulle 92
Müllersche Mimikry 40
Mungos 72
Murmeltiere 152
Musanga 16, 24
Mustela erminea 192
Mutualismus 40, 41
Mycetophiliden 202
Mykorrhiza 31, 119, 176, 189
Myoprocta exilis 23
Myricaria germanica 165
Myrmica sabuleti 172, 173

Nacktmulle 72
Nadel- und Mischwälder 140

Sachverzeichnis

Nadelgehölze 112
Nadelwälder 12, 144
Nadelwaldpflanzung 131
Nagetiere 72, 80, 152
Nährstoffpiraten 50
Nährstoffspeicherung 171
Nahrungsnetze 197
Nahrungsspektrum 76
Namib 82, 83, 84, 93
Nandus 63, 74
Nasalis larvatus 30
Nasenaffe 30, 48
Nasenbeutler 106
Nashorn 87
Nashornvogel 30
Nasutitermes 31
naturnahe Wälder 115
Nebel 49, 84
Nebelnutzung 86
Nebelwald 49, 51
Nectarinia violacea 109
Negev 100
Nektarien, extraflorale 40
Nektarvögel 23, 109, 214,
nemorale Zone 113
Nemosoma elongatum 133
Neuseeland 139
Niederschläge 7, 19, 51, 67, 79, 80
Nischenbreite 201
Nitidulidae 21
nomadisierendes Umherziehen 153
Nomadismus 101
Nonne 134, 142
Nordamerika 114, 127
Nordischer Laubsänger 190
Nothofagus 12, 127, 139
Nothofagus-Wälder 112
Nucifraga caryocatactes 179
nutzungspezifische Störungen 226
Nyctea scandiaca 192

Ochroma lagopus 25
Odocoileus bezoarticus 156
Oecanthus pellucens 171
Okawango 96, 216
Ökologie der Städte 220
ökologische Amplitude 171
  Nische 38, 203
Ökosystemstudie 129

Oligotrophierung 171
Onymacris 86, 90, 91
Opisthocomus hoazin 131
Oporinia autumnata 12, 181
Optimalphase, Wald 116, 127, 130
Orang 36
Orchestia 159, 160
Orchideen 49
Oryx 87
Oryzomys dryas 214
Ostasien, Hochgebirge 114, 209
Ostasien 209
Otis tarda 153
Ovatella myosotis 159
„overkill" 44
ozeanische Tundragebiete 193, 194

Palmen 46
Palmensegler 58, 218
Palsamoore 183
Pampa 12, 154, 155
Pampahirsch 156
Pandabär 50, 51
Pangaea 1
Panolis flammea 142
Panzernashorn 44, 47
Papyrus 218
Paramo 210, 211, 213, 214
Parasiten 180
Parklandschaft 220
Passiflora 40, 41
Pekari 64, 79
Pelargonium 107
*Pelecanus
  erythrorhynchos* 154
Pelikane 154
Pelzrobben 207
Pemphigidae 161
Perimylopidae 198, 203, 205
Periophthalmus 48
Perlziesel 152
Permafrostböden, s. auch Dauerfrost-
  boden 176, 196
Pestizide 221
Pferdespringer 151
pflanzenfressende Säuger 131
Pflanzenfresser 5, 75
  der Taiga 182
Pflanzenkrankheiten 134

Pflanzensauger 37
Pflanznährstoffe 4
Phalacrocorax atriceps 202
Pharomachrus mocinno 50
Phascolarctos cinereus 33
Pheromone 144
Pheromonfallen 143
Philodendron 13
Phodopus sungorus 152
Phoenicopterus 97, 215
Phosphor 31
Photosynthese 5, 6
Phragmites australis 168
Phyllobius argentatus 132
Phylloscopus borealis 190
  trochilus 190
Phytophage Wirbellose 32
  Insekten 180
Primärkonsumenten 190
  Säuger 46
Phytothelmen 26, 50
Picea abies 140, 176
Pilze in Waldböden 135
Pinguine 202, 207
Pinguinus impennis 209
Pinus cembra 140
  contorta 177
  halepensis 108
  pinaster 108
  radiata 229
  silvestris 140, 176
Pionierbäume 24
Pionierpflanze 144
Plaggenwirtschaft 141
Plectrophenax nivalis 190
Plegadis ridgwayi 215
pleistozäne Waldrefugien 43
pleistozöne Vereisung 114
Poa annua 208
  arctica 204
  flabellata 197, 203, 207
Podocarpus 50, 107
Podsole 175
Pollenverbreitung 22
Polsterpflanzen 197, 212
Pomatias elegans 172
Populationszusammenbruch 182
Porbergrothus 89
Prädatoren 150, 180

Prärie 145
Prärieseen 154
Presbytis 33, 36
Primärproduktion 150, 158
Priodontes giganteus 63
Pripjet-Sümpfe 168
Produktion 204, 206
Produktivität 30
Promerops cafer 109
Protea 108
Proteaceae 107, 108
Psammomys 100
Psammotermes allocerus 94
Pseudotsuga menziesii 141
Pterocles 96
Pteroclidae 154
Pterocnemia pennata 156
Puccinellia 163
  maritima 158
Pulsatilla sp. 147
Puma 27
Puna 210, 212, 214
Pußta 149
Puya ramondii 213
Pygoscelis papua 207

Queller 158
Quercus 114
  cerris pubescens 149
Quetzal 50

Racken 69
Rafflesia arnoldi 19
Ranunculus spitzbergensis 201
Rattenkänguruh 106
Räuber 206
Raubmöven 197
Raubsäuger 73
Rauhfußbussard 192
Rauhfußhühner 178
Rauhfutterfresser 75
Rebhuhn 226
regengrüner Trockenwald 52
  Tropenwald 51
Regenwürmer 205
Regenzeit 57, 68
Reh 136
Reh als Selektierer 137
Reiher 48

Sachverzeichnis

Reliktvorkommen, Tiere 99
Remineralisierung 6, 71, 30, 135, 189, 205
Rennmäuse 100
Rentiere, Ren 180, 191, 201, 204, 208
Reservespeicherung 188
Ressourcenangebot 76
Ressourcen-Nutzung 25
Restionaceae 107, 108
Rhacophorus 29
Rhea americana 156
Rhinoceros 70
Rhinopithecus 50
Rhizome 69
Rhizophora 47
Rhodendendron 50
Rhynchaenus fagi 131
Riesenalk 209
Riesenbleßhuhn 215
Riesengürteltier 63
Riesentang 202
Rindergemse 50
Rinderpest 74
Ringelgans 163
Rissa tridactyla 207
Robben 197, 207
Rohhumus 144
Rohrammer 190
Rohrdommeln 168
Rosenstar 153
Rostgans 154
Rostkovia magellanica 203
Rotbuche,Rotbuchenwald 126, 127, 129, 135
Rotfußfalke 153
Rothirsch 136, 137
Rotschwingelrasen 158
Rübennematoden 222

Sahara 98, 99
Saiga tatarica 150
Saigaantilope 150
Saisonregenwald 51, 56
Salicornia 158
Salix elaeagnos 165
Salzanreicherung 148
Salzdrüsen 159
Salzpfannen 100
Salzsekretion 47

Salzsümpfe 217
Salzwiesen 157, 158, 160
Samen der Waldbäume 134, 135
Samen 77
Samenbank 110
Samenfresser 108, 111,
Samenjahre 134
Samenverbreitung, s. auch Diasporenverbreitung 108
Sanddorn 165
Sandgräber 72, 73
Sandratte 100
Savannen 10, 52, 61, 65, 70, 71
Schadinsekten 142
Schafbeweidung 197
Schafe 163
Schauapparat, Blüte 203, 204
Schaumnest 26
Scheidenschnäbel 197
Schilf-Gallmücke 169
Schilfeule 169
Schilfröhrichte 168
Schilfrohrsänger 168, 190
Schimpansen 30
Schistocerca gregaria 94
Schlafkrankheit 217
Schlammspringer 48
Schleichkatzen 72, 108
Schlenken 183
Schmetterling des Mopamiwaldes 59
Schmetterlingshafte 172
Schnecken der Wüste 95
Schneckengesellschaft der Trockenrasen 172
Schnee-Eule 192
Schneeammer 190
Schneedecke 176, 186
Schneehasen 191
Schneehöhlen 178
Schneehühner 191, 192, 204
Schneeschuhhasen 181
Schopfbäume 211
Schreiseeadler 218
Schuppentiere 44
Schwammspinner 142, 180
Schwäne 191
Schwarzerde 148
Schwarzmilan 69
Schweinemast 114

Schwimmvögel 7
Sciariden 202
Scolytidae 142
Scolytus multistriatus 138
Sedimentation 157
See-Elefanten 207
Seen der Hochanden 215
Seggenrohrsänger 168
Seitenwinder (Schlangen) 97
Sekretär 74
sekundäre Pflanzeninhaltsstoffe 33, 119
Selektierer 75
semiaride Gebiete 81
Seriemas 74
Seuchen 74, 217
Sibirien 182
Siedlungsgebiete des Menschen 104
Silberfischchen (Insecta) 91
Silberwurz 189
Simuliidae 189
Singzikade 172
Sitatunga 218
Skorpione 94
Smaragdeidechse 172
Solifluktion 188, 212
Solitaria-Form der Wanderheuschrecken 78, 95
Solling 130
Solonchak 148
Solonez 148, 155
Sonneratia 47
sozial lebende Säuger 71
soziale Insekten 6, 27
soziale Verbände 72
sozialer Status 76
Sozialverband 94
Spalacidae 151
Spartina 158
Speotyto cunicularia 215
Spermophilus parryii 193
Sphagnum 183
Spinnen der Salzwiesen 160
Spitzbergen 193, 194, 198–201, 204, 205, 207, 208
Spitzmaulnashörner 96
Spornammer 190
Springbock 96
Stechmücken 26, 189

Steineiche 105
Steinkauz 154
Steisshühner 215
Stellenäquivalenz 44, 45, 97
Steppen 10, 145
Steppen, Südhalbkugel 154
Steppenadler 153
Steppenkiebitz 154
Steppenmurmeltier 151
Steppenwisent 145, 150
Steppenwühlmaus 151
Stickstoffassimilation 189
stickstofffixierende Bakterien 31
Stimulierung durch Feuer 69
Stipa 147
Stipagrostis 89
Stoffkreisläufe, kurz geschlossene 16, 30
Storch 69, 74
Strata des Regenwaldes 27
Strauß 74
Streifengnu 96
Streunutzung 141
Sturmvögel 202
Sturnus roseus 153
subantarktische Tundren 195, 196, 198
Südafrika 104
Südamerika, Hochgebirge 79, 209
Südbuchen 139
Südgeorgien 197, 198, 199, 204, 205, 207, 208
Südhalbkugel 139
Südostasien 27
sukkulente Pflanzen 86
Sukkulenz 6, 97
Sukzession 24, 69, 120
Sukzession, Fynbos 110
Taiga 177
Sumatranashorn 44
Sumpfantilope 218
Sümpfe 168
Sumpfporst 183
Swartboskloof (Südafrika) 110
Syncerus caffer 76

Tadorna ferruginea 154
Taiga 174, 177
Takin 50

Sachverzeichnis

Tamariske 165
Tannen 126, 140, 176
Tannenhäher 179
Tansania 53
Taphrorychus bicolor 132
Tarsipes spenserae 23
Tasmanien 139
Taubildung 85
Temperaturkompensation 206
Temperaturregime 170
Tenebrionidae 86, 91
Termiten 31, 63, 70, 71, 91, 94
Termiten-Bauten 27
terrestrische Bromeliaceen 80
Tetrao tetrix 178
Tetrax tetrax 153
Therophyten 90, 99, 104
Theropithecus gelada 215
Thinocoridae 215
Thomson-Gazelle 77
Thylacinus cynocephalus 106
Tibesti 99
Tieflandflüsse 166
Tiere des Regenwaldes 25
Tierbestäubung 22
Tierfraß 32
Tierwelt der Steppe 150
  des Strandanwurfs 202
Tilia 114
Tinamidae 215
Torfbildung 205
Torpor 91
Tortrix viridana 134
Totholz 130
Totholzbewohner 134
Tragelaphus spekei 218
Transpirationsschutz 211
Trappen 74, 153
Trianthema 86
Triel 167
Trockenrasen 170, 173
Trockenrasenpflanzen 171
Trockenwald 56, 61
Trockenzeit 64, 68
tropischer Regenwald 4, 14, 15
Tschernosem 148
Tsuga 181
Tümpel in der Tundra 189
Tundra 184, 209

Tundra-Paradoxon 206
Tussock-Gräser 197, 207, 211

Überdauern 69
Überlebensstrategien in Wüsten 96
Übernutzung durch Waldweide 141
Überschwemmungen 129, 160, 164, 166
Überweidung durch Flußpferde 77
Uca 48
Uferschnepfe 225
Uferschwalbe 154
Ufersysteme 225
Uferwälle 166
Ulmensplintkäfer 138
Ulmensterben 137, 138
unregelmäßiges Fruchten 144
unterirdische Biomasse 188
  Lebensweise 72
Upucerthia 215
Ur 47, 136
Urkontinent 4
Ursus maritimus 192
Urwald 114, 150, 120, 124

Vaccinium 176
Vanellus lugubris 69
Vanellus melanopterus 69
Varzea 31
Vegetation der Subantarktis 196
Vegetationsperiode Südgeorgiens 201
  Alaskas 188
Vegetationszonen der Tropen 52
Vegetationszonierung Biberteiche 165
Vektoren 134
Veränderung durch Menschen 106
Verbreitungsareale in der Tundra 190
Verbuschung 171
Verdunstungsschutz 86
Verjüngungsphase, Wald 117
Versalzung 148, 149
Versauerung 141
Verschleppung von Schädlingen 229
Viehweide 224
Vielfraß 192
Vikunjas 214, 215
Vögel der Steppe 153
Vogelberge 209
Vogelfauna der Küste 162

Vogelkolonien 207
Vogeltaxa der Hochanden 214
Vogelzug 75
Vollmast 134
Vordringen des Menschen 46
Vouacapona americana 23
Vulkanismus 4
Vulpes macrotis 97

Wacholder 144, 171
Wachtelkönig 168
Waldboden 135
Waldbrand 179
Wälder 10, 186
Waldgrenze 10, 12, 13, 186
  windbedingt 12
Waldsteppe 145, 149
Waldweide 141
Wallace-Linie 44
Walzenspinnen 94
Wanderfeldbau 57, 127
Wanderheuschrecken 57, 78, 94
Wanderratte 208
Wanderschäferei 171
Wanderungen der Huftiere 96
  der Vögel 153
warmblütige Pflanzenfresser 205
Wasserbüffel 44, 47
Wasserspeichernde Pflanzen 86
Wasserstellen 64
Wasserverfügbarkeit
  und Vegetation 11
Wasserversorgung subalpiner
  Pflanzen 212
Watsonia 110
Wechselfrost 188
wechselwarme Dekompositoren 206
  Pflanzenfresser 205
Weichholzaue 129
Weide, Salzwiesen 163
Weidedruck 149
Weidegänger 225
Weidetiere 101
Weinhähnchen 172
Weißlippenhirsch 151
Weißrückenspecht 124
Weißstorch 57, 168
Welwitschia mirabilis 85, 87
Wermut 149

Wiesen 225
Wiesenvögel 168
Wildgänse 163
Wildhund 73
Wildpferd 151
Wildschwein 137
Wildyak 151
Windbestäubung 22
Windbruch 141
Windwüste 196
Winkerkrabben 48
Winter in der Arktis 192
Winteraktivität unter Schnee 192
Winterliche Ruhepause 193
Winterschläfer 152, 193
wirbellose Tiere der Salzwiesen 159
Wirbellose, Subantarktis 198
Wirbeltierkot als Dünger 189
Wirtsbaumspektrum, Borkenkäfer 143
Wirtschaftswald 114, 115, 116, 124,
  137
Wisent 136
Wolf 192
Wolfsbeute 193
Wollgras 204
Wollkerzenblüter 211
Wollnashorn 191
Wuchsleistung von Bäumen 13
Wühlmäuse 151
Wühlratten 73
Wühltätigkeit, Nagetiere 151
Wurzelkonkurrenz 176
Wurzelsystem, Gräser 148
Wüsten 80, 84, 91, 95, 97, 98
Wüstenasseln 93
Wüstengoldmull 91
Wüstenoasen 219
Wüstenspringmaus 97

Xerobromion 170
xeromorphe Horstgräser 212
Xerothermfauna 172

Zebra 70, 76
Zerfallphase, Wald 116
Zerreiche 149
Zersetzung Bestandsabfall 205
Ziesel 151
Zitterpappeln 112, 180

Sachverzeichnis

Zonierung Salzwiese 158
  Auwälder 129
  Mangrove 47
Zoochorie 23
Zugvögel 163, 192
  europäische 57
  überwinternde 57
Zusammenbruchsphasen
  des Waldes 134
Zwergfliegenschnäpper 124
Zwerghamster 151, 152
Zwergmazana 214
Zwergschnepfe 184
Zwergsträucher 183, 187
Zwiebeln, Überdauerungsorgane 69
zyklische Bestands-
  schwankungen 181, 191

MIX
Papier aus verantwortungsvollen Quellen
Paper from responsible sources
FSC® C105338

If you have any concerns about our products,
you can contact us on
ProductSafety@springernature.com

In case Publisher is established outside the EU,
the EU authorized representative is:
**Springer Nature Customer Service Center GmbH
Europaplatz 3, 69115 Heidelberg, Germany**

Printed by Libri Plureos GmbH
in Hamburg, Germany